滇版精品出版工程专项资金资助项目

乡村振兴系列丛书

云南省生态文明建设研究

谭鑫 罗希 张欣 著

云南出版集团
YNK 云南科技出版社
·昆 明·

图书在版编目（CIP）数据

云南省生态文明建设研究 / 谭鑫，罗希，张欣著 .-- 昆明：云南科技出版社，2023
（乡村振兴系列丛书）
ISBN 978-7-5587-4855-4

Ⅰ. ①云… Ⅱ. ①谭… ②罗… ③张… Ⅲ. ①生态环境建设—研究—云南 Ⅳ. ① X321.274

中国国家版本馆 CIP 数据核字（2023）第 030717 号

云南省生态文明建设研究

YUNNAN SHENG SHENGTAI WENMING JIANSHE YANJIU

谭 鑫 罗 希 张 欣 著

出版人：温 翔
策 划：高 亢 李 非 胡凤丽
责任编辑：王建明 赵伟力 洪丽春 曾 芫 张 朝 蒋朋美
助理编辑：龚萌萌
封面设计：昆明墨源图文设计有限公司
责任校对：秦永红
责任印制：蒋丽芬

书 号：ISBN 978-7-5587-4855-4
印 刷：云南灵彩印务包装有限公司
开 本：787mm×1092mm 1/16
印 张：15.5
字 数：400 千字
版 次：2023 年 6 月第 1 版
印 次：2023 年 6 月第 1 次印刷
定 价：98.00 元

出版发行：云南出版集团 云南科技出版社
地 址：昆明市环城西路 609 号
电 话：0871-64114090

《乡村振兴系列丛书》编委会

本册著者：谭　鑫　罗　希　张　欣

序

民族要复兴，乡村必振兴。

习近平总书记强调，实施乡村振兴战略，是党的十九大作出的重大决策部署，是新时代做好“三农”工作的总抓手。各地区各部门要充分认识实施乡村振兴战略的重大意义，把实施乡村振兴战略摆在优先位置，坚持五级书记抓乡村振兴，让乡村振兴成为全党全社会的共同行动。

云南省委、省政府认真贯彻落实党的十九大精神和十九届历次会议精神，团结带领全省各族群众，积极探索云南的乡村振兴，对全省实施乡村振兴战略进行了规划和部署。印发了《云南省乡村振兴战略规划（2018—2022 年）》。结合《中共云南省委关于制定云南省国民经济和社会发展第十四个五年规划和二〇三五年远景目标的建议》中提出的云南省要全力打造世界一流“三张牌”：“绿色能源牌”“绿色食品牌”“健康生活目的地牌”，大力发展高原特色现代农业，打造粮食、茶叶、花卉、水果、蔬菜、坚果、咖啡、中药材、生猪、肉牛十大高原特色现代农业重点产业。全产业链重塑云南农业，坚持市场导向，选准各地最具优势特色、最有发展潜力的主导产业，找到了云南乡村振兴的实施路径。

云南省的乡村振兴工作在紧锣密鼓地有序推进落实。与此同时，也暴露出一些不足：相关理论政策学习不全面、不彻底、不充分，解读不到位，实施经验不足，案例难寻，缺乏指导性、实操性较强的理论体系支撑。为了巩固拓展脱贫攻坚成果，做好脱贫攻坚与乡村振兴的有效衔接，更好地全面推进云南的乡村振兴战略，特策划出版《乡村振兴系列丛书》。

《乡村振兴系列丛书》立足乡村振兴战略实现农业农村现代化的总目标和坚持农业农村优先发展的总方针，根据产业兴旺、生态宜居、乡风文明、治理有效、生活富裕的总要求，对乡村产业振兴、人才振兴、文化振兴、生态振兴、组织振兴五大目标进行研究和解读，探索乡村振兴的内涵与外延。从农业农村现代化、生态文明建设、兴边富民等方面介绍相关的战略规划与政策体系。并通过乡村振兴基层操作、热词搜索、党建引领、民族团结促进等多渠道探索了乡村振兴的有效实施路径。本丛书系统构建了乡村振兴战略理论研究与实施支撑体系，为乡村振兴战略的推进落实、基层操作提供了丰富的理论研究依据和实施路径指南，具有较强的指导性、操作性。

《乡村振兴系列丛书》具有以下特点：

示范性强：本系列丛书最大的一个亮点，是充分考虑云南边疆民族地区的特点，也侧重于云南脱贫攻坚成果巩固与乡村振兴有效衔接的实际情况，在政策解读、实践操作时，重点考虑了云南作为边疆民族地区的差异、需求，提供切实可行的解决方案和操作要点，如针对边疆民族地区的兴边富民行动介绍；针对民族地区，以民族团结进步示范创建促推乡村振兴……符合实际需求，实操性、示范性较强。

系统性强：本系列丛书层次、版块分明，系统性、完整性较强，选题结构丰富，并兼顾了指导性和可操作性。共分三大层次，第一层次为战略规划、理论政策研究层次；第二层次为产业规划、操作实践层次；第三层次为实用技术类层次，共分产业兴旺、生态宜居、乡风文明、治理有效、生活富裕等版块。第三层次以广大农民为主要读者对象，以农业农村农民为主题，充分考虑农民群众的科技文化需求，力求农民群众读得懂、有实效。

指导性强：从内容来说，本系列丛书系统、全面，既重视理论、政策方面的研究与解读，也重视农村基层的实际需求，探索了操作实践路径，同时收纳了可操作性较强的实用案例，参考性和指导性都十分强。

《乡村振兴系列丛书》旨在新形势下探讨乡村治理体系和治理能力现代化提升，通过有效路径，全面推进云南乡村振兴，为云南省农业发展、生产经营、农业科技提供帮助，为农业产业发展升级和农业产业链构建提供理论支撑，为云南省委、省政府的乡村振兴发展部署提供理论研究、法律支持和信息参考。

希望全省的“三农”专家、学者在省委、省政府的领导下，围绕云南全面推进乡村振兴的重大热点、难点问题，深入推进云南乡村振兴的理论研究、政策解读、路径探索等工作，为省委、省政府的决策提供依据、当好参谋，为云南的乡村全面振兴提供智力支持，为云南的农业、农村、农民现代化作出新的、更大的贡献。

《乡村振兴系列丛书》编委会

前 言

建设生态文明，是关乎中华民族永续发展的千年大计和根本大计。党的十八大以来，以习近平同志为核心的党中央高度重视生态文明建设，面对资源约束趋紧、环境污染严重、生态系统退化等严峻形势，带领全国人民树立“尊重自然、顺应自然、保护自然”的生态文明理念，使我国的生态环境保护从理论到实践，都发生了历史性、转折性、全局性改变。

习近平生态文明思想把握了人与自然的发展规律，秉持“生态兴则文明兴”的规律，从“坚持人与自然和谐共生”的科学自然观出发，以“绿水青山就是金山银山”的绿色发展观为理念，遵循“良好生态环境是最普惠的民生福祉”的生态民生观宗旨，走“山水林田湖草沙是生命共同体”的整体系统观之路，建立“用最严格制度保护生态环境”的严密法治观的法治环境，打造“共谋全球生态文明建设之路”的全球共赢观引领全球生态文明建设，极大地推进了我国乃至世界生态文明建设的进程。

习近平总书记对云南的生态文明建设非常重视。2015 年 1 月，习近平总书记在云南考察时要求云南“主动服务和融入国家发展战略，闯出一条跨越式发展的路子，努力成为我国民族团结进步示范区、生态文明建设排头兵、面向南亚东南亚辐射中心，谱写好中国梦的云南篇章”；2020 年 1 月，习近平总书记在云南考察时再次强调云南要“努力在建设我国生态文明建设排头兵上不断取得新进展”。同时，要求云南要树牢“绿水青山就是金山银山”的理念，驰而不息打好蓝天、碧水、净土三大保卫战，守护好七彩云南的蓝天白云、绿水青山、良田沃土。

云南省实行生态文明建设发展战略以来，在习近平生态文明思想的指导下，云南省的生态文明建设取得了较好的成效。生态文明制度改革不断深化、云南的生态空间不断优化、资源节约利用不断深化、环境保护治理和重点领域污染防治不断强化、对外交流合作不断推向国际化、全社会生态文明意识不断强化。

在取得成绩的同时，云南省也存在一些不足。因此，2021 年 9 月，云南省委提出要深学、细照、笃行习近平生态文明思想，来一场“思想革命”“环保革命”“体制机制革命”。坚决全面彻底地整改中央生态环保督察反馈的问题。为了让读者读懂、弄通、悟透习近平生态文明思想，中共云南省委党校社会和生态文明教研部的老师们结合云南生态文明建设的实际，研究并撰写了《云南省生态文明建设研究》一书，为读者了解和掌握生态文明的基本知识和云南的生态文明建设局面提供了一个思路。

《云南省生态文明建设研究》分七章对生态文明、生态文明建设实践和云南省生态文明建设工作进行了系统的梳理。前两章主要阐述生态文明、生态文明建设的理论和云南省生态文明建设的现状、成效、重点工程等内容。后五章分别对生态文明建设与绿色发展、与低碳发展、与生态文化、与法治保障、与科技支撑有关的内容进行了研究，其中，各章的最后一节主要介绍“十三五”时期云南省取得的巨大成就、丰富经验等，并结合新颁布的《云南省国民经济和社会发展第十四个五年规划和二〇三五年远景目标纲要》，把云南省 2035 年远景目标和“十四五”时期主要目标及采取的行动做一个概括性的介绍。

习近平总书记指出：“这是一个需要理论而且一定能够产生理论的时代，这是一个需要思想而且一定能够产生思想的时代。”[①] 只有每一位云南的干部、专家、学者及相关人员深学、细照、笃行习近平生态文明思想，我们才能把云南建设成为中国最美丽省份，铸就“美丽云南、世界花园”。

受限于作者团队水平，本书思想境界、理论视野还存在不足，恳请社会各界同仁不吝赐教，批评指正。

谭鑫

① 习近平：《在哲学社会科学工作座谈会上的讲话》，人民出版社，2016，第 8 页。

目 录

第一章　生态文明

第一节　生态文明产生的背景

工业文明开创了人类文明的新时代，加快了人类文明发展的历史进程，但是传统工业化的特征是以大量消耗资源、大量排放废弃物，把人作为万物的主宰，以征服和掠夺自然为生存发展理念，导致了全球资源、生态和环境危机。20 世纪 70 年代以后，人们开始认识到人类发展所面临的物理极限、社会极限。世界环境与发展委员会在 1987 年发布的《我们共同的未来》报告中提出了可持续发展模式，一度给全球经济和社会的发展注入了新的活力。但人类的发展并没有像期望的那样步入可持续发展的大道，其理论上的不足使可持续发展面临着困境。

一、资源危机、生态危机、环境危机

（一）资源危机

1. 水资源危机

地球水资源总量约 14 亿立方千米，然而，其中的绝大部分人类却无法直接利用——海水占据了地球水资源总量的 96.5%；其余的 3.5% 中，又有约 68% 是冰川以及南北两极的冰盖，30% 是地下水，仅有不到 2% 的水在地表，可为人类较为方便地利用。我国水资源总量 31605.2 亿立方米，地表水资源量 30407.0 亿立方米，地下水资源量 8553.5 亿立方米，人均水资源量 2239.8 立方米。①

水资源分布不均是当前人类面临的一大难题。有研究称，全球 65% 的饮用水集中在 13 个国家，而全球将近一半的人口居住在缺水地区。美洲是全球水资源最丰富的地区，而非洲、亚洲、欧洲拥有的淡水资源却少很多。全球严重缺水的国家和地区有 80 个，这些地方的人

① 国家数据，https://data.stats.gov.cn/easyquery.htm?cn=C01&zb=A0C02&sj=2020。

口约占世界人口总数的40%，约15亿人口面临淡水不足问题，其中26个国家和地区的3亿人口完全生活在缺水状态。①

水资源短缺严重影响了人类的生存和发展，关系到一个国家经济和社会的可持续发展和长治久安。世界银行指出，目前水资源丰沛的地区可能会面临缺水，已经缺水的地区缺水状况会进一步恶化，到2050年，城市可用水资源可能比2015年减少2/3，淡水资源减少和水资源的不安全会增加发生冲突的风险，干旱引起的粮价暴涨有可能激发潜在的冲突。

面对水越来越成为人类生存和发展的严重障碍这一问题，联合国早在1977年就向全世界发出警告："水不久将成为一种严重的社会危机，石油危机之后的下一个危机是水！"

2. 能源和矿产资源危机

能源和矿产资源是人类社会存在和发展的物质基础，人类所需能源的97%来自不可再生的矿物能源。20世纪以来，人类对矿物能源的消耗一度呈指数增长。油气储量渐趋枯竭，一些重要的矿产资源严重短缺。

据《世界能源统计年鉴2020》，截至2019年年底，全球煤炭探明储量约10696.36亿吨，可开采约132年；石油探明储量约17339亿桶，可开采约50年；天然气探明储量约198.8万亿立方米，可开采50.9年；钴储量约700万吨，可开采42年。截至2020年年底，全球天然石墨累计探明可开采储量为3.2亿吨，可开采342年。截至2020年，全球锂矿（碳酸锂）储量1.28亿吨，资源量3.49亿吨，主要分布在智利、澳大利亚、阿根廷、玻利维亚等国，可开采701年。截至2020年年底，中国煤炭探明储量1622.88亿吨，可开采38年；石油探明储量35.5亿吨，可开采18.7年；天然气探明储量8.4万亿立方米，可开采37.6年；天然石墨储量约7300万吨，可开采116年；锂储量约510万吨，可开采125年；稀土金属储量4400万吨，可开采367年。

据《中国矿产资源报告（2020）》，中国石油、天然气剩余探明技术可采储量已达36.19亿吨、62665.78亿立方米。非油气矿产勘查新发现矿产地96处，其中大型29处，中型36处，小型31处。新增资源量（推断）煤炭119.64亿吨、铁矿石0.99亿吨、锰矿石3172.15万吨、铜85.82万吨、铅锌138.87万吨、铝土矿3.74亿吨。

由于全球经济的发展严重依赖能源和矿产资源的支撑，资源濒临枯竭的状况已难以继续支持经济和社会的可持续发展，对全球能源安全、资源安全提出了前所未有的挑战。

3. 森林资源危机

数据显示，近年来，全球森林总面积不断缩减，2018年全球森林总面积仅为382600万公顷，到2020年缩减至382300万公顷。联合国粮食及农业组织的《全球森林资源评估》显示，5个森林资源最丰富的国家（俄罗斯、巴西、加拿大、美国和中国）占森林总面积50%以上，10个国家或地区已经完全没有森林，54个国家的森林面积不到其国土总面积的10%。无节制的砍伐和自然灾害正在导致全球森林面积逐年减少，每年有近1300万公顷的森林被砍伐，

① 贾卫列、刘宗超：《生态文明愿景、理念与路径》，厦门大学出版社，2020，第38页。

每年约有 730 万公顷热带密闭林被开垦作为农田，约有 380 万公顷稀疏林被用作耕地或作为薪柴砍伐，热带雨林有 70% 被毁掉。

4000 年前，中国的森林覆盖率高达 60% 以上，战国末期森林覆盖率为 46%，唐代约为 33%，明初为 26%，1840 年前后约降为 17%，20 世纪初降为 8.6%。《中国森林资源报告（2014—2018）》[①] 显示，2018 年，全国森林覆盖率为 22.96%，森林面积 2.2 亿公顷，森林蓄积量 175.6 亿立方米。中国的森林面积虽占世界第 5 位，但人均森林面积仅相当于世界人均水平的约 12%，居世界第 119 位，森林蓄积量仅为世界人均水平的 12.6%，居世界第 104 位。[②]

森林破坏带来了生物的多样性减少，导致水土流失，从而改变地貌，加剧温室效应，造成气候失调，加剧自然灾害的发生频率，破坏经济和社会的可持续发展。

4. 草地资源危机

据相关资料报告，全球草地总面积约为 32 亿公顷，约占世界陆地面积的 20%，草地上生产了人类食物量的 11.5%，以及大量的皮、毛等畜产品，还提供许多药用植物、纤维植物和油料植物，并栖息着大量的野生动物，还是人类宝贵的生物基因库，对人类的物质、文化生活和生存环境都具有十分重要的地位和作用。

2018 年 7 月，国家林业和草原局公布的数据显示，中国有天然草原 3.928 亿公顷，约占全球草原面积 12%。尽管中国草原面积居世界第一，但 90% 以上天然草原退化、生物多样性减少。20 世纪 50 年代以来，中国累计开垦了 1334 万公顷草原，至今草原生态总体恶化局面尚未根本扭转。

草地退化使草地生产能力明显下降，导致经济结构的畸形化，影响生态环境，导致各种自然灾害发生，生物多样性遭到严重破坏，畜牧业生产受到影响。

5. 湿地资源危机

湿地是“地球之肾”、天然水库和天然物种库，拥有全球价值最高的生态系统。全球湿地总面积约为 5.7 亿公顷，占全球陆地面积的 6%，经济合作与发展组织估算 20 世纪全球失去了约 50% 的湿地。

第二次全国湿地资源调查结果显示，全国湿地总面积 5360.26 万公顷，占国土面积的比率为 5.58%，2003—2013 年湿地面积减少了 339.63 万公顷。20 世纪 50 年代以来，沿海滩涂湿地面积已减少 50%。全国湿地面积近年来每年减少约 34 万公顷，900 多种脊椎动物、3700 多种高等植物生存受到威胁。[③] 环境污染的加剧，使湿地净化水源的作用几乎丧失殆尽，农药及化肥的大量使用破坏了湿地生态系统丰富的生物资源和生物生产力，使得湿地生态环境恶化、生物多样性受损。

① 张建龙：《中国森林资源报告》，中国林业出版社，2019。

② 贾卫列、刘宗超：《生态文明愿景、理念与路径》，厦门大学出版社，2020。

③《第二次全国湿地资源调查主要结果（2009—2013 年）》，林草资源，国家林业和草原局政府网，http://www.forestry.gov.cn/main/65/content-758154.html。

6．土地资源危机

据联合国统计，占全球 1/4 的土地严重荒漠化，全球每分钟会增加 11 公顷荒漠，每年变为荒漠的土地约 600 万公顷，50 亿公顷的干旱、半干旱土地中遭到荒漠化威胁的有 33 亿公顷。受土地荒漠化威胁的有 110 多个国家、10 亿多人，全球每年因土地荒漠化造成的经济损失超过 420 亿美元。

第五次全国荒漠化和沙化监测结果①显示，截至 2014 年，中国荒漠化土地面积 261.16 万平方千米，约占国土面积的 27.20%；沙化土地面积 172.12 万平方千米，约占国土面积的 17.93%；有明显沙化趋势的土地面积 30.03 万平方千米，约占国土面积的 3.12%。荒漠化使土地生物和经济生产潜力减少和丧失，意味着土地退化、生态恶化、经济衰退和人们生活质量的倒退，造成了可利用土地被蚕食、土壤贫瘠、生产力下降等，进而加深贫困程度，加剧自然灾害发生，制约经济发展和影响社会稳定。

7．水土流失危机

全球水土流失面积高达 30%，每年损失的耕地达 500 万 ~ 700 万公顷，每年流失有生产力的表土有 250 亿 ~ 400 亿吨，每年损失谷物约 760 万吨。欧洲受水蚀和风蚀影响的土地分别为约 1.15 亿公顷和约 4200 万公顷；北美约 9500 万公顷的土地受到土壤侵蚀的影响；非洲有约 5 亿公顷的土地（包括 65% 的耕地）受到土地退化的影响；日本每年的土壤流失约为 2 亿立方米。

据 2020 年全国水土流失动态监测结果，2020 年全国水土流失面积为 269.27 万平方千米，较 2019 年减少 1.81 万平方千米，减幅达 0.67%。与 20 世纪 80 年代监测的我国水土流失面积最高值相比，水土流失面积减少了 97.76 万平方千米。从区域分布看，我国水土流失呈现“西多东少”格局，与此同时，东、中、西部水土流失面积均有所减少。2020 年，西部地区水土流失面积为 225.92 万平方千米，较 2019 年减少 1.15 万平方千米；中部地区水土流失面积为 29.24 万平方千米，较 2019 年减少 0.38 万平方千米；东部地区水土流失面积为 14.11 万平方千米，较 2019 年减少 0.28 万平方千米。

水土流失极大地破坏了农业生产条件，导致生态环境恶化，加剧洪涝和干旱灾害，污染水质，影响生态平衡，严重影响交通、电力、水利等基础设施的运行安全，加剧贫困。

（二）生态危机

1．全球气候变暖

据《蓝皮书 (2020)》，全球变暖趋势在持续。气候系统多项关键指标呈加速变化趋势。全球气候变化主要是温室气体增加导致的全球变暖。全球变暖是指由于人类活动，温室气体大量排放，全球大气二氧化碳、甲烷等温室气体浓度显著增加，使全球气温升高。主张全球变暖的科学家指出，20 世纪后半叶是北半球在过去 1300 年中平均气温最高的 50 年；过去

①《全国荒漠化和沙化监测情况发布》，http://www.china-epc.cn/2016doc/hjxw/201612/t20161229_382752.shtml。

100年间，世界平均气温上升了0.74℃；全球范围冰川大幅度消融；世界各地暴雨、洪水、干旱、台风、酷热等气象异常事件频发；20世纪中叶，全球海平面平均上升了17厘米。

《蓝皮书(2020)》指出，中国是全球气候变化的敏感区和影响显著区。气温方面，1951—2019年，中国年平均气温每10年升高0.24℃，升温速率明显高于同期全球平均水平。20世纪90年代中期以来，中国极端高温事件明显增多，2019年，云南元江（43.1℃）等64站日最高气温达到或突破历史极值；降水方面，变化区域差异明显、暴雨日数增多。1961—2019年，中国平均年降水量呈微弱的增加趋势，平均年降水日数呈显著减少趋势，极端强降水事件呈增多趋势，年累计暴雨（日降水量≥50毫米）站日数呈增加趋势，平均每10年增加3.8%。1961—2019年，中国各区域降水量变化趋势差异明显，青藏地区降水呈显著增多趋势；西南地区降水呈减少趋势；其余地区降水无明显线性变化趋势。21世纪初以来，西北、东北和华北地区平均年降水量波动上升，东北和华东地区降水量年际波动幅度增大；2016年以来，青藏地区降水量持续异常偏多。温室气体方面，2018年，主要温室气体二氧化碳（CO_2）、甲烷（CH_4）和氧化亚氮（N_2O）的全球平均浓度均创下新高，其中CO_2为407.8±0.1ppm、CH_4为1869±2ppb、N_2O为331.1±0.1 ppb，分别达到工业化前（1750年之前）水平的147%、259%和123%。1990—2018年，中国青海瓦里关全球大气本底站CO_2浓度逐年稳定上升；2018年，瓦里关站CO_2、CH_4和N_2O的年平均浓度分别达到：409.4±0.3ppm、1923±2ppb和331.4±0.1ppb，与北半球中纬度地区平均浓度大体相当，均略高于2018年全球平均值。

全球性的气候变暖不仅会造成自然环境和生物区系的变化，对生态系统、经济和社会发展以及人类健康都将产生重大的有害影响。但也有科学家对全球变暖提出疑问，认为全球温室效应和人类工业活动没有必然联系。

2. 生物多样性减少

近百年来，由于人口的剧增和对资源的不合理开发，地球上大约有11046种动植物面临永久性消失的危险。物种的丧失速度由大致每天1个物种加快到每小时1个物种，按此速率，2200年就会再度出现生物大灭绝。1970—2000年，物种的平均数量丰富性持续降低了约40%。在今后二三十年内，地球上将有1/4的生物物种陷入绝境，到2050年约有半数动植物将从地球上消失。

世界自然保护联盟（IUCN）公布的更新版《濒危物种红色名录》显示，在名录中收录的超过12万个物种中，有32441个物种面临灭绝威胁[①]。发表在美国《科学》周刊上的一项研究指出，主要关注物种丰富程度变化的“生物完整性指标”的安全范围是90%～100%，全球生物多样性已降至这个阈值以下，仅为84.6%。

① 《IUCN受威胁物种红色名录》，http://www.isenlin.cn/sf_C0F77839F7954AE9BECE2F98DF831BB2_209_F7A551C0647.html。

中国是世界上生物多样性丧失最严重的地区之一。《中国生物多样性红色名录》① 评估结果显示，在 34450 种高等植物中，受威胁物种（极危、濒危和易危物种）3767 种，加上绝灭的共约占植物总数的 10.9%；在 4357 种脊椎动物中，受威胁脊椎动物共计 932 种，加上灭绝的共占被评估物种总数的 21.4%。

生物多样性减少将严重破坏人类社会赖以生存和发展的环境基础，影响生态系统的功能、气候、土壤肥力、空气、水和人类社会的经济活动及其他活动，直接影响人类的文化多样性。

3. 酸雨蔓延

酸雨是快速工业化的产物，开始发生在北美和欧洲工业发达国家，随着经济全球化也向发展中国家蔓延。印度、东南亚、中国等地尤为明显。目前，世界上主要有三大酸雨区：欧洲（以德、法、英等国为中心）、北美（包括美国和加拿大在内）和中国。

《2020 全国生态环境质量简况》显示，我国出现酸雨的区域面积约为 46.6 万平方千米，占国土面积的 4.8%，主要分布在长江以南、云贵高原以东地区，包括浙江、上海的大部分地区、福建北部、江西中部、湖南中东部、广东中部、广西南部和重庆南部。在 465 个监测降水的城市（区、县）中，酸雨频率平均为 10.3%，全国降水 pH 年均值范围为 4.39 ~ 8.43。酸雨、较重酸雨和重酸雨城市比例，分别为 15.7%、2.8% 和 0.2%。酸雨类型总体仍为硫酸型。

酸雨会使土壤酸性增强，导致大量农作物与牧草枯死，破坏森林生态系统，使河水、湖水酸化成为“死河”“死湖”，渗入地下使地下水长时期不能利用；严重侵蚀桥梁楼屋、船舶车辆，对人体健康造成严重危害……

4. 城市热岛效应

城市热岛效应主要是由城市化进程的加快，城市下垫面、人工热源、水气影响、空气污染、绿地减少、人口迁徙等多种因素的叠加产生的。

在世界上 1000 多个不同规模的城市中出现了城市热岛现象。为了降低室内气温和使室内空气流通，人们使用空调、电扇等电器。近几十年来，由于城市化进程的加快，我国大中城市均出现了不同程度的城市热岛现象。

长期生活在热岛中心区的人们，会出现情绪烦躁不安、精神萎靡、忧郁压抑、记忆力下降、失眠、食欲减退、消化不良、溃疡增多、胃肠疾病复发等状况，高温天气对人体健康也有不利影响，容易导致烦躁、中暑、精神紊乱等症状，特别是使心脏、脑血管和呼吸系统疾病的发病率上升，死亡率明显增加。

（三）环境危机

1. 重金属污染

全世界平均每年排入土壤中的铅约为 500 万吨、汞约为 1.5 万吨、铜约为 340 万吨、锰

---

①《生态环境部和中国科学院联合发布中国生物多样性红色名录》，http://www.chinacses.org/xw/sthjbfb/201805/t20180523_635275.shtml。

约为1500万吨、镍约为100万吨。澳大利亚的土壤中镉的含量有0.11～6.37毫克/千克。据对美国部分公路及城市的土壤监测，仅铅的含量就达到最大允许量的几十倍甚至几百倍。20世纪“八大公害”中的日本“水俣病事件”“富山骨痛病事件”就是重金属污染引起的恶性事件。

环保部门的统计显示，中国1/6的耕地受到重金属污染，重金属污染土壤面积至少有2000万公顷。《中国耕地地球化学调查报告（2015）》显示，中国重金属中—重度污染达到3488万亩，轻微—轻度污染达到7899万亩。中国环境监测总站资料显示，重金属污染中最严重的是镉污染、汞污染、铅污染和砷污染。

重金属污染对环境破坏很大，严重污染土壤和水体。土壤或水体中含有的重金属引起的污染又通过食物链进入生态系统，进而对人体造成危害，容易在生态系统或生命体中富集。汞、镉、铅、钴、铊、锰、砷都可能引发癌症、结石、关节疼痛、神经错乱、健忘、失眠、头晕和头痛。

2. 环境痕量污染物污染

环境痕量污染物是相对于常见的常量污染物的新型污染物的总称，包括持久性有机污染物、内分泌干扰物、持久性毒害（有毒化学）污染物等，它通过食物链累积诱发生物突变或引起生态失衡构成对人类的健康风险。

在我国经济最发达的京津地区、长江三角洲、珠江三角洲等地区，“三致”（致癌、致畸、致突变）有机污染物在地下水中有一定程度的检出，其中农药类的六六六、滴滴涕等有机污染指标检出率一般为10%～20%，部分地区为30%～40%，有的甚至在80%以上。

持久性有机污染物在自然环境中滞留时间长，极难降解，毒性极强，能导致全球性的传播，被生物体摄入后不易分解，并沿着食物链浓缩放大，不仅具有致癌、致畸、致突变性，而且具有内分泌干扰作用。

3. 土壤污染

土壤污染出现于发达工业国家。高速发展的工业化过程中的日本就发生了很多的土壤污染事件，如“富山骨痛病事件”是由于矿山开发导致含镉废水、废渣污染土壤，使生产的农产品含有毒素危害人体健康；美国在2009年时仅需要治理和必须治理的土壤污染地区就有1300处；欧洲有350万块土地受到污染威胁，严重污染需要治理的有50万块土地。欧盟因农药导致的损失每年至少1250亿欧元（约合1410亿美元）。早在2014年，首次《全国土壤污染状况调查公报》[①]就表明中国土壤总的点位超标率为16.1%，有100多万平方千米土地受到污染，有近20万平方千米耕地被污染，超出林地、草地被污染面积的一半，经济发达地区的污染问题尤为突出，长三角地区至少10%的土壤丧失生产力。中国农村每年产生90亿吨污水、2.8亿吨垃圾，绝大部分没有处理。中国年化肥施用量约6000万吨、农药用量

①《环境保护部国土资源部发布全国土壤污染状况调查公报》，中华人民共和国中央人民政府门户网站，http://www.gov.cn/xinwen/2014-04/17/content_2661765.htm。

达 337 万吨，90% 进入生态环境。土壤保存了至少 1/4 的全球生物多样性，为生态系统和人类提供多种服务，帮助抵御和适应气候变化。土壤污染导致生产能力退化，影响到食品安全，对人类生命健康构成威胁；可引起大气、水的污染和生物多样性破坏，从而使整体环境污染加剧，对全球生态安全构成威胁。

4．固体废物污染

联合国发布的《2020 年全球电子废弃物监测》报告指出，2019 年，全球产生的电子废物（带电池或插头的废物）总量达到 5360 万吨，其中亚洲约为 2490 万吨、美国为 1310 万吨、欧洲为 1200 万吨、非洲为 290 万吨、大洋洲为 70 万吨，2019 年只有 17.4% 的电子垃圾被收集和回收。到 2030 年，全球电子垃圾将达到 7400 万吨。

世界银行的《垃圾何其多 2.0：2050 年全球固体废物管理一览》① 报告显示，2016 年全球产生的塑料垃圾 2.42 亿吨，占固体垃圾总量的 12%。现在全球每年生产的塑料超过 50% 是一次性塑料制品，大部分不能有效处理。联合国发布的《全球环境展望 6》② 显示，每年流入海洋的塑料垃圾高达 800 万吨。

2017 年，中国一般工业固体废物产生量为 331592 万吨，综合利用量为 181187 万吨。2019 年，全国 196 个大、中城市一般工业固体废物产生量达 13.8 亿吨、综合利用量 8.5 亿吨，工业危险废物产生量达 4498.9 万吨、综合利用量 2491.8 万吨，医疗废物产生量 84.3 万吨且得到了及时妥善的处置。1979 年，全国城市生活垃圾清运量为 2508 万吨，2006 年增加到 1.48 亿吨，2014 年达到 1.79 亿吨。《2020 年全国大、中城市固体废物污染环境防治年报》③ 显示，2019 年 196 个大、中城市生活垃圾产生量达 23560.2 万吨。

固体废物污染和垃圾泛滥带来了严重的影响，固体废物中有害气体和粉尘会污染大气；固体废物中的有害成分会向土壤迁移，污染土壤，对植物产生了间接污染；固体废物还会使水体遭受污染，富营养化进一步加剧；通过大气、土壤、水的污染，严重影响人们的身体健康。

5．大气污染

相关资料显示，全世界每年排入大气的有害气体总量为 5.6 亿吨，其中一氧化碳 2.7 亿吨、二氧化碳 1.46 亿吨、碳氢化合物 0.88 亿吨、二氧化氮 0.53 亿吨。2012 年，全球约有 1260 万人因在不健康环境中生活或工作而死亡，约占全球死亡总数的 1/4。在全球 103 个国家和地区的 3000 多个监测空气质量的城市中，80% 以上城市的空气质量超过世卫组织的建议标准，美国每年因大气污染死亡人数达 5.3 万多人，全世界超过 80% 的人口正在呼吸着严重颗粒物污染的空气。欧洲环境局于 2016 年 11 月发布的报告称，欧洲空气污染每年导致 46.7 万人过

①*What a Waste 2.0 : A Global Snapshot of Solid Waste Management to 2050*，https://openknowledge.worldbank.org/handle/10986/30317.

② 联合国环境署：《全球环境展望》（GEO6），http://aoc.ouc.edu.cn/2019/0318/c9829a235212/pagem.htm。

③ 中华人民共和国生态环境部：《大中城市固体废物污染环境防治年报》，https://www.mee.gov.cn/hjzl/sthjzk/gtfwwrfz/。

早死亡，每 10 个城市中就有 9 个城市的居民呼吸着有害气体。

2020 年，中国废气中二氧化硫排放量为 370.9 万吨、氮氧化物排放量为 1191.4. 万吨。2020 年，全国机动车 4 项污染物排放总量为 1593.0 万吨，其中一氧化碳、碳氢化合物、氮氧化物、颗粒物排放量分别为 769.7 万吨、190.2 万吨、626.3 万吨、6.8 万吨，汽车是污染物排放总量的主要贡献者。目前，我国主要的大气污染物已由二氧化硫（SO_2）和总悬浮颗粒物（TSP）的污染转为可吸入颗粒物（PM10）和细颗粒物（PM2.5）的污染，污染程度十分严重的区域有东北、西北、整个华北地区以及长江以南和四川盆地的部分地区，其中以华北地区最为突出。

大气污染既危害人体健康，又影响动植物生长，而且破坏经济资源，会改变地球的气候，造成全球变暖、臭氧层耗损、酸雨等全球环境问题。大气污染物主要通过呼吸道进入人体，还会通过接触和刺激体表进入人体。

6．水污染

全世界每年向江河湖泊排放的各类污水约 4260 亿吨，造成径流总量的 14% 被污染，污染 5.5 万亿立方米的淡水。另据联合国调查统计，全球河流的稳定流量的 40%左右已被污染。水污染不仅对淡水，对海洋污染的情况也是令人震惊的。

据世界卫生组织（WHO）调查，80% 左右的人类疾病和 50% 左右的儿童死亡率都与饮水水质不良有关。水污染俨然成为“世界头号杀手”。我国有关研究结果显示，我国水污染造成的经济损失占 GDP 的比率在 1.46% ～ 2.84% 之间。①

近几年，我国污水排放总量持续增长。智研咨询发布的《2022—2028 年中国污水处理行业市场行情动态及竞争战略分析报告》数据显示：2013 年中国城市污水年排放量 427.45 亿平方米，2020 年增长至 571.36 亿平方米，增加了 34%。

水污染危害极大，污染物通过饮水和食物进入人体，影响人类的身体健康；水污染破坏水体中的生态平衡，影响水生动植物，进一步影响人类的生存；水污染破坏工农业生产，严重阻碍经济的持续增长。

7．噪声污染

2017 年，世界卫生组织曾就全世界的噪声污染情况进行的调查结果显示，美国及其他发达国家的噪声污染问题越来越严重，在美国，生活在 85 分贝以上噪声污染环境中的居民人数 20 年来上升了数倍；在欧盟国家，40% 的居民几乎全天受到交通运输噪声污染的干扰，这些居民相当于每天生活在 55 分贝的噪声环境中，其中 20% 的人受到的交通噪声污染超过 65 分贝。此外，在发展中国家的一些城市，噪声污染问题也已相当严重，有些地区全天 24 小时的噪声达到 75~80 分贝……

① 杨波：《水环境水资源保护及水污染治理技术研究》，中国大地出版社，2019，第 38 页。

《2020 年全国生态环境质量简况》[①] 显示，2020 年开展昼间区域声环境监测的 324 个地级及以上城市等效声级平均为 54.0 分贝，开展昼间道路交通声环境监测的 324 个地级及以上城市等效声级平均为 66.6 分贝；在开展城市功能区声环境监测的 311 个地级及以上城市中，各类功能区昼间达标率为 94.6%，夜间达标率为 80.1%。

噪声对人的危害是多方面的，对人的心理、生理都有影响。长期在噪声环境中工作的人，听力会下降，甚至产生噪声性耳聋。人们在高噪声环境下工作，高血压、动脉硬化和冠心病的发病率要高出低噪声环境下 2 ~ 3 倍。噪声使劳动生产率降低 10% ~ 50%。特强噪声会损伤仪器设备，严重的可使仪器设备失效。

8．辐射污染

我们生存的空间充斥着大量微观粒子的运动，它们从各种发射体出发，向各个方向传播，形成了辐射流。现代科技在生产、生活的各个领域广泛运用各种辐射为人类谋福利，对人类的生存不可或缺，但如果处置不当，对人体和设施造成危害时，就形成辐射污染。

一是光污染。灯火通明的地区比夜晚保持黑暗的地区的乳腺癌发病率高出近两倍，人造光源带来的危害不仅造成“昼夜不分”，更重要的是危及公共健康和野生动植物的生长，甚至导致安全问题的出现。二是电磁辐射。危害主要表现为对通信、电子设备的干扰，电磁污染会与正常通信信号发生冲突，形成电磁噪声，甚至造成通信中断。三是射线辐射。射线可以破坏细胞组织，对人体造成伤害，严重时会导致机体损伤，甚至可能导致死亡，如核电站发生事故，造成的核污染会严重破坏生态环境和影响人体健康。

第二节　可持续发展的兴起

一、可持续发展的提出

20 世纪 70 年代可持续发展的概念开始萌芽，从 1972 年“联合国人类环境会议”上所发表的“人类环境宣言”开始，环境问题从边缘走向核心开始受到国际社会的注目。人们逐渐认识到人类所面临的发展同物理极限的冲突，在远未达到物理极限（如资源枯竭）之前，人类就会遇到社会极限。在这种大背景下，1987 年，联合国出台了《我们共同的未来》（《布伦特兰报告》）。

① 生态环境部：《2020 年全国生态环境质量简况》，新华网，http://www.xinhuanet.com/energy/2021-03/03/c_1127160268.htm.

《我们共同的未来》中的定义："可持续发展是既满足当代人的需求又不对后代人满足其需求的能力构成危害的发展。"明确提出了可持续发展比较具体的目标：一是消除贫困和实现适度的经济增长；二是控制人口和开发人力资源；三是合理开发和利用自然资源，尽量延长资源的可供给年限，不断开辟新的能源和其他资源；四是保护环境和维护生态平衡；五是满足就业和生活的基本需求，建立公平的分配原则；六是推动技术进步和对于危险的有效控制。《布伦特兰报告》阐述的指导思想，对世界各国的经济发展与环境保护的政策制定产生了积极影响。

二、可持续发展的原则、内容、作用

（一）可持续发展的原则

1. 公平性原则

公平性原则有三层意思：一是本代人的公平，即同代人之间的横向公平性，要满足全体人民的基本需求和给全体人民机会以满足他们要求较好生活的愿望；二是代际间的公平，即世代人之间的纵向公平性，要认识到人类赖以生存的自然资源是有限的，本代人不能因为自己的发展与需求而损害人类世世代代满足需求的条件，要给世世代代以公平利用自然资源的权利；三是公平分配有限资源。可持续性是指生态系统受到某种干扰时能保持其生产率的能力。共同性是指可持续发展是全球发展的总目标，也是各国共有的目标。要实现这一目标，必须采取全球共同的联合行动。

2. 持续性原则

一是承载能力的可持续。要求人类的经济建设和社会发展不能超越自然资源与生态环境的承载能力。二是消费的可持续。人类要根据持续性原则，调整自己的生活方式，确定自己的消耗标准，确保生产和消费的可持续。三是发展的可持续。人类发展不能破坏人类生存的物质基础，确保发展的可持续。

3. 共同性原则

一是地球的共同性。要求人们认识到地球的整体性和相互依赖性。二是行动的联合性。全球采取共同一致的联合行动，利用和保护好共同的家园，促进人类的可持续发展。

（二）可持续发展的内容

1. 资源与环境可持续发展

一是可持续发展的基础。自然资源的可持续利用和良好的生态环境是可持续发展的基础，也是人类生存和发展的基础。二是可持续发展的根本。资源的合理分配是可持续发展的根本，它确保代际分配和地区分配的可持续。三是可持续发展的环境。经济发展必须与自然承载能力相一致，保持以可持续方式使用自然资源和环境成本，全球要采取一致行动降低自然资源的消耗速度，加速开发替代资源，尽量降低经济活动产生的废物量，确保环境的可持续发展。

2. 经济可持续发展

一是经济可持续发展的前提。要改变传统的以"高投入、高消耗、高污染"为特征的生产模式和消费模式，发展低碳经济和循环经济，实行清洁生产，稳定全球人口数量和满足人的基本需求。二是经济可持续发展的要求。在经济活动中保护环境和加强生态建设，发展适宜技术，在决策中协调经济同生态环境的关系、改善经济增长的质量等。

3. 社会可持续发展

一是社会可持续发展的目标。社会的全面进步是可持续发展的最终目标，其中人的发展是核心。二是社会可持续发展的要求。要普遍改善人类生活质量，提高人类健康水平，创造一个保障人们平等、自由、教育、人权和免受暴力的和谐全球社会环境。

（三）可持续发展的时代作用

可持续发展是人类深刻反思工业革命以来人与自然的关系，力图转换思维，寻找新的发展模式的一个新的尝试，它对保护和发展环境资源、满足当代和后代的需要提供了一个新的路径，有利于在工业文明的框架内调节人与自然的关系，使经济发展与人口、资源、环境在一定程度上相协调。

一是对人类可持续发展的推进作用。可持续发展模式保证了资源在特定状况下对人类经济和社会发展的支持。可持续发展合理分配资源，维持资源的持续供给能力，推进人类的可持续发展。

二是对人类与环境的协调发展的促进作用。可持续发展为人类的生存和发展提供了一个更好的环境和生态基础。它要求防止人类活动破坏自然环境，加强环境治理力度，加快生态恢复步伐，依法治理环境，促进人类与环境的协调发展。

三是对经济发展方式的转化作用。可持续发展模式促进了工业文明时代经济增长方式的转变，避免“先污染后治理、先开发后保护、先破坏后恢复”，使经济发展与资源、环境相协调，使经济效益和环境效益相统一，促进经济发展方式的可持续。

三、可持续发展的困境

（一）可持续发展的基础

1. 可持续发展的伦理基础

代际生态伦理构建了可持续发展的理论基础。代际生态公正是指当代人与后代人之间的生态公正，既不能为了当代人利益过度开发自然资源而使子孙后代无自然资源可用，也不能为了子孙后代的利益而使当代人不能使用现有的自然资源，合理的状态应该是自然资源的使用既满足当代人生存发展的需要，又为子孙后代留下可资利用的生态资源和发展条件。

2. 可持续发展的哲学基础

可持续发展的哲学问题是由既相互区别又相互联系的两个方面的关系——人与自然的关系和人与人的关系所构成的。人与自然的关系和人与人的关系的协调发展理论是人类社会可持续发展理论的哲学基础。任何基于某种或几种不可再生的基础资源的社会发展都是不可能持续的，或者说这种类型的持续是有极限的。因为这种发展的最终结果不外乎人与自然的关系和人与人的关系的不可协调性。从本质上说，可持续发展是一种辩证发展。

3. 可持续发展的科学技术基础

纵观人类社会与科学技术的发展史，我们会清楚地看出：对于人类社会来说，在科学技术与人类社会之间发生着同化和异化两种形式的运动，并且同化是主要过程。科学技术与社会间的同化和异化贯穿于人类社会的始终。我们对科学技术应持谨慎乐观的态度，即这种乐观是建立在科学根据之上而不是盲目乐观，同时因为科学技术异化的后果关系到人类的前途和命运，而且其影响常常始料不及，因此，我们必须保持清醒头脑。

4. 可持续发展的文化基础

可持续发展是人类社会实现经济、社会、环境和人口协调发展的必然选择。为了实现这一发展目标，就必须构建可持续发展的文化基础，以之作为可持续发展长期有效的文化支撑。可持续发展包括持续性原则、共同性原则和公正性原则。具体落实这三个原则都会涉及一个问题——社会活动的主体选择什么样的生产方式和生活方式才能够满足要求，这就是可持续发展的文化基础问题。可持续发展理论的文化基础应围绕上述三个原则来构建和培育。

（二）可持续发展面临的困境

工业革命以来，人类对自然环境展开了前所未有的大规模开发和利用，环境问题有增无减。20 世纪 90 年代以来，全球经济的增长方式仍未见改变，可持续发展战略的推进在全球面临困境。

1．经济发展与资源短缺的困境

在工业文明时代，人们的视野还停留在不停地把自然资源转化为人类需要的物质财富上面，没有认识到地球上资源的有限性。就不可再生资源而言，对于该种资源较贫乏的国家，出于发展的需要，绝不会因为该种资源的占有库存量在减少而停止使用；而对于资源占有国而言，由于发展的需要和利益的驱动，也绝不会停止该种资源的开采（如化石资源），各国无序发展，使全球可持续发展陷入困境。

2．人类发展与人类生存的困境

目前，生活在贫困状态下的人们会更多地关心当前的生存问题，对保护环境资源以供未来之用不感兴趣，换言之，这样的社会存在很高的社会贴现率，从而导致广泛的掠夺性开发和普遍的短期行为。而由于环境和资源状况的恶化，造成世界上的贫困人口总量目前仍然在不断增加，这又更进一步地加大了环境和资源可持续发展的压力，形成恶性循环。同时，少量发达国家依靠先发优势走在世界发展的前列，他们思考问题的着眼点是如何进一步发展。生存应该是在极少消耗资源的前提下延长人类的存活时间，发展是在以资源为动力的前提下实现对昨天的超越。人类陷入了“可持续生存”还是“可持续发展”的困境。

3．全球利益与国家利益的困境

当今世界以国家利益为先的现象普遍存在，全球化为一些国家带来了大量的好处，掩盖了全球整体利益的存在，本国优先、各自为战的指导思想使世界向何方发展不得而知。超级大国凭借经济、科技和军事优势，继续压榨大部分国家，全球利益在国家利益面前不值一提。一方面，是地球上尚有亿万人口食不果腹；另一方面，是军费支出达到天文数字且增速不减，这与可持续发展格格不入。在国家利益强势、全球利益式微的背景下，可持续发展已变得毫无意义。各国追求的利益目标是不同的，要将行动统一起来谈何容易。可持续发展的热情目前在很大程度上是被发达国家对环境的关注刺激起来的，但是，即使在主要发达国家之间，在行动上仍然难以快速达成一致。以削减二氧化碳排放为例，经历了近 10 年的时间，美国在唱高调的同时仍然不做具体承诺，一项并没有多大约束力的污染物排放的世界性协议至今仍未真正达成。由此可见，人类陷入了全球利益与国家利益的困境。

4. 长远利益与眼前利益的困境

随着文明的不断进步，人类生存的可持续性受到了前所未有的挑战。经济的高速发展带来了物质财富的巨大增加，但消耗了大量的自然资源；化肥农药提高了农产量，降低了农作物的质量，严重损害了人类的健康；化学药品的滥用，降低了人类的繁衍能力。人类做到了其他物种无法做到的对人类的伤害，愚昧者自取灭亡倒成了文明人类的不断实践。人类陷入了长远利益与眼前利益的困境。

第三节　生态文明的内涵、特征

生态文明是人类文明发展进步的新形态。习近平总书记指出：“生态文明是人类社会进步的重大成果。人类经历了原始文明、农业文明、工业文明，生态文明是工业文明发展到一定阶段的产物，是实现人与自然和谐发展的新要求。”生态文明的兴起是现代社会生产力发展和变革的必然结果。

一、生态文明的内涵

人类文明在走过了采猎文明、游牧文明、农业文明、工业文明之后，正在迈向一个崭新的文明时代——生态文明，生态文明社会的到来，既是不以人的意志为转移的客观存在，就其发展历史阶段本身而言，又是人类社会文明发展的较高阶段、较高形态，是人类文明进步的新形态。

（一）采猎文明

在采猎文明阶段，采猎人群征服和改造自然的能力十分低下，人们对自然环境被动适应，人类生存的物质基础是天然动植物资源，采猎的天然动植物完全是自然界发育、生长的结果，所以人类崇拜和畏惧自然并祈求大自然的恩赐。人类对环境的改造作用微弱。

（二）游牧文明

在游牧文明阶段，人类形成了逐水草而居的生产方式，哪里有丰美的水草，就在哪里安家。受载畜量的影响，牧人们必须不断地迁徙才能保持草原的自然再生产，才能保证牲畜能吃到源源不断的新草，这其实正暗合了草原生长的生态规律。

（三）农业文明

在农业文明阶段，人类主要的生产活动是农耕和畜牧，青铜器、陶器和铁器的使用，特别是铁器农具“犁”的出现，标志着人类生产活动开始向着主动性和选择性迈进。农业文明带来了种植业的创立及农业生产工具的发明和不断改进，带来了固定居所的形成和人口的迅速增长，带来了纺织等手工业和集市贸易的诞生，带来了农业历法等科学技术，也带来了“人定胜天”的精神和信念。

（四）工业文明

在工业文明阶段，带来了全球性的生态危机，造成了人与自然关系的高度紧张。马克思指出：“资本主义生产一方面神奇地发展了社会的生产力，但是另一方面也表现出它同自己所产生的社会生产力本身是不相容的。它的历史今后只是对抗、危机、冲突和灾难的历史。”20世纪末至21世纪初，全球性金融危机爆发，在国与国、人与人社会关系矛盾尖锐化的同时，全球性、区域性生态危机的持续爆发和凸显，使人与自然生态关系的矛盾十分尖锐地呈现出来，集中表现为全球性的环境污染、生态系统破坏和资源短缺等综合性、复合性问题。

（五）生态文明

1. 前提

在尊重生态规律的前提下，有计划地对生态环境进行有效的公共管理，进行地区、国家乃至全球意义上的制度建设，协调人类与自然的关系，形成自然、社会、经济复合系统的持续发展。

2. 目标

是为了实现人与自然的全面、协调、可持续发展，它以和谐为现实取向，追求人与自然、人与社会、人与人和谐共生、循环互动、共同繁荣发展的文明新形态。

3. 核心思想

就是要注重人的综合素养的提高，提升全社会的文明素质，既要保护自然资源与环境、充分考虑自然的承载能力，又要充分满足人类的发展需求，而且不影响子孙后代的永续发展。“生态文明是指人类遵循人、自然、社会和谐发展这一客观规律而取得的物质与精神成果的总和；是指以人与自然、人与人、人与社会和谐共生为基本宗旨的文化伦理形态。”[①] 它描

① 魏振瀛：《民法》，北京大学出版社，高等教育出版社，2000，第314页。

绘的是一个具体的文明形态，它的构建必然需要一个长期的、系统的建设过程，而生态文明建设就是构建生态文明具体形态的伟大实践活动。

4. 内涵

一是从经济视角。生态文明提倡节约集约资源，转变发展模式，发展绿色经济、低碳经济与循环经济，建立资源循环利用体系，降低能源消耗，减少污染排放，通过调结构、转方式，建立资源节约型、环境友好型社会，从而实现可持续的发展。生态文明要求绿色发展，实质上就是要求实现经济又好又快发展，如果脱离经济建设谈生态文明建设是不现实的。二是从政治视角。生态文明内在地要求各物种之间生态资源和发展成果配置的公平与公正，也要求人类自身在代内、代与代之间配置的公平和正义。这就需要通过建立合理的国内、国际的政治经济秩序，以实现生态文明的此种要求，从而处理好人与人、人与自然之间的关系，真正实现可持续发展。从此角度，政治建设体现了生态文明建设的本质。三是从文化视角。建设一个新的文明观实质上是一场思想上、观念上、理论上和行为方法上的革命。① 生态文明建设实质上是需要价值观念的扭转，把人类的思想观念从征服自然、改造自然转变为尊重自然、顺应自然、保护自然，建立一种新的文化价值观念。生态危机在某种程度上，就是人类道德的危机，是人类作为一种类的存在物，怎么对待自然的道德规范与行为模式的危机。生态文明建设需要其文化建设的支持，为其提供内生动力，并保证其长远发展具有活力。四是从社会视角。生态文明要求建立一种能实现公平公正、人与自然和谐共生、具有良好生态环境的现实社会，形成公正、合理的利益分配制度，创建系统完整的生态文明制度体系，引导和规范全体公民和社会参与生态文明建设，使人们的具体实践活动与生态发展协调一致，从而实现人与自然的和谐共生、循环互动、共同繁荣发展。这四个向度不可分割地共同构成了生态文明建设的科学内涵。深刻认识和把握生态文明的科学内涵，对生态具体实践活动的展开、对建设生态文明大有裨益。

二、生态文明的特征

生态文明是人们在开发、利用和保护等与自然互动的过程中，以高度发达的生产力水平及物质水平为基础，遵循和谐共生的核心理念，以人与自然的关系为着力点，以可持续发展为目标，在历史实践过程中形成的“物质、精神及制度”成果。

（一）生态文明是高度发达的物质文明

“生态文明是人类为建设美好生态环境而取得的物质成果、精神成果和制度成果的总和。建设生态文明，并不是放弃对物质生活的追求，回到原生态的生活方式，而是超越和扬弃粗放型的发展方式和不合理的消费模式，提升全社会的文明理念和素质，使人类活动限制在自然环境可承受的范围内，走生产发展、生活富裕、生态良好的文明发展之路。” ②

---

① 施春洪：《论合同解释制度》，硕士学位论文，南昌大学，2007。

② 周生贤：《中国特色生态文明建设的理论创新和实践》，《求是》2012 年，第 19 页。

（二）生态文明是人与自然和谐共生的文明

在新发展理念中，绿色是永续发展的必要条件和人民对美好生活追求的重要体现。“习近平关于人与自然和谐发展理念的思想渊源是对各种自然生态系统的‘中庸’之平衡策，具有深厚的历史文化基础。”习近平同志指出：“绿色发展就是要解决好人与自然和谐共生问题。人类发展活动必须尊重自然、顺应自然、保护自然，否则就会遭到大自然的报复。这个规律谁也无法抗拒。人因自然而生，人与自然是一种共生关系，对自然的伤害最终会伤及人类自身。只有尊重自然规律，才能有效防止在开发利用自然上走弯路。”①

（三）生态文明是以可持续发展为根本目标的文明

“生态文明是人类社会进步的重大成果，是现实中人与自然和谐发展的必然要求。建设生态文明要以资源环境承载力为基础，以自然规律为准则，以可持续发展、人与自然和谐为目标，建设生产发展、生活富裕、生态良好的文明社会。”②“生态文明代表着人类文明的发展方向，生态文明追求的是在更高层次上实现人与自然、环境与经济、人与社会的和谐。生态文明建设的提出，既是文明形态的进步，又是社会制度的完善；既是价值观念的提升，又是生产生活方式的转变；既是中国特色环保新道路的目标指向，又是人类文明进程的有益尝试。作为人类文明的一种高级形态，生态文明主要内涵指先进的生态伦理观念、发达的生态经济、完善的生态制度、基本的生态安全和良好的生态环境等。”③生态文明有着不同于“渔猎文明、农业文明、工业文明”的孕育背景与历史特征，也与“政治文明、物质文明、精神文明”有着不同的文化内涵。在生态文明概念的逻辑体系中，它强调的是人类与大自然的“和合”程度，它具备其他文明阶段不具备的系统性、前瞻性与全面性。

第四节　社会主义生态文明观④

生态文明观是指对人与自然关系以及人类如何与自然相处的规律的根本看法。党的十九大把坚持人与自然和谐共生作为新时代坚持和发展中国特色社会主义的基本方略，强调要牢固树立社会主义生态文明观，推动形成人与自然和谐发展现代化建设新格局。认真领会习近

① 中共中央宣传部：《习近平总书记系列重要讲话读本》，学习出版社，人民出版社，2016，第 134 页。
② 中共中央宣传部：《习近平总书记系列重要讲话读本》，学习出版社，人民出版社，2016，第 232 页。
③ 郇庆治、李宏伟、林震：《生态文明建设十讲》，商务出版社，2014，第 32 页。
④ 中共中央党校（国家行政学院）：《习近平新时代中国特色社会主义思想的基本问题》，人民出版社，中共中央党校出版社，2020，第 313-320 页。

平总书记生态文明思想，深刻理解、努力践行社会主义生态文明观，对于加强生态文明建设、建设美丽中国、促进全球生态治理具有十分重要的意义。

一、社会主义生态文明观的主要内容

（一）“坚持人与自然和谐共生”的科学自然观

人与自然的辩证关系，是人类发展的永恒主题。构建人与自然和谐关系，坚持人与自然和谐共生的科学自然观，是社会主义生态文明观的核心和根本，习近平同志指出：“人与自然是生命共同体，生态环境没有替代品，用之不觉，失之难存。”人因自然而生，人与自然是一种共生关系。包括人在内的整个自然界是一个完整有机的生态系统，具有自身运动、变化和发展的客观规律，不以人的意志为转移。党的二十大报告中特别强调“大自然是人类赖以生存发展的基本条件。尊重自然、顺应自然、保护自然，是全面建设社会主义现代化国家的内在要求。必须牢固树立和践行绿水青山就是金山银山的理念，站在人与自然和谐共生的高度谋划发展。”[①]历史和现实反复证明，当人类合理利用、保护自然时，自然的回报常常是慷慨的；当人类无序开发、粗暴掠夺自然时，自然的惩罚必然是无情的。人类只有遵循自然规律，才能有效防止在开发利用自然上走弯路，才能避免伤害自然而最终伤及人类自身。

坚持人与自然和谐共生，意味着建设生态文明必须在遵循自然规律的前提下发挥主观能动性，坚定地走生产发展、生活富裕、生态良好的文明发展道路，更加自觉地推动绿色发展、循环发展、低碳发展，绝不能以牺牲生态环境为代价换取经济的一时发展；必须坚持节约优先、保护优先、自然恢复为主的方针，不能只讲索取不讲投入、只讲发展不讲保护、只讲利用不讲修复，要像保护眼睛一样保护生态环境，像对待生命一样对待生态环境；必须多谋打基础、利长远的善事，多干保护自然、修复生态的实事，多做治山理水、显山露水的好事，让群众望得见山、看得见水、记得住乡愁，让自然生态美景永驻人间，还自然以宁静、和谐、美丽。

（二）“绿水青山就是金山银山”的绿色发展观

“绿水青山就是金山银山”，既是重要的发展理念，也是推进现代化建设应当坚持的重大原则。早在2005年，时任浙江省委书记的习近平同志就提出了这一重要理念，深刻揭示了追求人与自然和谐、经济与社会和谐的辩证关系。党的十八大以来，他多次强调并阐发这一思想理念，从理念和实践层面不断拓展和深化其内涵，为生态文明建设确立起新的战略支撑。如今，常青树就是摇钱树，把生态优势变为经济优势，绿水青山可以源源不断地带来金山银山，保护生态环境就是保护生产力，改善生态环境就是发展生产力，这些理念得到了越来越多的实践验证和民意认同。

“绿水青山就是金山银山”的重要理念表明，保护生态环境和发展经济从根本上讲是有

① 习近平在中国共产党第二十次全国代表大会上的报告：《高举中国特色社会主义伟大旗帜 为全面建设社会主义现代化国家而团结奋斗》。

机统一、相辅相成的。经济发展不应该是对资源和生态环境的竭泽而渔，生态环境保护也不应该是舍弃经济发展的缘木求鱼，而是要坚持在发展中保护、在保护中发展，实现经济社会发展与人口、资源、环境相协调，最终达到既要绿水青山也要金山银山的理想境界。“绿水青山就是金山银山”的重要理念，也明确了生态环境作为生产力内在属性的重要地位。绿水青山和金山银山绝不是对立的，关键在人，关键在思路。正如习近平同志指出的，“绿色生态是最大的财富、最大的优势、最大的品牌”，绿水青山就是自然财富、生态财富，又是社会财富、经济财富。保持生态环境就是保护自然价值和增值自然资本，就是保护经济社会发展潜力和后劲，使绿水青山持续发挥生态效益、经济效益与社会效益。

坚持“绿水青山就是金山银山”的理念，必须贯彻创新、协调、绿色、开放、共享的发展理念，加快形成节约资源和保护环境的空间格局、产业结构、生产方式、生活方式，把经济活动、人的行为限制在自然资源和生态环境能够承受的限度内，给自然生态留下休养生息的时间和空间，实现经济生活发展和生态环境保护协同共进。要加快划定并严守生态保护红线、环境质量底线、资源利用上限三条底线，对突破三条底线、仍然沿用粗放增长模式、吃祖宗饭砸子孙碗的事，绝不能再干，绝不允许再干。

（三）“良好生态环境是最普惠的民生福祉”的生态民生观

“良好生态环境是最公平的公共产品，是最普惠的民生福祉。”这一科学理念是坚持以人民为中心的发展思想在生态文明领域的生动体现。人心就是政治，民生关乎人心。环境就是民生，青山就是美丽，蓝天就是幸福。以人为本，其中最重要的就是不能在发展过程中破坏人自身生存的环境。如果人口与资源环境的关系出现严重偏差，就不能保证人民群众安居乐业，满足人们对于美好生活的向往更无从谈起。发展经济是为了民生，保护生态环境同样也是为了民生。解决好生态环境问题不仅是经济问题，也是关系民生的重大社会问题，更是关系党的使命宗旨的重大政治问题。

树立生态民生观，必须积极回应广大人民群众热切期盼加快提高生态环境质量的要求，坚持环境与民生相互促进，为人民群众提供更多更优质的生态产品；必须立足于生态惠民、生态利民、生态为民，切实提高生态环境质量，保证人民群众的生态权益，让群众切实感受到经济发展带来的实实在在的环境效益；必须像保护眼睛一样保护农村环境，重视农村生态环境治理，绝不能在生态环境方面出现“二元结构”状态。习近平同志多次强调，加快改善生态环境质量，保证人民群众的身心健康，重点解决损害群众健康的突出环境问题，维护好人民群众最基本的生存权和发展权，还老百姓蓝天白云、繁星闪烁、清水绿岸、鱼翔浅底、鸟语花香、田园风光的自然美景。

良好的生态环境关系全体人民的切身利益，建设生态文明是人民群众共同参与、共同享有的事业。每个人都是生态环境的保护者、建设者、受益者，没有哪个人是旁观者、局外人、批评家，谁也不能只说不做，置身事外。要把握好全社会共同建设生态文明的导向，增强全民节约意识、环保意识，培育生态道德和行为准则，开展全民绿色行动，动员全社会都以实际行动减少能源资源消耗和污染排放，为生态环境保护做出贡献，形成崇尚生态文明、保护生态环境的社会氛围。建设美丽中国的宏伟目标，只有转化为全体人民的自觉行动，才能早日顺利实现。

（四）“山水林田湖草是生命共同体”的整体系统观

生态是统一的自然系统，是相互依存、紧密联系的有机链条。人的命脉在田、田的命脉在水、水的命脉在山、山的命脉在土、土的命脉在树。习近平同志用“命脉”把山水林田湖草生态系统各要素之间连在一起，生动形象地阐述了人与自然唇齿相依、共存共荣的一体化关系，突出了生态是统一的自然系统，是各种自然要素相互依存实现循环的自然链条。他强调：“用途管制和生态修复必须遵循自然规律，如果种树的只管种树、治水的只管治水、护田的单纯护田，很容易顾此失彼，最终造成生态的系统破坏。”这既是对过去治理方式的反思总结，更是对形成更高层面协调治理机制的统筹谋划。把各类生态纳入统一治理的框架之中，成为当前和今后一段时期推进生态文明建设的重要方法论。

“山水林田湖草是生命共同体”的整体系统观，体现的是用什么样的思想方法对待自然、用什么样的方式保护修复自然的问题。环境治理、生态建设是一项系统工程，必须坚持统筹山水林田湖草的系统治理、全面治理、综合治理。要从系统工程和全局角度寻求新的治理之道，将山、水、林、田、湖、草作为一个整体、一个系统予以统筹规划、全面治理，不留“漏洞”、不留“空地”、不留“死角”。要按照生态系统的整体性、系统性统筹考虑自然生态各要素以及山上山下、地上地下、陆地海洋、流域上下游，进行系统保护、宏观管控、综合治理，增强生态系统循环能力，着力维护生态平衡。必须从总体上改变头痛医头、脚痛医脚，各管一摊、相互掣肘的状况，坚持统筹兼顾、整体施策、多措并举、全方位、全地域、全过程开展生态文明建设。

树立整体系统，必须遵循生态系统内在的机理和规律。习近平同志强调：“要坚持保护优先、自然恢复为主，实施山水林田湖草生态保护和修复工程，加大环境治理力度，改革环境治理基础制度，全面提升自然生态系统稳定性和生态服务功能，筑牢生态安全屏障。”通过减少人类活动的负面效应来促进自然修复，更多地顺应自然，给自然留下休养生息的空间。

（五）“用最严格制度保护生态环境”的严密法治观

生态环境是最普惠的公共产品，也是最容易发生“公地悲剧”的领域。因此，保护生态环境必须依靠制度和法治。习近平同志反复强调保护生态环境必须依靠制度、依靠法治，在实践中也不断推进生态立法、强化生态执法，形成了用最严格制度、最严密法治保护生态环境的生态法治观。

我国生态环境保护中存在的突出问题，大多同体制不健全、制度不严格、法治不严密、执行不到位、惩处不得力有关。党的十八大以来，以习近平同志为核心的党中央将生态文明建设写入党章和宪法，以党和国家根本大法的形式赋予其重要地位，出台了《生态文明体制改革总体方案》，构建起生态文明体制的“四梁八柱”，夯实了生态文明建设的体制基础；通过了“史上最严”的《环境保护法修订案》，制定了《土壤污染防治法》，修订了《大气污染防治法》《水污染防治法》《野生动物保护法》等，制定了《国务院办公厅关于健全生态保护补偿机制的意见》等一系列法规制度，使生态文明建设进入法治化、制度化的轨道，推动生态环境质量持续好转。同时也要看到，生态文明制度体系建设并非一劳永逸，仍然任重道远，需要加快制度创新，增加制度供给，完善制度配套，强化制度执行，让制度成为刚性的约束和不可触碰的高压线。

法规制度的生命力在于执行。制度设计再完善，不落实也只能是“没有牙齿的老虎”。贯彻执行法规制度关键在真抓，靠的是严管。习近平同志强调：“我们的生态环境问题已经到了很严重的程度，非采取最严厉的措施不可。”必须把制度的刚性和权威牢固树立起来，不作任何选择、不搞任何变通、不打任何折扣。要抓住关键少数，强化考核问责，严格用制度管权治吏、护蓝增绿，有权必有责、有责必担当、失责必追究，保证党中央关于生态文明建设决策部署落地生根见效。要进一步提高违法违规成本，加大执法力度，对破坏生态环境的行为严惩重罚，对造成严重后果的人依法追究责任，下大力气抓住破坏生态环境的反面典型，绝不手软，绝不搞下不为例，真正改变生态环境制度法治失之于宽、失之于松、失之于软的局面。

（六）“共谋全球生态文明建设之路”的全球共赢观

环境问题不是一个国家、一个地区的问题，而是全球问题。习近平同志站在世界前途和人类命运的高度，提出生态文明建设关乎各国共同利益和人类未来发展，倡导国际社会携手同行，共同解决好工业文明带来的矛盾与挑战，努力实现人与自然和谐共生的目标。共谋全球生态文明建设，不仅是中国实现可持续发展的理念和路径，也为全球生态文明建设提供了中国理念、中国方案。

面对生态环境挑战，人类是一荣俱荣、一损俱损的命运共同体，没有哪个国家能独善其身。生态文明建设关乎人类未来，建设绿色家园是人类共同的梦想。保护生态环境，应对气候变化，维护能源资源安全，是全球面临的共同挑战，需要世界各国同舟共济、共同努力。每一个国家和地区、每一个社会组织和机构都要尽到自己的责任，自觉承担保护和改善生态环境的责任和义务。中国秉承共商、共建、共享的理念，积极参与全球环境治理，积极履行责任与义务，参与国际合作与交流，为建设一个山清水秀、清洁美丽的世界和促进世界的可持续发展做出了中国贡献。

在全球可持续发展理念不断演进、全球环境治理体系亟待重大变革的背景下，中国已成为全球生态文明建设的重要参与者、贡献者、引领者，在全球治理体系中发挥与自身作为第二大经济体和最大发展中国家地位相符的作用。今后，要深度参与全球环境治理，增强我国在全球环境治理体系中的话语权和影响力，积极引导国际秩序变革方向，形成世界环境保护和可持续发展的解决方案。要坚持环境友好，实施积极应对气候变化国家战略，引导应对气候变化国家战略，引导气候变化国际合作，推动和引导建立公平合理、合作共赢的全球气候治理体系。要推进“一带一路”建设，把“一带一路”建成绿色发展之路，构筑尊崇自然、绿色发展的生态体系，让生态文明的理念和实践造福沿线各国人民。

二、社会主义生态文明观的理论特质

“任何一种思想的理论特质都是其内涵本质的外在彰显。”① 社会主义生态文明观——习近平生态文明思想的核心内容，不仅具有丰富的理论内涵，也彰显了其鲜明的理论特色，即坚持以人民为中心的价值立场，强烈的问题意识与现实导向，是对生态文明建设高瞻远瞩的战略定位，是强调加强党对生态文明建设的核心领导。对社会主义生态文明观——习近平生态文明思想核心内容的理论特质进行探讨，是我们准确把握其精髓要义和精神实质的必要条件。

（一）坚定的价值立场：社会主义生态文明观始终坚持以人民为中心价值坐标

“任何一种生态文明理论都有它所服务的对象和价值归宿。”② 人民立场是贯穿习近平生态文明思想的逻辑主线和根本价值立场。生态文明建设的逻辑起点围绕现实的人而展开，其目的就是满足人民群众对良好生态环境的需求，增强人民群众的生态获得感、幸福感和安全感，保障人民的生存权和发展权。党的十九届五中全会把坚持以人民为中心确立为“十四五”时期经济社会发展的遵循原则，这也是新时代生态文明建设的根本价值遵循。就是要把为了人民作为生态文明建设的出发点和落脚点，让人民群众获得更多优质的生态产品；就是要依靠人民力量、凝聚人民智慧，发挥人民群众在生态文明建设中的积极作用；同时，要把人民的满意度作为生态文明建设成效的评价标准。人民群众对优美生态环境的期待值在持续上升，良好生态环境是人民群众追求美好生活的必然要求。如果“没有了依赖生存的和维系的自然环境，人类自身的存续就会遇到问题，而追求幸福也必将成为一种奢望”③。甚至会产生由生态环境所带来的各种社会性群体事件，从而影响社会的和谐稳定发展。生态环境与人民群众的生产生活紧密相关，是最宝贵的生态财富和最普惠的民生福祉。习近平总书记顺应人民群众的期待，解决了长期以来人民群众反映最突出、最强烈的生态环境问题，满足了人民群众对美好生活的殷切期待。习近平生态文明思想始终贯穿着生态文明建设“为了谁、依靠谁、造福谁”的逻辑主线，即在生态文明建设中要坚持以人民为中心，让人民群众共享生态福祉。

（二）鲜明的问题指向：回答了新时代生态文明建设的重大理论与实践问题

“问题就是时代的口号，是它表现自己精神状态的最实际的呼声。”④ 习近平生态文明

---

① 谢卓芝：《习近平新时代中国特色社会主义思想探赜》，《思想政治教育研究》2018 年第 34 卷，第 6 期，34-38 页。

② 王雨辰：《论习近平生态文明思想的理论特质及其当代价值》，《福建师范大学学报（哲学社会科学版）》2019 年第 6 期，10-18 页。

③ 史慕华：《新时代美丽中国的科学意蕴及实现路径》，《长白学刊》2019 年第 5 期，122-127 页。

④ 马克思、恩格斯：《马克思恩格斯全集（第四十卷）》，人民出版社，1982。

思想具有强烈的问题意识，它不仅立足于解决国内经济社会发展中的生态环境问题，更彰显了国际化视野和全球范域指向，为完善全球生态治理提供了智慧良方和有效方案，是对新时代为何要加强生态文明建设、生态文明建设的蓝图目标和实现路径等问题的深刻回答。党的十八大以来，以习近平同志为核心的党中央高度重视生态文明建设，将其提升到攸关子孙后代和中华民族永续发展的战略高度，强调生态文明是关乎民族永续发展的根本大计，决定着人类文明的兴衰发展。需要指出的是，“美丽中国既是中国梦的重要内容，也是中国梦的重要目标，中国梦包含着追逐美丽的生态向度”①。

生态安全是国家安全的重要组成部分，是经济社会可持续发展的重要保障。生态文明建设是实现我国走向社会主义现代化的现实依托，更是构建人类命运共同体、建设人类美好家园的现实使然。就建设什么样的生态文明，习近平总书记提出要以实现美丽中国为价值引领，第一阶段即在 2035 年我国生态环境恶化的局面得到根本性好转，基本实现美丽中国的奋斗目标；第二阶段即在 21 世纪中叶，通过全党全社会的共同努力，实现以美丽为价值目标的社会主义现代化强国目标，使中国更加美丽。就如何推进生态文明建设，习近平总书记强调，要坚持党对生态文明建设的核心领导，坚持以绿色发展为价值引领，转变传统现代化的经济增长方式，深化生态文明制度改革，凝聚强大合力推进生态文明建设。

（三）清晰的战略定位：把生态文明融入整个社会主义现代化的发展领域

生态文明建设为何如此重要？究竟有何重大战略意义？这需要我们将其放在新时代党和国家事业发展全局中加以考量。生态文明建设是关系我国现代化发展的重大战略任务，它在治国理政中具有全局性、战略性、基础性地位。党的二十大报告中强调中国式现代化是人与自然和谐共生的现代化，中国式现代化的本质要求中其中关键的一点就是要促进人与自然和谐共生，推动构建人类命运共同体。②

（1）社会主义现代化是“五位一体”全面发展的现代化，它追求的是全面协调可持续的发展。生态文明建设是“五位一体”总体布局的重要组成部分，经济建设、政治建设、文化建设、社会建设都是建立在良好生态基础之上的。如果我们忽视生态环境因素，就会引起经济崩溃，造成社会紧张。

（2）从新时代中国特色社会主义的基本方略来看，党的十九大报告用“八个明确”和“十四个坚持”阐释了习近平新时代中国特色社会主义思想的丰富内涵。坚持人与自然和谐共生是新时代坚持和发展中国特色社会主义的构成内容和必然要求，彰显了新时代加强生态文明建设的重大战略意义。

（3）从新发展理念来看，绿色发展理念是新发展理念的重要组成部分，体现了高质量

① 左雪松：《新时代绿色发展理念的中国梦高度》，《辽宁大学学报（哲学社会科学版）》2020 年第 48 卷，第 3 期，47-54 页。

② 习近平在中国共产党第二十次全国代表大会上的报告：《高举中国特色社会主义伟大旗帜 为全面建设社会主义现代化国家而团结奋斗》。

发展的要求，凸显了加强生态文明建设，实现人类社会可持续发展的重要性和必要性。

（4）从全面建成小康社会所面临的三大攻坚战的历史任务来看，污染防治毫无疑问是其中的一场苦战、硬战、持久战，这决定着我们必须把生态环境保护和改善生态环境治理作为全面建成小康社会的重点任务。“生态文明建设直接影响到中国特色社会主义事业的顺利进行和中国现代化的程度与水平。”[①] 可以说，“把生态文明建设融入整个发展领域中，是发展思路的重大变革”[②]，也是新时代坚持和发展中国特色社会主义、实现社会主义现代化的必然逻辑。

（四）坚强的领导核心：全面加强党对新时代我国生态文明建设的核心领导

“党政军民学，东西南北中，党是领导一切的。”[③] 办好中国的事情，关键在党。同样，把生态环境治理好，把美丽中国建设好，关键也在党。只有坚持党的全面领导，才能够落实和压实生态文明建设的政治责任。新时代我国生态文明建设之所以取得历史性成就，其根本原因在于以习近平同志为核心的党中央的坚强领导。党的十八大以来，党中央围绕建设美丽中国进行谋篇布局，对新时代生态文明建设作出重大决策部署，制定和颁布生态文明建设的总体方案，生态文明法治体系日趋完善，生态文明体制机制日益成熟和定型。生态文明建设扎实稳步推进，全党全社会贯彻新发展理念和高质量发展的自觉性更加坚定，形成了“党委领导、政府负责、社会协同、公众参与”的生态环境保护格局，推动生态文明建设取得了历史性成就，发生了根本性变革。

毋庸置疑，这些成就的取得是以习近平同志为核心的党中央坚强领导的结果，没有党的领导，美丽中国的实现就会成为水月镜花。坚持党对生态文明建设的核心领导，是坚持党的全面领导的题中应有之义和充分体现，也是实现美丽中国生态愿景的政治保证和根本要求。生态文明是关系党的宗旨使命的重大政治问题，作为马克思主义执政党，应该从政治高度认识生态文明背后所蕴含的重大政治意义。历史和实践证明，只有全面加强党对生态文明建设的核心领导，才能真正确保新时代我国生态文明建设这项伟大事业稳步推进，取得新的更大进展，更好地实现国家治理体系和治理能力现代化，推动中华民族伟大复兴事业的蓬勃发展。

（执笔人：谭鑫）

---

① 郇庆治、李宏伟、林震：《生态文明建设十讲》，商务印书馆，2014，第 49 页。

② 陈学明：《习近平生态文明思想对马克思主义基本理论的继承和发展》，《探索》2019 年第 4 期，32-41 页。

③ 习近平：《决胜全面建成小康社会夺取新时代中国特色社会主义伟大胜利——在中国共产党第十九次全国代表大会上的报告》，人民出版社，2017。

第二章　生态文明建设

第一节　生态文明建设的基本内涵

一、生态文明建设的内涵

生态文明建设是一个涉及全方位、全地域、全过程的包含自然生态系统的系统治理、生态文明制度体系的系统性构建（政治、经济、文化、社会等）、人类文明系统的系统性提升等在内的一项系统性工程。生态文明建设是一种执政理念的转变，也是要引导全社会正确处理人与自然关系的价值观、发展观的转变，这其中需要生产方式、生活方式、管理方式、消费方式等整个社会的全方位、全地域、全过程的变革。

（一）生态文明建设的全方位

生态文明建设的全方位，一是强调生态文明建设要注重对自然生态系统的系统治理。要坚持各生态要素是内在联系、不可分割的有机整体，必须坚持整体保护，强化自然资源的统一管理。坚持“山水林田湖草沙冰”是生命共同体，必须整体保护、综合治理、系统修复。二是强调还要注重生态文明制度体系的系统性构建。党的十九届四中全会提出的《中共中央关于坚持和完善中国特色社会主义制度、推进国家治理体系和治理能力现代化若干重大问题的决定》中就明确指出要“坚持和完善生态文明制度体系，促进人与自然和谐共生”。其中，具体就提出了要实行最严格的生态环境保护制度、要全面建立资源高效利用制度、要健全生态保护和修复制度、要严明生态环境保护责任制度。三是强调包含生态文明在内的人类文明系统的系统性提升。党的二十大报告提出要推动绿色发展，促进人与自然和谐共生。要推进美丽中国建设，坚持山水林田湖草沙一体化保护和系统治理，统筹产业结构调整、污染治理、生态保护、应对气候变化，协同推进降碳、减污、扩绿、增长，推进生态优先、节约集约、绿色低碳发展。其中就具体强调了要加快发展方式绿色转型、深入推进环境污染防治、提升生态系统多样性、稳定性、持续性、积极稳妥推进碳达峰碳中和的四方面的重点内容。[①]当前人类文明新形态系统是由物质文明、政治文明、精神文明、社会文明、生态文明等“文明要素”构成的整体。生态文明是这一新形态文明系统的重要构成部分，也是“中国式现代化”的重要内容，“我国建设社会主义现代化具有许多重要特征，其中之一就是我国现代化是人与自然和谐共生的现代化，注重同步推进物质文明建设和生态文明建设”[②]。生态文明既为维护文明系统持续存在创造条件，又要依赖其他各文明系统为基础实现其功能。

（二）生态文明建设的全地域

生态文明建设的全地域，即注重强调国土空间载体的全范围的结构区域的合理划分和不同功能性利用。主要是科学布局生产空间、生活空间、生态空间（简称“三生”空间），对不同的国土空间采取差异化的利用和开发。《关于建立国土空间规划体系并监督实施的若干意见》中就明确提出要“综合考虑人口分布、经济布局、国土利用、生态环境保护等因素，科学布局生产空间、生活空间、生态空间”，又注重强调涉及国际、城乡、区域、流域等关系的空间结构间的资源配置、利益关系调整和优化等问题。生态文明建设的全地域意味着生态文明建设是贡献世界也是全球生态环境治理的重要组成部分。党的十八大以来，习近平总书记在不同国际场合多次就共同构建美丽地球家园、共建人类命运共同体发表重要讲话，呼吁全世界共同推进生态环境治理，促进人与自然和谐共生。同时，生态文明建设是我国作为共同推进全球生态环境治理参与者、贡献者、引领者的具体实践与贡献，彰显了中国对全球环境治理和生态文明建设的大国担当。同时，城乡、区域、流域间的生态文明建设需要协同推进。比如，要坚持一体化推进城乡环境基础设施建设、坚持城乡一体化环境污染综合治理、统筹开展城乡环境卫生整治行动等；在协同推进区域及流域间生态文明建设中，我国建立了京津冀地区大气污染联防联控机制、跨省流域上下游突发水污染事件联防联控机制、长江经济带上游四省市危险废物联防联控机制、赤水河流域保护共同立法等跨区域协同治理的系列举措，不断促进我国生态文明建设中的空间结构要素的均衡和协调发展。

（三）生态文明建设的全过程

一方面，生态文明建设的全过程既注重当前生态环境质量的快速优化，又重视生态环境长远持续向好的谋划。生态文明建设中着力解决当前人民群众反映最突出的生态环境问题，把解决突出生态环境问题作为民生优先领域，扭转环境恶化、提高环境质量；把人民群众是否满意作为评判生态文明建设成败的标准。同时，注重经济结构优化、能源结构调整、绿色低碳生产转型、倡导绿色生活方式、生态法治建设、绿色科技创新等经济绿色低碳化、严密生态法制化、文化生态化、科技创新等有效保障生态环境持续向好发展的长远方面进行变革

---

① 习近平在中国共产党第二十次全国代表大会上的报告：《高举中国特色社会主义伟大旗帜 为全面建设社会主义现代化国家而团结奋斗》。

②《习近平在中共中央政治局第二十九次集体学习时强调保持生态文明建设战略定力努力建设人与自然和谐共生的现代化》，《人民日报》2021 年 5 月 2 日。

发力。另一方面，生态文明建设的全过程还需要坚持生态环境保护的从源头、过程到后果的全闭环管理。首先，要坚持源头严防，即坚持与预防污染的原则，控制污染源排放，减少资源浪费，提高资源利用效率，实现垃圾等污染物的减量化、无害化和资源化。其次，要强化过程监管，充分运用现代科技建立完备的环境风险预警、防范、治理体系。最后，还要对破坏环境的行为进行严惩，强化法治保障，严格执法，提高环境违法成本，形成对污染环境行为的强大威慑力。

二、生态文明建设的目标要求

从生态哲学的理论层面来看，生态文明建设的目标追求，就是要努力实现生态正义，实现人与人以及人与自然的和谐共生。生态正义就是包括代内所有人和代际所有人都能平等地享有利用生态资源的权利，同时又能公平地分担保护生态环境的责任和义务。生态环境是社会物质生活条件的重要内容，任何人都必须生活于一定的生态环境之中，所以以生态环境为中介的人们之间的权利和义务关系是一种关涉所有人的普遍的社会关系。具体来说，生态正义具有两个不同的维度：一是代内正义，即同时代所有人，无论其种族、民族、国籍、性别、职业、信仰、教育程度和财产状况如何，都能够平等地享有生态权益和公平地分担生态责任；二是代际正义，即各个世代的人都承担有保护生态资源可持续性的责任和义务，前代人对生态资源的开发和利用不应该损害后代人的生态权益。[①] 实现生态正义，建立一个公正公平、美丽和谐的社会具有重大的现实意义。

从实践层面来看，生态文明建设的目标追求就是通过改变人们机械地对世界和自然的认知，变革人与自然的对立关系，从生产生活、环境保护、经济社会发展、制度法规等方面，向更加绿色、生态的方向进行转向，积极应对解决生态资源环境危机，全面改善生态环境，供给更多优质生态产品，建设美丽世界，让人民群众享受更有幸福感、获得感、安全感的“美好生活”。党的二十大明确了到二〇三五年，我国发展的总体目标中在生态文明建设领域要“广泛形成绿色生产生活方式，碳排放达峰后稳中有降，生态环境根本好转，美丽中国目标基本实现”，还指出其中具体的在未来五年我国全面建设社会主义现代化国家开局起步的关键时期要实现“城乡人居环境明显改善，美丽中国建设成效显著”。[②] 实现生态文明建设的目标需要生态文明建设的实践，这需要包含国际、政府、企业及广大社会公众在内的多主体共同行动。

（一）国际社会

20 世纪末以来，环境问题已呈现跨区域、全球化的趋势，同时全球生态环境危机引发的系列问题的影响范围不仅仅局限在环境领域的范畴，还进一步渗透到政治、经济、社会、

① 汪信砚：《生态文明建设的价值论审思》，《武汉大学学报（哲学社会科学版）》2020 年第 3 期。

② 习近平在中国共产党第二十次全国代表大会上的报告：《高举中国特色社会主义伟大旗帜 为全面建设社会主义现代化国家而团结奋斗》。

安全、发展等诸多层面，以及相互交织造成更大程度的影响。可以说，在空间上，环境问题没有国界；在时间上，环境问题无时不在；在程度上，特别是正在加速工业化进程地区的环境已不堪重负；在后果上，经过长时间对生态环境的破坏所积累的环境问题已严重影响了经济和社会的持续发展，人类也受到大自然的无情报复，而20世纪环境污染八大公害事件就是大自然在向人类敲响警钟。因此，只有共建地球家园，共同开展全球生态文明建设，构建国际环境合作新平台，倡导环境国际合作与全球伙伴关系，各国政府和国际组织加强沟通和协调，把环境问题纳入多边合作计划，通过环境立法调整和规范各国的行为，才能保证世界的可持续发展。

（二）本国政府

在生态文明建设中，政府承担着整个社会生态文明建设中的规则制定、制度设计、教育引导，以及整个生态环境保护治理主体责任、全社会生态文化宣传营造等多重角色。在政府的职责体系里本身就具有生态环境保护的具体职能，政府需要约束、规范、引导整个社会的有序实践活动，从而保证把节约资源作为基本国策，加快建设资源节约型、环境友好型社会，促进经济发展与人口、资源、环境相协调，全社会形成保护自然、爱护自然的良好氛围。在生态文明建设中，政府需要坚持人民利益至上的价值追求和价值取向，始终立足于人民的需要和福祉，从生态利民、生态惠民的角度保护治理生态环境问题，不断增强人民群众的获得感和幸福感。

一是政府应该从制度建设层面从外在方面建立约束机制和监督机制硬性规范人们的实践行为，保证生态文明建设的底线规则。二是政府应该综合应用政策支持、经济调节、创新技术开发应用等支持生态友好型发展方式的发展，比如开展自然资源产权交易、绿色金融、绿色生态技术研发、应用、推广等。三是要对包括环境保护基础设施建设及管理维护运行、生态环境治理修复等进行资金、人力的投入保障等。四是应该充分发挥市场在资源配置中的决定性作用，推动生态产品价值有效转化。五是要强化生态文化价值观和生态道德观的培育，培育人们珍爱自然、节约资源和节俭有度的良好风尚，使外在的强制规定内化为人们保护生态环境的道德自觉。

（三）各类企业

企业层面一是需要坚持环保守法的底线思维。企业需要牢固树立保护生态环境的法治意识和主体意识，依法排污治污、依法建设环保基础设施。二是需要生态化转型，实现更长远的发展。积极参与生态化改造，减少产业发展以及相应的生产活动对生态环境的破坏和生态空间的占用，提高生态资源效率，以更少的生态成本获得更大的经济产出。积极推广应用先进技术、推行清洁生产、采取节能减排措施、加强防污排污治理，改进生产工艺，提高循环经济发展水平等。三是需要推动企业绿色科技创新，供给更多的生态产品和服务。推动加快以企业为主体的环境技术开发创新体系建设，强化科研设计力量队伍建设，提高绿色科技成果转化率。加大绿色产品的精深加工。同时，企业要进一步强化对环境标志认证的宣传，加快与国际接轨。不断降低产品从原料生产到回收利用全过程对环境产生的影响程度。

（四）社会公众

强化全体社会公众的生态危机和环保意识，提高生态文明建设的公众参与程度，使节约资源成为全民的主流意识，发挥民间组织、媒体、居民的作用，参与政府规划、方针、政策、措施的制定和实施，参与对企业运作的监督，倡导健康环保的生活方式和消费模式，积极参与学习绿色技术和绿色技术的推广运用，参与废弃物资回收和垃圾减量等，以此实行生态文明建设的公众参与，推动资源节约型、环境友好型社会建设。例如，拒绝使用塑料袋、使用再生纸、提倡使用混合动力汽车，并在日常使用中养成良好的习惯，在日常生活中节约电力、对废物进行再利用等。

第二节　生态文明建设从理论到国家战略

一、“两山”理念指导美丽中国建设

（一）“两山”理念的提出

2005年8月15日，时任浙江省委书记的习近平总书记到浙江省湖州市安吉县余村调研时，听取了村里汇报他们关停了矿山和水泥厂，全村开始了乡村生态旅游的发展之路。习近平同志听完后很高兴，他指出“刚才你们讲了，下决心停掉一些矿山，这个都是高明之举。绿水青山就是金山银山，我们过去讲，既要绿水青山又要金山银山，实际上绿水青山就是金山银山”。这是“绿水青山就是金山银山”理念的首次提出。习近平总书记在调研余村9天之后的2005年8月24日，在《浙江日报》“之江新语”栏目中以笔名“哲欣”发表了《绿水青山也是金山银山》的短评文章。文章中用“既要绿水青山，又要金山银山”这一通俗表达来阐述了“我们追求人与自然的和谐，经济与社会的和谐”的美好愿景。同时，在该文章中习近平总书记还指出生态环境优势转化为生态经济优势，那么绿水青山也就变来了金山银山，他还特别强调“绿水青山可以带来金山银山，但金山银山却买不到绿水青山。绿水青山与金山银山既会产生矛盾，又可辩证统一”。而且提出要“找准方向，创造条件，让绿水青山源源不断地带来金山银山”①。“绿水青山就是金山银山”的理念提出后，经过理论和实践层面的不断深化和升华，形成了一套生态优先、绿色发展的发展之路，将生态环境保护融入经济、

① 习近平：《之江新语》，浙江人民出版社，2007。

社会、政治、文化，坚持绿色循环低碳发展，并逐渐在全国广泛推广，是指导生态文明建设实践的重要理念。

（二）“两山”理念的内涵

“既要绿水青山，也要金山银山。宁要绿水青山，不要金山银山，而且绿水青山就是金山银山。”这个理念完整地阐述了在生态文明建设中经济发展与生态环境保护的辩证统一关系。“金山银山”和“绿水青山”这“两座山”就是分别比喻为“经济发展”和“生态环境保护”，通过阐述“两座山”的关系深刻揭示了保护生态环境就是保护生产力，改善生态环境就是发展生产力的道理，阐明了经济发展与生态环境保护的辩证统一关系。这一形象比喻和辩证统一关系的阐释既避免了离开经济发展谈论生态文明建设的缘木求鱼，又避免了虽然承认经济发展是解决生态危机的基础和前提，但又把生态文明建设等同于维持资本主义追逐利润的再生产自然条件的环境保护的错误理解。彻底否定了“发展不可避免会破坏环境，因此发展要宁慢勿快，否则得不偿失”和“为了摆脱贫困必须加快发展，付出一些生态环境代价也是难免的、必需的”的错误观点。

习近平总书记就人们对“金山银山”和“绿水青山”之间的关系的认识经历作了系统说明，他认为人们的认识经历了“用绿水青山去换金山银山”“既要金山银山，又要绿水青山”和“绿水青山就是金山银山”三个阶段，这是一个理论和实践逐步深化的过程，更是对人与自然关系的规律性把握和运用不断深化的过程。这三个阶段分别对应于不考虑环境代价的粗放型发展方式、把保护生态环境与经济发展有机结合起来以及只要能够发挥生态优势就可以使生态资源带来物质财富这三种不同的发展方式。在第一个不考虑环境代价的粗放型发展方式阶段，人们以牺牲环境的代价也要换取经济的快速发展；在第二个把保护生态环境与经济发展有机结合起来的发展阶段，人们认识到保护生态环境与经济发展的重要性，但是更强调发展；在第三个发挥生态优势让生态资源带来物质财富阶段，认识到生态环境、生态资源的价值所在，关键是生态优势、生态资源的价值实现。

“两山”理念的完整表述是：“我们既要绿水青山，也要金山银山。宁要绿水青山，不要金山银山，而且绿水青山就是金山银山。”“两山”理念核心强调的是要处理好人与自然的关系，处理好“绿水青山”与“金山银山”的关系，处理好生态环境保护与经济发展的关系。对这些关系的处理，“两山”理念提出的就是要始终坚持“生态优先，绿色发展”，坚持尊重自然、顺应自然、保护自然，坚持高水平保护下的高质量发展，坚定不移走生产发展、生活富裕、生态良好的文明发展道路，贯穿其中的绿色发展观就是“两山”理念最本质的内容。具体的我们可以用“三段论”来概括其丰富内涵[①]。

一是“兼顾论”——“既要绿水青山，也要金山银山”。认为“绿水青山”与“金山银山”之间、生态保护与经济增长之间并非始终处于不可调和的对立关系，而是辩证统一的关

① 沈满洪：《“两山”理念的科学内涵及重大意义》，《中国环境报》2020 年 7 月 31 日。

系。只要坚持人与自然和谐共生的理念，尊重自然、敬畏自然、顺应自然、保护自然，就可能兼顾生态保护与经济增长，实现生态经济的协调发展。因此，“绿水青山”与“金山银山”的兼顾是可能的。

二是“前提论”——“宁要绿水青山，不要金山银山”。认为在环境容量给定的情况下，要以此作为约束性的前提条件，再来考虑经济增长的可能速度。除非通过技术进步和制度创新，才可能在同样的环境容量下实现更高的经济增长。在条件约束，无法做到兼顾的特殊情况下，要有所选择，要坚持“生态优先”。一旦绿水青山被破坏往往是不可逆转的，留得青山在，才能不怕没柴烧。就像习近平总书记在《之江新语》中所说的“在鱼和熊掌不可兼得的情况下，我们必须懂得机会成本，善于选择，学会扬弃，做到有所为、有所不为”。①

三是“转化论”——“绿水青山就是金山银山”。认为绿水青山是实现源源不断的金山银山的基础和前提，为此，要保护好绿水青山。同时，保护好生态环境、保护好生态产品就是保护好金山银山。与之对应，减少资源消耗和污染排放就是减少绿水青山的损耗，也就是保护金山银山。因此，“绿水青山就是金山银山”不能仅仅理解成生态经济化，而是生态经济化和经济生态化的有机统一。

（三）“两山”理念是发展理念和方式的深刻转变

习近平总书记指出，坚持“绿水青山就是金山银山”，是重要的发展理念，也是推进现代化建设的重大原则，必须树立和践行“绿水青山就是金山银山”的理念。“两山”理念充分体现了绿色发展理念。面对资源约束趋紧、环境承受能力减弱、生态系统退化的困境，必须以“两山”理念为指导走“生态优先，绿色发展”之路，通过绿色发展解决发展的不平衡、不充分，稳步推进生态文明建设进程。

坚持发展方式向以绿色、清洁、效率、和谐、持续为目标的绿色经济增长和社会发展方式转变。以人与自然和谐共生为价值取向，以绿色低碳循环为主要原则，在生态环境容量和资源承载力的约束条件下，将环境保护作为实现经济社会可持续发展的重要支柱：一是要将环境资源作为经济社会发展的内在要素。二是要把实现经济、社会和环境的可持续发展作为绿色发展的目标。三是要把经济活动过程和结果的“绿色化”“生态化”作为绿色发展的主要内容和途径。党的二十大报告就强调“加快发展方式绿色转型。推动经济社会发展绿色化、低碳化是实现高质量发展的关键环节。加快推动产业结构、能源结构、交通运输结构等调整优化。实施全面节约战略，推进各类资源节约集约利用，加快构建废弃物循环利用体系。完善支持绿色发展的财税、金融、投资、价格政策和标准体系，发展绿色低碳产业，健全资源环境要素市场化配置体系，加快节能降碳先进技术研发和推广应用，倡导绿色消费，推动形成绿色低碳的生产方式和生活方式。”②

① 习近平：《之江新语》，浙江人民出版社，2007。

② 习近平在中国共产党第二十次全国代表大会上的报告：《高举中国特色社会主义伟大旗帜 为全面建设社会主义现代化国家而团结奋斗》。

“两山”理念的提出和全国各地多年持续的实践，对于处于发展困惑中的区域经济走出工业文明“发展还是保护”模式带来的弊端、走向生态文明的全面发展，重构人与自然的关系，提供了一个全新的视野。10余年来，以“两山”理念为指导的中国经济社会发展，向世界展现了坚持绿色发展、坚持生态文明建设道路的巨大的活力与成效，充分显示了绿色发展对于打造生态良好区域、美丽中国健康发展的重大意义。

如何实现在高水平保护下的高质量发展，如何使绿水青山真正转化为经济财富和社会财富、转换为金山银山，是当前我国生态文明建设中的难点和重点，其中建立健全生态产品价值实现机制是践行“两山”理念，推动经济社会发展全面绿色转型的关键路径。2021年，中共中央办公厅、国务院办公厅印发的《关于建立健全生态产品价值实现机制的意见》提出，建立生态产品价值实现机制，关键是要构建绿水青山转化为金山银山的政策制度体系，坚持保护优先、合理利用，彻底摒弃以牺牲生态环境换取一时一地经济增长的做法，建立生态环境保护者受益、使用者付费、破坏者赔偿的利益导向机制，探索政府主导、企业和社会各界参与、市场化运作、可持续的生态产品价值实现路径，推进生态产业化和产业生态化。具体还提出了要建立推进自然资源确权登记和开展生态产品信息普查的生态产品调查监测机制；建立生态产品价值评价体系、制定生态产品价值核算规范、推动生态产品价值核算结果应用的生态产品价值评价机制；健全推进生态产品供需精准对接、拓展生态产品价值实现模式、促进生态产品价值增值、推动生态资源权益交易的生态产品经营开发机制；健全完善纵向生态保护补偿制度、建立横向生态保护补偿机制、健全生态环境损害赔偿制度的生态产品保护补偿机制；以及健全建立生态产品价值考核机制、建立生态环境保护利益导向机制、加大绿色金融支持力度的生态产品价值实现保障机制。①

二、国家及各省、区的生态文明建设具体实践

中国将生态文明建设提高到国家发展战略高度，发挥制度优势强化顶层设计，出台了一系列行之有效的政策法规，同时不断加大资金、人力、科技等投入和支持力度。全国和各地一道不断推进生态文明建设进程。我们既能感受到我国推进生态文明建设以来带来的生态环境质量的明显改善，也能看到安吉余村、鲁家村等一个个美丽乡村变迁的绿色发展变革。多地区多措并举推进生态文明建设，有坚持制度创新，建章立制引领生态文明建设的顶层设计；有试点示范，探索推进生态文明建设的大胆实验；有坚持科学性、系统性、创新性路径，开展生态文明建设的生动实践。

（一）坚持制度创新，建章立制引领生态文明建设的顶层设计

从中央层面来看，2015年4月和9月，中共中央、国务院分别印发了《关于加快推进生

---

① 中共中央办公厅国务院办公厅：《关于建立健全生态产品价值实现机制的意见》，《中华人民共和国国务院公报》2021年第14期。

态文明建设的意见》和《生态文明体制改革总体方案》。《关于加快推进生态文明建设的意见》明确了生态文明建设的总体要求、目标愿景、重点任务和制度体系，是一段时期内推动我国生态文明建设的纲领性文件，《生态文明体制改革总体方案》搭建了生态文明建设全面深化改革的基本框架。我国还实施主体功能区战略，建立健全自然资源资产产权制度、国土空间开发保护制度、生态文明建设目标评价考核制度和责任追究制度、中央生态环境保护督察制度、生态补偿制度、河湖长制、林长制、环境保护"党政同责"和"一岗双责"等制度，相继制定并修订完善了相关法律法规。从各省、区来看，各地陆续出台了地方性生态环境保护相关法规和推进生态文明建设的具体实施意见。比如，云南省就出台了实施云南省全面深化生态文明体制改革总体实施方案、努力成为生态文明建设排头兵的实施意见、关于贯彻落实生态文明体制改革总体方案的实施意见、努力将云南建设成为中国最美丽省份的指导意见等改革措施，从体制改革方面明确了生态文明建设的时间表、路线图。

（二）试点示范探索推进生态文明建设的大胆实验

2016 年 8 月，中办、国办印发的《关于设立统一规范的国家生态文明试验区的意见》提出在福建、江西、贵州三省首批开展国家生态文明试验区建设。首批开展国家生态文明试验区建设主要是解决制度体系尚不健全、体制机制瓶颈亟待突破的问题，迫切需要开展生态文明体制改革综合试验，规范各类试点示范，需要加强顶层设计与地方实践相结合，完善生态文明制度体系探索路径、积累经验，探索适合我国国情和不同经济社会发展水平及不同发展阶段地区的生态文明制度模式。

在《国家生态文明试验区（福建）实施方案》中就明确了包括建立健全全国国土空间规划和用途管制制度、健全环境治理和生态保护市场体系、建立多元化的生态保护补偿机制、健全环境治理体系、建立健全自然资源资产产权制度和开展绿色发展绩效评价考核在内的 6 个方面、26 项具体改革试验任务；在《国家生态文明试验区（江西）实施方案》中提出了构建山水林田湖草系统保护与综合治理制度体系、构建严格的生态环境保护与监管体系、构建促进绿色产业发展的制度体系、构建环境治理和生态保护市场体系、构建绿色共治共享制度体系、构建全过程的生态文明绩效考核和责任追究制度体系在内的 6 个方面、24 项具体改革试验重点任务；在《国家生态文明试验区（贵州）实施方案》中提出了开展绿色屏障建设制度创新试验、开展促进绿色发展制度创新试验、开展生态脱贫制度创新试验、开展生态文明大数据建设制度创新试验、开展生态旅游发展制度创新试验、开展生态文明法治建设创新试验、开展生态文明对外交流合作示范试验、开展绿色绩效评价考核创新试验在内的 8 个方面、30 项具体改革试验重点任务。全国还开展了生态环境损害赔偿制度试点、自然资源资产负债表编制试点、大气污染物源排放清单编制试点、以长江流域为重点探索开展水生态考核试点、5 省区（浙江、江西、广东、贵州、新疆）的绿色金融改革创新试验区等试点试验工作，都是希望通过各项试点工作完善相关生态环境制度。

从各省、区来看，各地根据各自不同的资源禀赋、经济社会发展状况在生态文明建设领域都开展了系列试点示范探索。浙江省丽水首家开展生态产品价值实现机制试点、安徽省的全国首个流域生态补偿机制试点、福建省开展综合性生态保护补偿试点、深圳市开展绿色制造试点示范，北京、上海、天津、重庆、湖北、广东和深圳 7 省、市开展碳交易试点工作、城市到农村的垃圾分类试点等试点工作都为各地生态文明建设探索出了特色、有效的实践路径。

（三）坚持科学性、系统性、创新性路径开展生态文明建设的生动实践

我们有打赢污染防治攻坚战的系统污染防治体系，深入实施大气、水、土壤污染防治三大行动计划，综合打好蓝天、碧水、净土保卫战，开展农村人居环境整治，全面禁止进口“洋垃圾”；我们有对大江大河和重要湖泊湿地及海岸带的生态保护和系统治理，坚持“山水林田湖草沙冰”一体化治理；我们有“麦草方格”中卫科学治沙的成功奇迹；我们有云南抚仙湖坚持山上修山扩林、坝区农业产业结构调整、湖滨缓冲带建设和湖体保护治理的系统化流域生态保护修复成功经验；我们有福建南平的“森林生态银行”、云南华坪县去“黑”转“绿”促产业生态化等“绿水青山就是金山银山”生态价值实现路径的探索。这些坚持科学，坚持系统观念，坚持创新引领的路径探索将进一步加速全国生态文明建设不断取得更好的成效。

第三节　生态文明建设考核与绿色发展指标体系

一、生态文明建设目标评价考核办法

2016 年 12 月，中共中央办公厅、国务院办公厅印发的《生态文明建设目标评价考核办法》为各省、自治区、直辖市党委和政府生态文明建设目标的评价考核提供了规范，有利于加快绿色发展，推进生态文明建设。该办法规定了生态文明建设目标评价考核实行党政同责，地方党委和政府领导成员生态文明建设一岗双责，该目标评价考核需要在资源环境生态领域有关专项考核的基础上综合开展，采取评价和考核相结合的方式，实行年度评价、5 年考核。[①]

年度评价按照绿色发展指标体系实施，主要评估各地区资源利用、环境治理、环境质量、生态保护、增长质量、绿色生活、公众满意程度等方面的变化趋势和动态进展，生成各地区绿色发展指数。年度评价结果还要纳入生态文明建设目标考核，对各地区生态文明建设进展

---

① 中共中央办公厅国务院办公厅：《生态文明建设目标评价考核办法》，http://www.gov.cn/xinwen/2016-12/22/content_5151555.htm。

情况的年度评价，对各地区落实生态文明建设相关工作可以发挥有效引导作用。

2017 年，国家统计局发布的《2016 年生态文明建设年度评价结果公报》中，北京、福建、浙江、上海、重庆排名前 5 位，福建、江苏、吉林、湖北、浙江排名资源利用指数前 5 位，北京、河北、上海、浙江、山东排名环境治理指数前 5 位，海南、西藏、福建、广西、云南排名环境质量指数前 5 位，重庆、云南、四川、西藏、福建排名生态保护指数前 5 位，北京、上海、浙江、江苏、天津排名增长质量指数前 5 位，北京、上海、江苏、山西、浙江排名绿色生活指数前 5 位，西藏、贵州、海南、福建、重庆排名公众满意程度前 5 位。

5 年一周期的生态文明建设目标考核的内容主要是 5 年规划期的国民经济和社会发展规划纲要中确定的资源环境约束性指标、生态文明建设重大目标任务完成情况，突出公众的获得感。目标考核方法采用百分制评分和约束性指标完成情况等相结合，考核结果划分为优秀、良好、合格、不合格四个等级。考核结果的应用主要是用于领导干部自然资源资产离任审计、领导干部环境保护责任离任审计、环境保护督察等，并作为省（区、市）党政领导班子和领导干部综合考核评价、干部奖惩任免的重要依据。生态文明建设目标考核通过对各地区生态文明建设重点目标任务完成情况的考察，能够有力强化省级党委和政府生态文明建设的主体责任，对各地区自觉推进生态文明建设发挥督促作用。

为了明确生态文明建设评价考核依据，2016 年 12 月，根据中共中央办公厅、国务院办公厅印发的《生态文明建设目标评价考核办法》要求，国家发改委、国家统计局、环境保护部、中央组织部制定了《绿色发展指标体系》和《生态文明建设考核目标体系》。绿色发展指数采用综合指数法进行测算。绿色发展指标体系包括资源利用、环境治理、环境质量、生态保护、增长质量、绿色生活、公众满意程度 7 个一级指标，共 56 项二级指标。生态文明建设考核目标体系包括资源利用、生态环境保护、年度评价结果、公众满意程度、生态环境事件 5 项目标类别和 23 个子目标。

美丽中国是生态文明建设成果的集中体现。面向我国 2035 年远景目标，在生态文明建设领域要实现“广泛形成绿色生产生活方式，碳排放达峰后稳中有降，生态环境根本好转，美丽中国建设目标基本实现”的目标。2020 年 2 月，国家发改委印发了《美丽中国建设评估指标体系及实施方案》，[①] 该方案具体明确了美丽中国建设评估指标体系包括空气清新、水体洁净、土壤安全、生态良好、人居整洁 5 类指标。按照突出重点、群众关切、数据可得的原则，注重美丽中国建设进程结果性评估，分类细化提出了 22 项具体指标。

二、绿色发展核算

（一）绿色 GDP 核算

现行的国民经济核算制度只反映了人类的经济活动中为社会创造财富的正面效应，而没

① 国家发展改革委：《关于印发 <美丽中国建设评估指标体系及实施方案> 的通知》，http://www.gov.cn/zhengce/zhengceku/2020-03/07/content_5488275.htm。

有反映人类在开展经济活动中无休止地向生态环境索取资源，使生态资源从绝对量上逐年减少，以及向生态环境排泄废弃物或砍伐资源，使生态环境从质量上日益恶化的负面效应的影响，因此是不完整的，是有局限性的，是不符合可持续发展战略的。而绿色 GDP 是改革现行的国民经济核算体系，将环境要素纳入国民经济核算体系，对环境资源进行核算，从现行 GDP 中扣除环境资源成本和对环境资源的保护服务费用后所得的结果。绿色 GDP 这个指标，实质上代表了国民经济增长的净正效应。①

目前，部分国家已开始试行绿色 GDP，但迄今为止，全世界上还没有一套公认的绿色 GDP 核算模式，也没有一个国家以政府的名义发布绿色 GDP 结果，我们也能看见我国的国家统计局也没有绿色 GDP 的统计结果发布，但是部分地区已经在探索开展绿色 GDP 核算试点工作。学术界对于绿色 GDP 的核算的相关研究也数不胜数。其中，2020 年 12 月生态环境部环境规划院就研究制定了《绿色 GDP（GGDP/EDP）核算技术指南（试用）》，② 该指南旨在指导和规范绿色 GDP（GGDP）或经环境调整的国内生产总值（Environmentally-adjusted Domestic Product，EDP）核算工作，定量反映经济发展过程中的资源消耗和环境代价，补充和扩展现有国民经济核算体系，供有关单位开展绿色 GDP（GGDP/EDP）和经济生态生产总值（GEEP）核算研究时参考使用，特别是供省、市、县等行政区域开展绿色 GDP 核算工作参考使用。

该指南中对绿色 GDP 的定义参照联合国发布的环境经济核算体系 SEEA，定义绿色 GDP 核算是在国民经济核算（GDP）的基础上，扣除人类在经济生产活动中产生的环境退化成本、生态破坏成本和突发生态环境事件损失后剩余的生产总值。

$$GGDP=GDP-EnDC-EcDC-EaC$$

上式中，GDP 为国内生产总值，EnDC 为环境退化成本，EcDC 为生态破坏成本，EaC 为突发生态环境事件损失，突发生态环境事件损失主要来自各地生态环境部门的统计数据。具体的环境退化成本（EnDC）指在当前治理水平下，生产和消费过程中排放到环境中的污染物对环境功能、人体健康、作物产量等造成的损害，并以货币化表现的成本；生态破坏成本（EcDC）指由于人类不合理利用导致森林、草地、湿地、农田等生态系统的生态服务功能损失，并以货币化表现的成本；突发生态环境事件损失（EaC）指由于发生突发生态环境事件而产生的各项损失。

（二）GEP 核算

GEP 是用于生态系统产品和服务核算的新指标，是生态系统为人类福祉和经济社会可持

① 国家统计局：《绿色 GDP》，http://www.stats.gov.cn/tjzs/tjcd/200205/t20020523_25324.html。

② 王金南、於方、彭菲等：《绿色 GDP（GGDP/EDP）核算技术指南（试用）》，生态环境部环境规划院，2020。

续发展提供的各种最终物质产品与服务（以下简称“生态产品”）价值之和的衡量标准，生态系统最终产品与服务是指生态系统与生态过程为人类生存、生产与生活所提供的物质资源与环境条件。一般认为生态系统产品和服务价值主要包括生态系统供给的物质产品价值、调节服务价值和文化服务价值。生态系统物质产品包括农产品、林产品、畜牧产品、淡水产品、海洋产品和生态能源等；生态系统调节服务包括水源涵养、土壤保持、洪水调蓄、固碳释氧、大气净化、水质净化、防风固沙、气候调节和病虫害控制等；生态系统文化服务包括自然景观游憩等。该指标将生态系统对经济的贡献转化为货币价值，其核算思路与 GDP 类似，主要是核算生态系统服务流的价值量。

GEP 的变化情况可以衡量生态系统对人类的贡献价值随时间的变化，并且可以在国家、省、市、县等不同尺度上进行空间化衡量。GEP 核算是中国部分地方政府和科研机构在评估生态保护工作和政策成效与进展方面的有益探索。其核算可以为决策者提供有关生态系统服务的价值以及生态资产的质量和数量变化的信息，可以被应用于政策制定，包括保护政策和政府绩效评估、土地利用和基础设施规划、生态补偿标准的确定以及成效评估。[①] 近年来，国内一些研究机构和地区也陆续开展了 GEP 核算的探索研究工作，如广西、贵州、浙江丽水、云南普洱等地都开展了 GEP 核算（包括实物量和价值量）试点工作。但目前，国内外尚未形成统一规范的 GEP 价值核算方法。

2020 年 9 月，生态环境部环境规划院发布了《陆地生态系统生产总值（GEP）核算技术指南》，该指南旨在为生态效益纳入经济社会发展评价体系、完善发展成果考核评价体系提供重要支撑，为建立生态产品实现机制、区域生态补偿、自然资源资产审计、自然资产负债表编制等制度的实施提供科学依据。该指南中的生态系统生产总值核算生态系统物质产品价值、调节服务价值和文化服务价值，不包括生态支持服务价值。该指南提出，根据不同的核算目的，核算不同类型的生态系统生产总值。

（1）核算生态系统对人类福祉和经济社会发展支撑作用时，核算生态系统的物质产品价值、调节服务价值和文化服务价值之和：

$$GEP=EPV+ERV+ECV$$

（2）核算生态保护成效与生态效益时，核算生态系统的调节服务价值和文化服务价值：

$$GEP=ERV+ECV$$

上面两个式中，GEP 为生态系统生产总值；EPV 为生态系统物质产品价值；ERV 为生态系统调节服务价值；ECV 为生态系统文化服务价值。

① 国家统计局国民经济核算司、国家统计局国际合作司：《自然资本核算与生态系统服务估价（中国）项目结题报告》，http://www.stats.gov.cn/ztjc/tjzdgg/hsyjh1/kxyj2020/202108/P020210818605765850582.pdf,2021-7。

第四节　云南生态文明建设的基础与实践成效

一、云南自然资源与生态环境现状

（一）自然地理

云南省地处中国西南边陲，位于东经 97° 31′ 39″ ~ 106° 11′ 47″、北纬 21° 8′ 32″ ~ 29° 15′ 8″，行政区域土地总面积 39.4 万平方千米。

云南属山地高原地形，国土总面积的 94% 是山区。地形以元江谷地和云岭山脉南段宽谷为界，分为东西两大地形区。东部为滇东、滇中高原，平均海拔 2000 米左右；西部高山峡谷相间，地势险峻，山岭和峡谷相对高差超过 1000 米。

云南地势呈现西北高、东南低，自北向南呈阶梯状逐级下降，从北到南的每千米距离，海拔平均降低 6 米。北部是青藏高原南延部分，海拔一般在 3000 ~ 4000 米，有高黎贡山、怒山、云岭等巨大山系和怒江、澜沧江、金沙江等大河自北向南相间排列；南部为横断山脉，山地海拔不到 3000 米，主要有哀牢山、无量山、邦马山等；在南部、西南部边境，地势渐趋和缓，山势较矮、宽谷盆地较多，海拔在 800 ~ 1000 米，个别地区下降至 500 米以下，主要是热带、亚热带地区。

云南河川纵横、湖泊众多。全省境内径流面积在 100 平方千米以上的河流有 889 条，分属于长江（金沙江）、珠江（南盘江）、元江（红河）、澜沧江（湄公河）、怒江（萨尔温江）、大盈江（伊洛瓦底江）六大水系。全省有高原湖泊 40 多个，湖泊水域面积约 1100 平方千米，占全省总面积的 0.28%，总蓄水量约 1480.19 亿立方米。①

（二）气候和水文

云南气候基本属于亚热带高原季风型，立体气候特点显著，类型众多、年温差小、日温差大、干湿季节分明，气温随地势高低垂直变化异常明显。滇西北属寒带型气候，滇东、滇中属温带型气候，滇南、滇西南属低热河谷区，有一部分在北回归线以南进入热带范围内。在一个省区内，同时具有寒、温、热（包括亚热带）三带气候，有“一山分四季，十里不同天”之说。

云南平均气温，最热（7 月）月均温在 19 ~ 22℃，最冷（1 月）月均温在 6 ~ 8℃以上，年温差一般只有 10 ~ 12℃。

云南降水在季节上和地域上的分配极不均匀。干湿季节分明，湿季（雨季）为 5—10 月，集中了 85% 的降雨量；干季（旱季）为 11 月至次年 4 月，降水量只占全年的 15%。全省降

---

①《云南省概况》，http://www.yn.gov.cn/yn_yngk/yn_sqgm/201201/t20120116_2914.html。

水的地域分布差异也大，大部分地区年降水量在 1000 毫米以上。

云南无霜期长，南部边境全年无霜，偏南地区无霜期为 300 ~ 330 天，中部地区约为 250 天，比较寒冷的滇西北和滇东北地区也长达 210 ~ 220 天。[①]

（三）自然资源

土地资源：云南省土地总面积 3831.94 万公顷，其中农用地 3176.09 万公顷、建设用地 77.53 万公顷、未利用地 578.32 万公顷。农用地中，耕地面积 609.44 万公顷、园地面积 82.79 万公顷、林地面积 2212.87 万公顷、牧草地面积 78.30 万公顷、其他农用地面积 192.69 万公顷。建设用地中，居民点及工矿用地面积 60.20 万公顷、交通用地面积 9.46 万公顷、水利设施用地面积 7.87 万公顷。[②]

土壤资源：云南有 16 个土壤类型，占到全国的 1/4，其中红壤面积占全省土地面积的 50%。云南稻田土壤细分有 50 多种，大的类型有 10 多种。山区旱地土壤约占全省的 64%，主要为红土和黄土。坝区旱地土壤约占 17%，主要为红土。常用耕地面积 423.01 万公顷。[③]

植物资源：云南是全国植物种类最多的省份，森林面积居全国第 3 位，被誉为“植物王国”，有“药物宝库”“香料之乡”“天然花园”之称。热带、亚热带、温带、寒温带等植物类型都有分布，古老的、衍生的、外来的植物种类和类群很多。在全国近 3 万种高等植物中，云南占 60% 以上，分别列入国家一、二、三级重点保护和发展的树种有 150 多种，《云南省生物物种名录（2016 版）》共收录云南省的物种 25434 个。[④]

动物资源：云南动物种类数为全国之冠，素有“动物王国”之称。《云南省生物物种名录（2016 版）》显示，云南脊椎动物 2273 种，占全国的 52.1%。[⑤] 云南珍稀保护动物较多，许多动物在国内仅分布在云南。珍禽异兽，如蜂猴、滇金丝猴、野象、野牛、长臂猿、印支虎、犀鸟、白尾梢虹雉等 46 种均属于国家一类保护动物；熊猴、猕猴、灰叶猴、穿山甲、麝、小熊猫、绿孔雀、蟒蛇等 154 种均属于国家二类保护动物；此外，还有大量小型珍稀动物种类。[⑥]

矿产资源：云南地质现象种类繁多，成矿条件优越，矿产资源极为丰富，尤以有色金属及磷矿著称，被誉为“有色金属王国”。已发现的矿产有 143 种，已探明储量的有 86 种，金属矿遍及 108 个县（市），煤矿在 116 个县（市）发现，其他非金属矿产各县都有，全省共生、伴生矿床约占矿床总量的 31%。云南有 61 个矿种的保有储量居全国前 10 位，其中，铅、锌、锡、磷、铜、银等 25 种矿产含量分别居全国前 3 位。[⑦]

---

① 《云南省概况》，http://www.yn.gov.cn/yn_yngk/yn_sqgm/201201/t20120116_2914.html。

② 《云南省人民政府关于印发 < 云南省主体功能区规划的通知 >》，http://www.yn.gov.cn/yn_zwlanmu/yn_gggs/201405/t20140514_13978.html。

③ 《土壤资源》，http://www.yn.gov.cn/yn_tzyn/yn_tzhj/201805/t20180529_32697.html。

④ 《植物资源》，http://www.yn.gov.cn/yn_tzyn/yn_tzhj/201805/t20180529_32698.html。

⑤ 《云南省 2017 年环境状况公报》，http://sthjt.yn.gov.cn/hjzl/hjzkgb/201806/t20180604_180464.html。

⑥ 《动物资源》，http://www.yn.gov.cn/yn_tzyn/yn_tzhj/201805/t20180529_32699.html。

⑦ 《矿产资源》，http://www.yn.gov.cn/yn_tzyn/yn_tzhj/201805/t20180529_32699.html。

能源资源：云南能源资源得天独厚，尤以水能、煤炭资源储量较大，开发条件优越；地热能、太阳能、风能、生物能有较好的开发前景。云南河流众多，全省水资源总量 2089 亿立方米，居全国第 3 位；水能资源蕴藏量达 1.04 亿千瓦，居全国第 3 位；可开发装机容量 0.9 亿千瓦，居全国第 2 位。煤炭资源主要分布在滇东北，全省已探明储量 240 亿吨，居全国第 9 位。地热资源以滇西腾冲地区的分布最为集中，全省有出露地面的天然温热泉约 700 处，年出水量 3.6 亿立方米。太阳能资源较丰富，全省年日照时数 1000 ~ 2800 小时，年太阳总辐射量每平方厘米 90 ~ 150 千卡。①

水资源：云南全省水资源总量约 2200 多亿立方米，居全国第 3 位，人均水资源占有量约 4800 立方米，是全国平均水平的两倍多。但时空分布不均匀，水资源开发利用难度大，平均开发利用水平仅为 7%，水资源供需矛盾十分突出，特别是占全省经济总量 70% 左右的滇中地区仅拥有全省水资源的 15%，部分县（市、区）人均水资源量低于国际用水警戒线。②

（四）云南生态环境质量现状

《2020 年云南省环境状况公报》显示，2020 年，云南省生态环境质量持续保持优良，空气质量优良天数比例连续多年保持在 98% 以上，地表水水质优良比例不断提高，出境跨界河流水质稳定达标。滇池、洱海、抚仙湖、程海、泸沽湖、杞麓湖、异龙湖、星云湖、阳宗海九大高原湖泊水质整体改善，九湖中劣于Ⅴ类湖泊减少为 2020 年底的 1 个。全省土壤环境质量总体稳定，城市声环境质量总体良好，辐射环境质量良好，自然生态环境状况保持稳定。③

1. 大气环境

全省环境空气质量总体保持良好，16 个州（市）政府所在地城市全年环境空气质量均符合二级标准，优良天数比例在 91.9% ~ 100%，全省平均优良天数比例为 98.8%，其中香格里拉、丽江、昆明、楚雄 4 个城市优良天数比例为 100%。16 个城市的二氧化碳、二氧化硫、一氧化碳 3 项环境空气污染物均达到一级标准，可吸入颗粒物、细颗粒物、臭氧均达到二级标准。开展降水酸度监测的 23 个城市，降水 pH 年平均值在 4.13 ~ 8.90，有 3 个城市监测到酸雨，23 个主要城市酸雨频率平均为 1.9%。

2. 水环境

全省河流水质总体良好，长江、珠江、红河、澜沧江、怒江和伊洛瓦底江水系六大水系中除了珠江水系水质轻度污染，长江水质优良，其他四个水系都是水质优。云南主要河流国控、省控监测断面水质优良率达到 86.4%，主要出境、跨界河流断面水质优达到Ⅱ类标准的占 96.2%，六大水系干流出境、跨界主要断面水质均符合Ⅱ类标准。九大高原湖泊中滇池草海、滇池外海、阳宗海、洱海、抚仙湖、星云湖、杞麓湖、程海、泸沽湖、异龙湖水质类别分别为Ⅳ、Ⅴ、Ⅲ、Ⅲ、Ⅰ、Ⅴ、劣Ⅴ、Ⅳ、Ⅰ、Ⅴ类。46 个州（市）级饮用水水源地取水

---

①《能源资源》，http://www.yn.gov.cn/yn_tzyn/yn_tzhj/201805/t20180529_32699.html。

② 云南省人民政府：《关于印发云南省主体功能区规划的通知》，http://www.yn.gov.cn/yn_zwlanmu/yn_gggs/201405/t20140514_13978.html。

③《2020 年云南省环境状况公报》，http://sthjt.yn.gov.cn/hjzl/hjzkgb/202106/t20210603_225564.html。

点中符合或优于地表水Ⅲ标准，达标率为100%。全省182个县级城镇集中式饮用水水源地180个达到或优于Ⅲ标准的占98.9%。

3. 城市声环境

城市道路交通声环境质量状况全省监测路段路长加权平均等效声级值为65.6分贝，23个城市路长加权平均声级值在60.0 ~ 69.1分贝。城市道路交通声环境质量为好的城市占比达82.6%。城市区域声环境质量状况全省面积加权平均等效声级值为51.3分贝，23个城市平均声级值在46.3 ~ 57.0分贝之间。城市区域声环境质量为较好以上的城市占91.3%。

城市功能区声环境质量状况据全省16个城市的152个监测点的监测结果显示，全省各类功能区昼夜平均达标率为93.6%。

4. 自然生态环境

全省生态环境状况总体为优，植被覆盖度总体较好、生态系统相对稳定、生物多样性较为丰富、土地胁迫和污染负荷较轻微。全省占比40.31%的县（区、市）生态环境状况等级为优，其余为良。全省森林面积2493.6万公顷，森林覆盖率65.04%，森林蓄积量20.67亿立方米。湿地总面积61.8万公顷，自然湿地40.7万公顷，人工湿地21.1万公顷。全省国际重要湿地4处，省级重要湿地31处，建设国家湿地公园18处。全省湿地保护率为55.7%。全省有高等植物19333种（占全国的50.1%），脊椎动物2273种（占全国的51.4%），是近100种动物的起源地和分化中心。近年来，还有怒江金丝猴、高黎贡球兰、勐宋薄唇蕨等新物种在云南境内被发现。

5. 辐射环境

全省辐射环境水平处于正常涨落范围。

二、云南“十三五”时期的生态文明建设成效

“十三五”时期，云南省的生态文明制度体系逐步完善。从单一制度出台转向制度体系构建，完成改革事项118项，完成率为100%。生态补偿、河（湖）长制、农田水利改革等一批在全国范围内具有突破性、标志性的制度相继建立。严格落实生态文明建设党政同责、一岗双责要求，将生态文明建设纳入领导干部综合考核评价、云南全省综合考评和县（市、区）委书记工作实绩量化考核。

为了加大云南生物多样性保护力度，颁布实施全国首个生物多样性保护地方性法规——《云南省生物多样性保护条例》，于2019年1月1日起施行。云南省出台了生态文明建设首部综合性、统领性、倡导性、促进性的地方法规——《云南省创建生态文明建设排头兵促进条例》，于2020年7月正式施行。云南还强化了“一张蓝图”管控，构建云南省国土空间规划体系，实现“多规合一”，编制完成了“三线一单”。①

① 《青山常在绿水长流 6组数据看云南“十三五”生态文明建设成就》，http://yn.yunnan.cn/system/2020/12/05/031161231.shtml。

“十三五”时期，云南省在资源生态环境保护中实现了历史性突破。[①] 耕地保有量在2018年就达到0.9313亿亩，完成了规划规定的0.88亿亩目标；新增建设用地规模2020年预计为110.79万亩，控制在国家下达指标内，完成规划目标；万元GDP用水量至2020年预计累计下降29%，提前完成规划规定的累计下降25%的目标；单位GDP能源消耗至2019年累计降低16.8%，提前完成规划规定的累计下降14%的目标；非化石能源占一次能源消费比重至2020年预计为42%，完成国家下达指标；单位GDP二氧化碳排放至2020年预计累计降低32.9%，提前完成国家下达指标；森林覆盖率至2020年预计为65.04%，提前完成规划规定的60%的目标；森林蓄积量至2020年预计为20.67亿立方米，提前完成规划规定的19.01亿立方米的目标；地级及以上城市空气质量优良天数比例至2020年预计为98.8%，提前完成规划规定的92%的目标；细颗粒物（PM2.5）未达标地级及以上城市浓度至2020年预计累计下降30%，提前完成规划规定的7%的目标；地表水达到或好于Ⅲ类水体比例至2020年预计为83%，提前完成规划规定的73%的目标；劣Ⅴ类水体比例至2020年预计为3%（不含程海湖），提前完成规划规定的6%的目标；化学需氧量排放至2020年预计累计减少16.2%，控制在国家下达指标内，提前完成规划目标；氨氮排放至2020年预计累计减少14.9%，控制在国家下达指标内，完成规划目标；二氧化硫排放至2020年预计累计减少6.97%，控制在国家下达指标内，提前完成规划目标；氮氧化物排放至2020年预计累计减少4.8%，控制在国家下达指标内，提前完成规划目标。

云南的九大高原湖泊实现了从“一湖之治”向“流域之治”的彻底转变，洱海水质下滑趋势得到了根本性遏制，实现水质稳定向好，全湖水质连续两年实现7个月Ⅱ类；滇池水质持续改善，草海水质连续两年稳定在Ⅳ类，为30年来最好水平；劣Ⅴ类水质湖泊由“十二五”末的4个减少到1个。州、市政府所在地城市空气质量优良天数比率达到98.8%，空气质量指标连续3年达到国家二级标准。

“十三五”时期，绿色能源成为第一大支柱产业，非化石能源占一次能源消费比重的42%，居全国首位。云南的国家重点生态功能区增加到39个，划定生态保护红线面积11.84万平方千米（占国土面积的30.9%），国家重点保护野生动植物受保护率达88%，命名了20个“美丽县城”，授牌了21个“云南省特色小镇”，加大了传统村落民居、民族特色村寨和历史文化名街、名村、名镇、名城保护力度，开展沿路、沿河湖、沿集镇绿化，建设完成昆明至丽江、昆明至西双版纳、昆明主城区至长水国际机场3条美丽公路，以昆明市为试点逐步启动城市生活垃圾分类工作。[②]

---

① 云南省人民政府：《关于印发<云南省国民经济和社会发展第十四个五年规划和二〇三五年远景目标纲要>的通知》，http://www.yn.gov.cn/zwgk/zcwj/yzf/202102/t20210209_217052.html。

②《青山常在绿水长流6组数据看云南“十三五”生态文明建设成就》，http://yn.yunnan.cn/system/2020/12/05/031161231.shtml。

三、云南“十四五”时期的生态文明建设重点领域

“十四五”时期，全国生态文明建设要重点推进“减污降碳协同增效”。习近平总书记在主持中共中央政治局第二十九次集体学习时强调：“‘十四五’时期，我国生态文明建设进入了以降碳为重点战略方向、推动减污降碳协同增效、促进经济社会发展全面绿色转型、实现生态环境质量改善由量变到质变的关键时期。”“要把实现减污降碳协同增效作为促进经济社会发展全面绿色转型的总抓手，加快推动产业结构、能源结构、交通运输结构、用地结构调整。”③ 云南省在瞄准推进实现“减污降碳协同增效”上就需要进一步健全相适应的制度建设。

云南省强调在“十四五”时期坚持要用最严的法治保护生态环境，完善源头严防、过程严控、后果严惩、责任追究的全过程监管体系。健全以环评制度为主体的源头预防体系。完善环境保护、节能减排约束性指标管理。落实中央和省级生态环境保护督察制度。坚持和完善领导干部自然资源资产和环境保护离任审计、监督考评等制度，落实生态环境公益诉讼和损害赔偿。健全自然资源资产产权制度和法律法规，探索生态产品价值实现机制，完善资源环境价格形成机制，健全生态功能区转移支付制度和生态补偿机制。探索启动排污权、用能权、用水权、碳排放权、碳汇等市场化交易。④ 而且在 2021 年 4 月出台的《云南省努力成为生态文明建设排头兵 16 条重点措施》中对于健全云南省生态文明建设制度体系还具体强调了：一方面，要强化法规制度的引领和约束；另一方面，要加强地方标准的编制和修订。

强化法规制度的引领和约束。进一步深化生态文明体制改革，编制“十四五”生态文明建设排头兵专项规划，建立健全生态产品价值实现机制，构建绿色低碳循环发展经济体系。完善资源环境审计制度，有序推进领导干部自然资源资产离任（任中）审计全覆盖；强化资源环境审计联动工作机制，加强资源环境审计成果运用。加强地方标准的编制和修订。进一步完善生态文明建设相关标准体系内容，持续加强碳排放总量控制、能源计量监督管理和生态环境监测网络建设工作推进力度。继续推进自然资源资产负债表编制制度，加强统计调查监测各项工作。⑤

2021 年 2 月，云南省人民政府印发的《云南省国民经济和社会发展第十四个五年规划和二〇三五年远景目标纲要》提出，生态文明建设排头兵的核心要义是保护。要牢固树立和践行绿水青山就是金山银山理念，坚持节约优先、保护优先、自然恢复为主，深入贯彻落实《云南省创建生态文明建设排头兵促进条例》，筑牢西南生态安全屏障，提升“植物王国”“动

---

③《习近平主持中央政治局第二十九次集体学习并讲话》，http://www.gov.cn/xinwen/2021-05/01/content_5604364.htm?tdsourcetag=s_pcqq_aiomsg。

④ 云南省人民政府：《关于印发 <云南省国民经济和社会发展第十四个五年规划和二〇三五年远景目标纲要> 的通知》，http://www.yn.gov.cn/zwgk/zcwj/zxwj/202102/t20210209_217052.html。

⑤《云南省生态文明建设排头兵工作领导小组办公室关于印发 <云南省努力成为生态文明建设排头兵 16 条重点措施> 的通知》，http://yndrc.yn.gov.cn/zcwj/75130。

物王国”“世界花园”“生物基因宝库”的影响力。深入实施可持续发展战略，强化生态文明领域统筹协调机制，构建生态文明体系，促进经济社会发展全面绿色转型，努力成为全国生态文明建设排头兵，建设人与自然和谐共生的现代化。

到2035年，广泛形成绿色生产生活方式，生态保护、环境质量、资源利用等走在全国前列，全面建成我国生态文明建设排头兵。到2025年，生态文明建设排头兵取得新进展，国土空间开发保护格局得到优化，生产生活方式绿色转型成效显著，能源资源配置更加合理、利用效率大幅提高，主要污染物排放总量持续减少，生态环境质量持续改善，生态文明体制机制更加健全，国家西南生态安全屏障更加牢固，生态美、环境美、城市美、乡村美、山水美、人文美成为普遍形态。①

《云南省国民经济和社会发展第十四个五年规划和二〇三五年远景目标纲要》提出，到2025年，全省覆盖率达到65.7%，森林蓄积量达22亿立方米，草原综合植被盖度达到88%，湿地保护率达到60%。力争到2025年，全省以县为单位基本完成生态文明创建任务。②云南省提出在“十四五”时期，云南生态文明建设的重点工程主要有：森林云南建设工程、草原保护修复工程、湿地保护建设工程、生物多样性保护重大工程、九大高原湖泊流域生态保护与修复工程、重点节能工程、资源循环利用工程、生态移民和避险搬迁工程、生态文明创建工程。

（执笔人：张欣）

① 云南省人民政府：《关于印发<云南省国民经济和社会发展第十四个五年规划和二〇三五年远景目标纲要>的通知》，http://www.yn.gov.cn/zwgk/zcwj/yzf/202102/t20210209_217052.html。

② 云南省人民政府：《关于印发<云南省国民经济和社会发展第十四个五年规划和二〇三五年远景目标纲要>的通知》，http://www.yn.gov.cn/zwgk/zcwj/yzf/202102/t20210209_217052.html。

第三章　生态文明建设与绿色发展

第一节　加强污染治理

加强污染治理工作是我国生态文明建设的最核心工作之一，同时也是实现生态文明建设新进步的最有效途径之一。党中央和国务院历来重视我国污染防治工作，党的十九大提出的污染防治攻坚战是我国全面建成小康社会决胜时期的“三大攻坚战”之一。打好三大攻坚战是全面建成小康社会的必然要求，我国于 2020 年全面建成小康社会也标志着三大攻坚战已取得决定性成就，其中污染防治攻坚战效果显著。随着我国正式开启全面建设社会主义现代化国家新征程，深入打好污染防治攻坚战依然是推动生态文明建设和加强生态环境保护中的重点工作。党的二十大报告中也再次强调要“深入推进环境污染防治。坚持精准治污、科学治污、依法治污，持续深入打好蓝天、碧水、净土保卫战。加强污染物协同控制，基本消除重污染天气。统筹水资源、水环境、水生态治理，推动重要江河湖库生态保护治理，基本消除城市黑臭水体。加强土壤污染源头防控，开展新污染物治理。提升环境基础设施建设水平，推进城乡人居环境整治。全面实行排污许可制，健全现代环境治理体系。严密防控环境风险。深入推进中央生态环境保护督察”。[①]

一、深入打好蓝天保卫战

近年来，为了保护优质的空气环境，云南省制定了《云南省蓝天保卫专项行动计划（2017—2020 年）》，通过实施城市空气洁净保卫行动、工业污染达标减排行动、节能和资源循环利

① 习近平在中国共产党第二十次全国代表大会上的报告：《高举中国特色社会主义伟大旗帜 为全面建设社会主义现代化国家而团结奋斗》。

用行动、产业绿色发展转型升级行动和清洁能源推动替代行动“五大行动”，积极探索推进大气污染防治工作，解决相关问题。经过不懈努力，云南全省环境质量总体保持优良，生态保护指数和空气质量优良天数比例常年位居全国前列。

（一）着力消除重污染天气

聚焦春季细颗粒物污染，加大对重点区域、重点行业结构调整和污染治理力度。云南省受气象条件、东南亚国家烧荒等因素影响，近年来，冬春季节全省空气质量均有不同程度的下降，且全省空气污染天数呈现上升趋势。针对污染最为严重的景洪及蒙自开展重点管控时段细颗粒物动态源解析。经调查，周边东南亚国家及云南省境内红河、文山等地火点数量持续增加是导致生物质焚烧量增大的主因，而云南省境内的火点增加主要是由森林火灾等自然灾害、森林防火计划烧除以及农村秸秆、垃圾焚烧导致的。基于此，云南省已开展春夏季大气污染防治专项督察行动，每年1—3月对全省16州（市）的50项蓝天保卫战重点攻坚任务落实情况进行调度，并在每月对全省各州（市）环境空气质量约束性指标完成情况进行通报。除生物质焚烧外，工地扬尘也是云南省空气细颗粒物污染的主要成因之一。故针对出现污染天数较多的西双版纳、普洱、红河、文山、保山、临沧6州（市），除要求暂停实施森林防火计划烧除，强化农村焚烧荒草、秸秆、垃圾等管控工作外，还要求加强城市建筑施工工地扬尘治理监管力度，对建成区建筑施工、市政涂装、汽车维修等行业采取错峰建设措施。力争到2025年，基本消除全省重度及以上污染天数。

（二）持续加强柴油货车污染治理

一是实施清洁柴油车行动。加强新生产车辆环保达标监管，严格执行国家机动车油耗及排放标准。严格实施重型柴油车燃料消耗限值标准，禁止不满足标准限值要求的新车型进入道路运输市场，全面推广使用达到国六排放标准的燃气车辆；加强针对在用柴油货车联合执法检查，并行推进治超联合执法工作常态化、制度化，加大对超限超载行为的监管处罚力度，实施信用治超，对严重违法当事人实施联合惩戒。二是实施清洁柴油机行动。严格新生产发动机和非道路移动机械、船舶管理。各地须加强对新生产销售发动机的监督检查，重点查验污染控制装置、环保信息标签等；加强排放控制区划定和管控。同时，各地要依法划定并公布禁止使用高排放非道路移动机械的区域，加强对进入禁止使用高排放非道路移动区域内机械作业的工程机械的监督检查。此外，还需加快九大高原湖泊柴油机船舶淘汰治理工作。三是实施清洁运输行动。加快调整全省运输结构，不断完善综合运输网络，切实提高运输组织水平，降低铁路货运成本，推动将公路货运特别是中长距离公路货运转由铁路运输；加快有关交通运输规划和规划环评的编制、审查进度，在确保生态环境系统有效保护的前提下，科学有序提升铁路和水路运力；加快推进城市建成区新增和更新新能源车辆及达到国六排放标准清洁能源车辆。制定新能源城市配送车辆便利通行政策，改善车辆通行条件。

二、深入打好碧水保卫战

“十三五”以来，云南省各地各部门认真贯彻落实省委、省政府对水污染防治工作的决策部署，加强对水污染防治工作的领导，积极推动各级政府主体责任落实，各项工作取得积极进展,全省水环境质量持续改善。尤其是高度重视以九大高原湖泊为重点的水污染防治工作，深入落实《水污染防治行动计划》《长江保护修复攻坚战行动计划》《云南省水污染防治工作方案》，全力打好污染防治攻坚战。通过努力，“十三五”期间全省水环境质量持续改善。

（一）协调推进标志性战役

着眼深入打好碧水保卫战，云南省协调推进九大高原湖泊保护治理、以长江为重点的六大水系保护修复、饮用水水源地保护、城市黑臭水体治理等涉水标志性战役。坚持以改善水环境质量为核心，持续开展考核断面水质按月通报预警，对水环境质量达标滞后地区采取约谈及督办等方式进一步压实地方主体责任，积极改善断面水质；全力推进湖泊保护与治理，部署落实长江流域国控劣Ⅴ类断面整治、工业园区污水处理设施整治、城市黑臭水体整治和长江（云南段）入河排污口排查整治等专项行动；组织开展“千吨万人”以上农村饮用水调查评估和保护，围绕“划、立、治”对千吨万人以上饮用水水源地开展排查整治工作；强化工业污染防治、城镇污染治理、农业农村污染防治、船舶港口污染控制、水资源节约保护等重点工作任务；定期召开省水污染防治专项小组成员单位工作调度会，推动以改善水环境质量为目标的各项工作落实。同时，持续加大资金投入力度，促进流域水质改善，“十三五”期间全省共获得中央水污染防治专项资金合计约42.5亿元。

（二）着力抓实防治重点工作

为进一步强化九大高原湖泊生态环境监管，云南省生态环境厅印发《关于进一步加强九大高原湖泊生态环境监管工作的通知》，指导相关州（市）围绕九湖流域水环境质量改善、水污染源管控、任务措施落实、环境违法违规行为查处等重点，综合运用严格环境准入、强化风险防范、严格环境执法、推进督察整改、加大科技支撑等措施，切实增强监管实效。稳步有序推进《云南省“十四五”九大高原湖泊保护治理规划》编制，指导各地完成九大高原湖泊“一湖一策”保护治理行动方案编制工作；在加强对水固定污染源环境管理方面，云南省稳步推进入河排污口设置管理工作，按时完成全省船舶和港口污染突出问题整治，稳步推进工业园区污水处理设施整治专项行动。全省所有具备集中治理条件的园区均已于2020年底采取自建或依托方式，实现污水集中治理。为高质量谋划“十四五”云南省水生态环境保护工作，云南省生态环境厅组织各州（市）人民政府认真编制《云南省重点流域水生态环境保护“十四五”规划》，目前规划文本编制工作已接近尾声。

三、深入打好净土保卫战

自国务院印发《土壤污染防治行动计划》以来，云南省认真贯彻党中央、国务院和省委、省政府决策部署，坚持“预防为主、保护优先、风险管控”原则，着力摸清底数、强化监管、推进试点，净土保卫战已取得积极成效。主要表现在：土壤污染加重趋势初步得到遏制，受污染耕地安全利用工作逐步推进，污染地块准入管理机制基本形成；土壤环境风险得到有效管控，全省土壤环境质量总体稳定，保障了农产品质量安全和人居环境安全。为巩固脱贫攻坚成果，推进乡村振兴奠定了坚实的基础。

（一）加强实施示范引领工作

在推进土壤污染防治工作的进程中，云南省生态环境系统持续强化干部的业务培训，提升干部队伍土壤环境相关专业知识储备，进而提升对土壤环境的监测能力，打造一支专业、担当、严格的干部执法队伍。云南省人大常委会通过组织开展《土壤污染防治法》执法检查，有力推动了法律的贯彻实施，提高了保护效能。自 2016 年以来，云南省生态环境厅通过主导开展宣讲培训、新闻通报会等多种方式，普及了土壤污染防治相关知识；加强法律法规政策宣讲解读，营造了保护土壤环境的良好社会氛围。同时，积极协调整合生态环境、自然资源、农业农村等部门的数据资源，建成土壤环境管理数据库及土壤环境管理信息平台，实现了土壤大数据的共享应用，以辅助土壤环境决策管理。

（二）科学谋划精准推进保护治理

“十四五”期间，云南省将继续深入贯彻习近平生态文明思想和《土壤污染防治法》要求，持续突出依法治土、科学用土、精准治污。一是强化土壤污染防控。有序推进土壤污染治理修复工作，根据云南省农用地污染特点，持续建设以降低土壤污染物含量为目的的受污染耕地修复试点。二是全面推进农用地分类管理。掌握受污染耕地对主栽农产品的影响，摸清耕地土壤污染成因并落实农用地分类管理制度，以确保农产品安全。三是深化建设用地准入管理。进一步加强污染地块开发利用全生命周期信息共享和联动监管，严格污染地块再开发利用准入管理，以确保人居环境安全。四是提升依法治土水平。深入学习贯彻《土壤污染防治法》，依法推进土壤污染防治工作。《云南省土壤污染防治条例》已由云南省第十三届人民代表大会第五次会议于 2022 年 1 月 23 日审议通过，将于 2022 年 5 月 1 日起施行，云南省相关部门将基于此进一步加大针对土壤污染违法行为的打击及查处力度。

第二节　加强生态保护修复

实施针对重要生态系统的保护和修复重大工程，是生态文明建设的重要内容。党的二十大报告中提出要“提升生态系统多样性、稳定性、持续性。以国家重点生态功能区、生态保护红线、自然保护地等为重点，加快实施重要生态系统保护和修复重大工程。推进以国家公园为主体的自然保护地体系建设。实施生物多样性保护重大工程。科学开展大规模国土绿化行动。深化集体林权制度改革。推行草原森林河流湖泊湿地休养生息，实施好长江十年禁渔，健全耕地休耕轮作制度。建立生态产品价值实现机制，完善生态保护补偿制度。加强生物安全管理，防治外来物种侵害。”① 云南省委、省政府历来高度重视生态保护与修复工作，尤其是党的十八大以来，云南省严格按照党中央的决策部署，贯彻落实主体功能区战略，以云南省生态安全战略格局为基础，以国家和省级重点生态功能区、生态保护红线、九大高原湖泊、自然保护地等为重点，突出对云南与全国同步基本实现社会主义现代化的生态支撑，与《全国重要生态系统保护和修复重大工程总体规划（2021—2035 年）》《云南省生物多样性保护战略与行动计划（2012—2030 年）》等相衔接，在对生态系统的完整性、地理单元的连续性的湖泊流域系统性的基础上，将云南省重要的系统保护与修复重大工程布局在青藏高原东南缘生态屏障区、高原湖泊及重要自然保护地等重要区域，形成云南省特有的生态保护和修复格局。

一、高原湖泊生态保护和修复重大工程

云南全省积极践行习近平生态文明思想，全面贯彻落实省委、省政府关于推进“湖泊革命”的决策部署，在尊重自然规律、科学治湖的基础上，坚持山水林田湖草沙综合治理，进行系统治湖。从水资源保护、水环境治理、水生态修复、水灾害防治等方面着手，高质量开展以九大高原湖泊为主的高原湖泊流域生态系统的保护和修复。

（一）开展高原湖泊保护治理

坚持“退、减、调、治、管”多管齐下，以革命性举措抓好以九大高原湖泊为主的高原湖泊保护和修复工作。一是在湖边房屋、设施退出后，建立湖滨生态带，以减少各因素对湖体的直接干扰，从而改善水环境。二是在湖滨生态带外围建立湖泊保护缓冲带，控制污染排放，减轻污染负荷。缓冲带内不再增加人口和村庄。三是通过实施全流域农业结构调整，达到转变农业生产方式，推动养殖业全面标准化，建设有机绿色产业带，最终达到减轻农业面源污染的目的。四是通过实施环湖城镇截污治污全覆盖行动及农村人居环境整体提升行动，精准制定污染防控措施，全面抓好环湖截污、城乡污染治理工作，不让污水直接排入湖泊。五是牢固树立系统观念，同时兼顾生产、生活及生态空间，严格管控生态保护红线，实现山水林田湖草沙系统监管及事前事中事后全过程监管，最终实现生产空间集约高效、生活空间宜居适度、生态空间山清水秀。以滇池一级保护区专项清理整治及未退出建筑物搬迁整改项目、洱海流域国家农业面源污染治理与监督管理示范区项目和抚仙湖环湖生态移民搬迁工程为代表的九大高原湖泊保护治理工作将是“十四五”期间的工作重点。

① 习近平在中国共产党第二十次全国代表大会上的报告：《高举中国特色社会主义伟大旗帜 为全面建设社会主义现代化国家而团结奋斗》。

（二）推进高原湖泊生态修复

将水资源、水环境和水生生物作为集中开展山水林田湖草沙治理的核心内容，以提高水资源和水环境承载力为抓手，将水土保持、水质净化、生物多样性保育及清水入湖作为工作重点，进而全面提升生态系统的服务功能，优化高原湖泊径流区内的生态水循环格局。实施以大理市环洱海流域湖滨缓冲带生态修复与湿地建设工程、滇池流域山水林田湖草沙一体化保护修复项目及抚仙湖北岸生态廊道项目为代表的湖泊流域造林绿化工作，实现了对退化湿地、湖滨带和入湖河道的结构优化与生态修复，完善和提升了湖泊岸带生态功能，有效涵养了水源，形成湖泊良好生态保护屏障。开展以杞麓湖一级保护区水生植被恢复与湖滨带功能提升项目为代表的水生生物保育工作，达到使水生植物群落恢复重建、土著鱼保护与群落恢复及外来入侵物种防控的目标。针对退化水生态系统进行修复，是提升湖泊自净能力，提高湖泊、湿地生物多样性的有效途径，将使珍稀濒危水生生物资源得到有效保护。

二、青藏高原东南缘生态屏障区生态保护和修复重大工程

重大工程以保护和修复横断山地带性重要生态系统为重点，在进行天然林保护、公益林建设保护与修复的基础上采取退牧还草和封山育林等措施，以促进森林质量精准提升，提高自然生态系统的完整性。通过石漠化综合治理和历史遗留矿山植被恢复，从而最大限度地对区域内受损及退化生态系统进行修复。此外继续加大对国家重点保护野生动植物、极小种群物种、特有物种及其栖息地的保护恢复力度，并协同开展野生动物疫源疫病监测及外来有害入侵物种防控。

（一）三江并流区生物多样性保护和生态修复

全面加强区内重要及脆弱生态系统的保护，加强以天然林保护、退化林修复、国家储备林建设为主的森林保护工程，促进植被正向演替，提升林草质量；推进草地治理，实施退牧还草，同时以小流域为单元，实施水土流失综合治理和土地综合整治，提升水源涵养、水土保持及生物多样性保育等重点生态服务功能；加强对滇金丝猴、红豆杉、珙桐等国家重点保护野生动植物、极小种群物种、特有物种及其生境的保护恢复，定期辅以生物多样性本底调查。“十四五”期间，云南省将重点推进滇西北水源涵养与生物多样性保护、横断山南缘水源涵养与生物多样性保护、云南白马雪山国家级自然保护区保护及监测设施建设等项目。在2035年前，将持续推进三江并流区生物多样性保护和生态修复项目。

（二）青藏高原东南缘生态屏障区矿山生态修复

通过引入国内外先进矿山生态治理理念和技术，加快推动以青藏高原东南缘历史遗留矿山生态修复项目为主的历史遗留矿山生态修复工程，通过地质环境治理、地形重塑、土壤重构及植被重建等综合治理措施，恢复矿山生态。“十四五”期间，云南省将重点推进以滇西北云岭地区矿山生态修复、怒江流域历史遗留矿山生态修复为主的工程项目，并一直持续到2035年前。

三、重要自然保护地建设及野生动植物保护重大工程

切实加强以国家公园为主体的保护地体系建设管理，充分理解国家公园的设立依据，整合优化云南省现有各级自然保护地，合理调整范围和功能分区，分情况有序解决相应矛盾冲突及历史遗留问题。在整合已有自然保护地的基础上，新建一批生态区位重要、资源禀赋丰富、保护价值大的自然保护地以填补存在保护空缺的区域。依托已建的各级自然保护地，对保护地内重要物种采取就地保护辅以迁地保护，因地制宜建立珍稀濒危和特有植物近地及迁地保护植物园、树木园，重点建设野生动物收容救护站等重要野生动物保护基地，并配备必要的基础设施和仪器设备，合理配置科研技术队伍。

（一）国家公园建设

“十四五”期间，继续积极开展香格里拉普达措、高黎贡山、哀牢山—无量山、西双版纳雨林（亚洲象）等国家公园创建工作。对标对表首批正式设立的五个国家公园，规范开展国家公园资源调查、评估及有关规划编制，科学优化国家公园范围及各类功能区，建立健全管理机构，完善基础设施。依托已创建的国家公园开展自然生态保护、生态修复、科研监测和科普宣教，尤其是要将国家公园打造成为云南省重要的生态文明教育基地。持续推进香格里拉普达措国家公园体制试点工作，力争早日进入第二批国家公园名单。

（二）濒危野生动植物保护

依托全省各类自然保护地，进一步开展濒危野生动植物调查，完善监测体系。因地制宜重点实施对亚洲象、长臂猿、金丝猴、绿孔雀、苏铁、大树杜鹃等重点保护野生动植物和极小种群物种的就地拯救性保护。结合新冠病毒溯源及防控经验，强化科学研究和野生动物疫源疫病监测防控。“十四五”期间，云南省将重点推进人象冲突综合治理专项工程、野生动物就地保护拯救项目及野生动物疫源疫病监测防控工程等工作。以举办联合国《生物多样性公约》第十五次缔约方大会（CBD COP15）为契机，将全面加强生物多样性保护工作作为云南省努力成为全国生态文明建设排头兵的重要抓手，持续推进云南省濒危野生动植物保护项目。

第三节　维护西南生态安全

党的十九大提出要加强生态环境保护，其中，将实现针对重要生态系统的保护和修复，以及优化生态安全屏障体系并构建生物多样性保护网络作为今后的工作重点。生态安全作为国家安全的重要组成部分，是经济社会持续健康发展的重要保障之一，改善和加强生态环境保护是高质量发展的必然趋势。云南是我国生物多样性最丰富的地区之一，是长江上游重要

的生态安全屏障，具有独特的生态区位，生态功能极其重要，在长江经济带中具有特殊地位和作用。党的十八大以来，云南省委、省政府团结带领全省各族干部群众，深入开展蓝天、碧水、净土“三大保卫战”，坚持“山水林田湖草沙是一个生命共同体”的理念，高度重视生态文明体制建设，生态文明排头兵工作取得瞩目成绩，为筑牢西南生态安全屏障交出了一份合格答卷。云南省在“十四五”期间将会继续加大环境整治力度，实行最严格的环境保护制度，强化水、大气、土壤等污染防治，全面改善生态环境，坚决筑牢我国西南生态安全屏障，切实维护好国家西南生态安全。

一、全面加强生物多样性保护

云南作为我国生物多样性资源最为丰富的省份，是全球生物物种高富集区和世界级基因库，不仅具有寒、温、热三带植物并存的复杂植被带，而且拥有寒热并汇的动物群，几乎囊括了我国所有的陆地生态系统类型，享有“植物王国”“动物王国”“世界花园”“物种基因库”和“药材之乡”之称。省会昆明已于2021年10月11日至15日成功举办联合国《生物多样性公约》第十五次缔约方大会（CBD COP15）第一阶段会议。中国共产党云南省第十一次代表大会再次指出“以更高标准、更严要求推进生态文明建设，全面加强生物多样性保护”。全面加强生物多样性保护是云南省努力成为全国生态文明建设排头兵的重要抓手。

（一）完善生物多样性保护体制机制

云南省自2013年实施《云南省生物多样性保护战略与行动计划（2012—2030年）》以来，已陆续出版《云南大百科全书（生态编）》《云南省生物物种红色名录（2017版）》《云南省自然生态系统名录（2018版）》《云南省外来入侵物种名录（2019版）》等重点研究成果。此外，云南省还开展了云南生物多样性网上博物馆建设，首次搭建并完善了生物多样性科普馆、数字标本馆、实景博物馆、生物多样性标本云平台、实时直播互动平台、自然教育等功能模块及内容。针对某些区域独特的生物多样性现状及问题，云南省制定了包括九大高原湖泊“一湖一法”在内的具有地方特色的特色性立法。通过建设自然保护区和在全国范围内率先试点建设国家公园，云南省形成了较为完善的就地保护体系，使全省各类生态系统及国家重点保护野生动植物得到有效保护。迁地保护作为就地保护的补充，在生物多样性保护方面发挥了重要作用，尤其是对于失去生存繁育栖息地、在自然环境中无法保存的物种。省内各高校及科研院所开展生物多样性研究工作至今，已建立了包括中国科学院西双版纳热带植物园、中国科学院昆明植物研究所昆明植物园在内的十余个大型植物迁地保护场所，以及动物园、野生动物收容拯救中心等动物迁地保护设施，以各种方式保存了珍稀濒危物种，并开展了大量的人工驯化、繁育研究工作。此外，云南省还建成了包括中国科学院昆明植物研究所标本馆、中国科学院昆明动物研究所标本馆、中国科学院西双版纳热带植物园标本馆、云南大学植物标本馆在内的多个动植物标本馆，通过对生物多样性数据的采集、管理和利用，为生物多样性的保护提供了重要的支撑平台。

（二）大力发展农业生物多样性

农业生物多样性被国际社会公认为是联合国《生物多样性公约》中不可或缺的重要组成部分。有学者从农业方面分析指出粮食生产仍然是全球生物多样性丧失的主要驱动因素之一，而我国农业生物多样性保护体系尚不完整，进而造成保护能力也相对欠缺①。云南作为全球生物多样性最为富集的地区之一，发展农业具有得天独厚的天然优势。近年来，云南以绿色化引领农业的高质量发展，积极打造世界一流“绿色食品牌”。通过科学布局、规范建设食品安全第三方检测机构，依照国家规范与标准，建设乳品安全标准、真菌毒素、农兽药残留、食品添加剂和营养强化剂的检测技术体系；围绕茶叶、花卉、蔬菜、水果、坚果、咖啡、中药材、肉牛、野生菌等重点产业，加大特色食品安全质量标准制定和食品安全检测标准建设；加快物联网、云数据等技术在食品安全监管中的应用，将快速检测产品检测数据纳入溯源体系，实现食品安全检测结果数据化、网络化及可查询，为打造世界一流“绿色食品牌”提供了产品安全等技术保障。中药（民族药）保护性开发利用是我国实现绿色可持续发展的重要路径，保护生物多样性就等于保护人类生存和健康的基石。云南拥有全国过半的天然药用植物资源，省内相关部门、高校及科研院所正在积极进行中药（民族药）大品种和独家品种二次开发和再评价研究，以经典名方、经方验方以及医疗机构制剂为基础，开展预防、治疗、康复新药研发。同时，不断加强民族医药文献发掘整理，开展傣药、彝药、苗药、藏药等民族医药药理药效、药物加工、质量标准等研究，支持民族民间单验方的挖掘、整理与利用。未来计划以三七系列、灯盏花系列、天麻系列、美洲大蠊系列等产品为重点，加快中药制剂大品种培育，打造一批中药（民族药）品牌产品。

二、推动建立绿色低碳发展体系

气候变化是当今人类所面临的重大全球性挑战。为积极应对气候变化，2020 年 9 月 22 日，国家主席习近平在第七十五届联合国大会一般性辩论上向世界宣布了我国于 2030 年前实现碳达峰、2060 年前力争实现碳中和的国家目标。同年 12 月 12 日，习近平主席在气候雄心峰会上进一步提出了未来 10 年中国国家自主贡献（NDCs）新举措。目前，“双碳”目标已被纳入我国生态文明建设整体布局，“绿水青山就是金山银山”的生态文明理念，就是代表价值观念和发展内容向低碳方向的深刻转变。党的二十大报告对于如何积极稳妥推进碳达峰碳中和也做出了明确部署。强调实现碳达峰碳中和是一场广泛而深刻的经济社会系统性变革。指出要立足我国能源资源禀赋，坚持先立后破，有计划分步骤实施碳达峰行动。完善能源消耗总量和强度调控，重点控制化石能源消费，逐步转向碳排放总量和强度“双控”制度。推动能源清洁低碳高效利用，推进工业、建筑、交通等领域清洁低碳转型。深入推进能源革命，

① 高磊、王蕾、胡飞龙等：《农业生物多样性保护履约进展及对我国农业发展的启示》，《生物多样性》2021 年第 29 卷，第 2 期，177-183 页。

加强煤炭清洁高效利用，加大油气资源勘探开发和增储上产力度，加快规划建设新型能源体系，统筹水电开发和生态保护，积极安全有序发展核电，加强能源产供储销体系建设，确保能源安全。完善碳排放统计核算制度，健全碳排放权市场交易制度。提升生态系统碳汇能力。积极参与应对气候变化全球治理。[①]云南省正在全力打造的世界一流“绿色能源牌”与国家“双碳”目标深度契合，“绿色能源牌”将成为云南在全国范围内率先实现“双碳”目标的强大推力，是习近平生态文明思想在云南的生动实践。因此，在云南省委、省政府已将“双碳”工作明确写入云南省“十四五”规划的大背景下，进一步研究云南省如何依托自身可再生能源丰富的优势，因地制宜地发展绿色能源，推动全省实现能源结构绿色转型升级，尽早实现碳达峰，逐步实现碳中和，并最终成为我国面向南亚东南亚的区域能源合作中心具有极为重要的意义。

（一）构建特色鲜明的绿色载能产业体系

充分发挥云南资源优势和比较优势，因地制宜创新载能产业业态，延长能源产业链，构建具有云南特色的绿色载能产业体系。一是巩固深化前期电改成果，进一步发挥电改对产业转型升级的带动性作用，在电网投资主体多元化改革上率先突破，探索自贸试验区智能电网示范区建设投资主体多元化；二是在相关产业“十四五”规划、产业调整目录等省级产业政策中，将氢能源、燃料电池车、新能源装备制造、有机硅新材料、能源互联网等新兴产业列入鼓励类名单，并加大财税资金、省级产业基金支持力度，为培育发展云南载能新兴产业提供强有力的政策保障。

（二）推动基于自然的解决方案进行固碳

基于自然的解决方案（NBS）指的是通过保护、可持续管理和修复自然或改良的生态系统，从而有效和适应性地应对包括气候变化问题在内的一系列挑战和风险，并为人类福祉和生物多样性带来益处的行动[②]，强调了保护生物多样性对于减缓和适应气候变化的重要意义。未来云南将通过对自然生态系统及其内在规律的运用和管理，来增强包括广泛的基于土地的农田、森林、草地、湿地、荒漠、海洋等自然或人工生态系统发挥的碳吸收和储存能力；同时通过改善土地利用等方式来减少温室气体排放。例如，减少或避免毁林可减少碳排放，平衡施肥（精准施肥）可减少农田直接和间接氮氧化物排放，泥炭地保护避免泥炭地碳排放等。

（三）以碳市场带动绿色低碳项目投资

2021 年 7 月 16 日，全国碳排放权交易市场线上交易正式启动，纳入发电行业重点排放单位 2162 家，覆盖约 45 亿吨二氧化碳排放量，成为目前全球规模最大的碳市场。碳交易作为市

---

① 习近平在中国共产党第二十次全国代表大会上的报告：《高举中国特色社会主义伟大旗帜 为全面建设社会主义现代化国家而团结奋斗》。

② 张小全、谢茜、曾楠：《基于自然的气候变化解决方案》，《气候变化研究进展》2020 年第 16 卷，第 3 期，336-344 页。

场化的减排机制，相比传统的财政补贴等政策，在节约成本、促进技术创新和调动企业积极性方面都具有更好的优势。云南省是全国 18 个已经提出碳中和目标的省份之一，同时省会昆明同样处于全国 87 个低碳试点城市之列，且已提出城市碳中和目标①。全国碳交易市场的开启之于云南有着重大的利好，隐藏着绝佳的发展机遇。云南凭借全省能源结构中巨大的水力发电占比，可将多余的碳排放配额转卖给东南沿海配额不足的发达省份，利用碳市场对低碳绿色发展具有直接融资功能，可将所得碳交易资金用于投资发展云南省内绿色低碳项目，在推进“双碳”进程的同时实现绿色高质量发展；此外，云南作为全国四大林区之一，森林资源丰富，碳汇总量位居全国前列，是全国仅有的 3 个碳汇高于碳源的省、区之一。通过对森林资源合理化经营管理②，可在增加森林固碳的同时减少碳排放，进而获取更多的可交易碳排放权。

第四节　优化国土空间开发格局

国土空间作为区域经济和社会发展的载体，时刻影响着区域发展，而区域发展又会改变国土空间结构。同时，国土也是生态文明建设的空间载体，更是我们赖以生存和发展的家园，我国广阔的陆地和海洋国土是中华民族繁衍生息和永续发展的重要根基。改革开放以来，我国的社会、地理和人文三类环境都在持续快速发生变化，随之而来的资源环境问题导致经济结构面临调整，优化国土空间开发格局逐渐受到关注。为了促进生产空间集约高效、生活空间宜居适度、生态空间山清水秀，给大自然留下更多修复空间，给农业留下更多良田，给子孙留下天蓝、地绿、水净的美好家园，在党的十八大报告中，首次把优化国土空间开发格局提到了战略层面的高度。在党的十九大报告中，更为明确地指出要优化国土空间格局，将构建生产、生活与生态协调有序的空间格局提到至关重要的地位。云南省作为多民族的西南边疆省份，与贵州、广西、四川、西藏四省交界，且与缅甸、老挝、越南三国接壤，是面向南亚东南亚开放的重要门户，具有天然的空间区位优势。省域总面积 39.4 万平方千米，占全国陆地总面积的 4.1%，居全国第八位。下辖 16 个州（市）、129 个县（市、区），其中 8 个民族自治州、29 个民族自治县。全省空间发展存在不平衡、不充分、不协调、不可持续以及体制机制不完善等诸多问题。生产力布局、产业结构不合理，工业化水平、市场化程度不高，创新能力不强等诸多因素导致城镇化建设等社会事业发展滞后，教育卫生文化等基础公共服务

① 姜克隽、杨秀：《我国低碳城市：推动城市碳先锋，实现碳净零排放》，《中华环境》2020 年第 4 期，22-25 页。
② 张益玉、祁慧博、徐秀英等：《林业碳汇市场需求响应政策组合效应研究》，《林业经济问题》2021 年第 41 卷，第 3 期，311-319 页。

水平低。特别是特殊的地理条件导致云南省生态环境相对敏感脆弱，生态建设和环境保护存在多项薄弱环节。为优化经济结构，进一步提升城乡区域发展协调性。“十四五”期间，云南省将落实区域重大战略、区域协调发展战略、主体功能区战略，围绕“做强滇中、搞活沿边、多点支撑、联动廊带”发展布局，建立更加有效的区域协调发展机制，形成主体功能明显、优势互补、高质量发展的国土空间开发保护新格局。

一、基于数据准确把握国土空间开发价值

云南地处中国经济圈、东南亚经济圈和南亚经济圈的结合部，是中国连接南亚东南亚的国际大通道，拥有面向东南亚、南亚、西亚，联通太平洋及印度洋的独特位置优势。以地理国情普查和监测作为重新认识国土空间的基础具有很大优势。

（一）深入开展地理国情普查及监测

一是通过最新的航空航天遥感影像为数据源，结合地面实地调查与验证，获得真实、可靠、准确的地理国情监测数据。随后通过影像、三维图等多种表达形式，将数据中的地表自然及人文要素等信息逼真、形象、动态地展示出来。二是进行持续监测，将多期数据进行综合比对分析，准确揭示资源环境、生态状况等的空间分布及其发展变化规律。三是利用遥感、地理信息系统、卫星导航定位及计算机通信等技术，构建网络化的地理国情信息动态获取、处理和分析与服务体系。

（二）深度分析挖掘地理国情普查数据

一是对地理国情普查成果进行深度数据分析，从而加强对地理国情普查成果的利用，推动国土空间开发格局研究。二是通过分析人文地理要素分布情况，进而得出云南省居民地与设施、铁路和道路等人文地理空间格局，基于统计结果为政府规划的制定提供依据。三是分别通过对生产功能空间格局、生活功能格局、生态功能格局的分析，明晰了云南省国土空间开发格局现状，为优化云南省国土空间格局提供依据。四是围绕国土空间格局开发情况，结合区域产业、经济、文化、社会、生态等方面的分析结果，进一步挖掘数据价值，为区域空间开发和协调发展提供借鉴，进而形成大数据的综合使用、跨界融合。五是开展常态化地理国情监测，每年获取云南地理国情要素及陆地国土范围内地表覆盖两项变化情况，发布全省基础性地理国情监测报告。并针对重点、热点、难点问题，开展专题性地理国情监测，通过融合自然科学和人文社会科学两方面信息进行大数据挖掘分析，服务科学管理决策。

二、科学开展国土空间开发

国土空间规划要遵循国土开发与承载能力相匹配的原则，坚持积极开发与均衡发展相协调、分类保护与综合整治相促进、资源节约与环境友好相统一的理念和方法，逐步健全国土空间用途管制制度，进一步优化空间组织和结构布局，提高发展质量和资源利用效率，形成云南国土空间开发的可持续发展。

（一）构建国土空间开发保护新格局

建立“多规合一”的国土空间规划体系，逐步健全国土空间开发保护制度，进而形成城市化地区、农产品主产区、生态功能区三大空间格局，落实三个定位的目标和指标，构建战略定位相一致的空间格局，促进基本公共服务均等化、基础设施通达程度均衡化。滇中城市群实行开发与保护并重的方针，充分发挥核心和龙头作用，促进资源要素合理流动，高效集聚经济、产业和人口，保护基本农田及生态空间。生态功能区实行保护为主、限制开发的方针，将工作中心放至保护修复自然生态系统、保护生物多样性及提供生态产品上，因地制宜发展文化旅游、适量农牧业、民族特色产业等以保护生态环境为宗旨的绿色产业。推动滇中城市群新型工业化和城镇化发展步伐，促进人口逐步有序地向城镇转移，进一步提升滇中城市群在全国发展战略格局中的地位和发展水平，力争把滇中城市群建设成为我国面向南亚东南亚辐射中心的核心区，长江上游的重要经济增长极，以及云南省全面建设社会主义现代化国家的强大引擎。

（二）优化区域经济布局

立足各地区资源禀赋、产业基础及比较优势，打造滇中地区、沿边地区、滇东北和滇西等各具特色、竞相发展的区域经济板块，努力形成“滇中崛起、沿边开放、滇东北开发、滇西一体化”的发展格局。一是进一步推进滇中城市群一体化建设，推动滇中新区高质量发展，集中建设昆明等区域性中心城市，吸引产业和人口向中心城市聚集，促进昆明市与滇中新区深度融合发展，打造优势互补且错位发展的区域发展共同体。同时，逐步构建较为合理的城镇体系，建设二级城市和小城镇，使小城镇成为周边农村及边远地区农牧民的服务基地。二是继续扩大沿边开放，增强沿边地区资源集聚能力和辐射带动作用。支持滇西北优化旅游环线路网规划，完善综合配套服务，将其打造成为世界知名旅游胜地。加快补齐滇东北配套设施短板，促进其融入长江经济带协同联动发展大局，进而承接下游地区资金、技术、劳动密集型产业有序转移，建设川滇黔结合部区域经济中心。大力发展东西南北横纵通道经济，拓宽区域发展空间，加快健全省内合作机制及跨省区域合作机制。

（三）推进山区综合开发

以高质量发展为导向，坚持保护优先原则，按照特色化、品质化及现代化的发展路径和规模化且专业化的经营方式，推动山区发展。加强战略统筹，规划引导空间布局，充分发挥山区资源的丰富性、绿水青山的生态性和文化的独特性等优势，做优做强山区经济。统筹推进山区综合开发与县域经济发展，鼓励创建绿色经济试验示范区，大力发展高效生态农业、绿色制造业和生态旅游业，科学规划建设半山酒店、森林乡村，推进生态产业化、产业生态化，打通绿水青山向金山银山转化的通道。继续开展山区生态功能修复工程，加强山区地质灾害综合防治。建立健全山区综合开发生态环境影响评估审核机制，严格管控各类矿产资源开发，严禁污染型产业及相关企业向山区转移。

第五节 生态价值的实现

生态价值是指地球生物圈作为生命维持系统或人类生存系统的价值，亦称为生存价值。它是自然界物质生产过程中创造的价值，涉及自然界的消遣价值、美学价值、生命价值、科学价值以及伦理价值等，主要是通过生态资源的生态服务功能来体现出对人类直接或间接且必不可少的作用。生态服务功能包括生物生产功能、维持大气组成、稳定和改善气候、控制洪水减轻洪涝和干旱灾害、提供饮用水、吸收废弃物、营养物质循环、形成土壤、提供实物、维持物质和基因库、提供自然景观和娱乐场所、环境净化等，即生态系统所提供的支撑和保护人类活动或影响人类的福利水平。云南地处西南边陲，拥有得天独厚的自然资源和复杂多样的生态系统，但由于云南省自然生态环境的脆弱性，资源型粗放经营的经济增长模式还没有实现根本转变。随着城市化进程的加快、人口的不断增加、自然资源开发的力度不断加大，以植被破坏、资源不合理利用、水土流失、水质污染等为代表的环境问题仍很突出，云南省的环境保护形势总体而言依然严峻①。云南地处中国西南部，位于全球36个生物多样性热点地区中的东喜马拉雅、印—缅热带山地和西南山地3个热点地区的结合部位，生物多样性极为丰富且保护地位极其突出。云南作为我国西部经济欠发达地区，一直面临着既要加强保护又要加快发展的双重压力与挑战，将丰富的生物多样性这一云南省重要的生态资源转化为发展资源，使环境保护变成云南经济社会发展的重要动力，对于云南省努力成为生态文明建设排头兵至关重要。

一、林草产业中的生态价值实现

云南省国土面积仅占全国国土总面积的4.1%，却分布有超过全国半数的19333种高等植物，在加强生物多样性保护与推进绿色生物产业中，有着巨大的开发利用潜力。截至2020年底，云南省林草产业综合产值超过2700亿元，其中，核桃产值超400亿元、澳洲坚果产值超38亿元、林下经济产值达到600亿元。云南的森林生态产品在发达城市有较好的知名度和享誉度，已成为打造世界一流绿色食品品牌的重要支柱。

（一）培育林草新型经营主体

一是充分利用林草产业在绿色发展、乡村振兴中的优势和潜力，以质量效益提升为核心，创新组织方式，进行全产业链布局，突破关键环节，补齐发展短板，促进整体协同推进，构

① 王丽、董文渊：《云南生态价值维护与政府补偿机制的探讨》，第三届云南省科学技术论坛论文集.2013，127-130页。

建有强大竞争力的云南林草产业体系，推进一、二、三产业融合发展，不断增加优质森林生态产品有效供给。二是认真贯彻落实省委、省政府相关文件精神，以林草产业龙头企业为重点，以林草专业大户、家庭林场、林农专业合作社和专业化服务为依托，加快新型林草经营体系建设。推广“龙头企业 + 合作社 + 基地 + 农户”的创新产业化经营发展模式，挖掘培育一批生产、经营和营销的先进典型。

（二）开展宣传推介打造品牌效应

一是深度聚焦云南深纹核桃、澳洲坚果、花椒、竹子等重点产业，不断提升林草产业“规模化、专业化、绿色化、组织化、市场化”水平，开展“云南深纹核桃”品牌打造。二是充分挖掘云南森林产品经济、商业、文化价值，结合人文、民俗、生态、健康、现代等元素，突出生态、安全、绿色、健康特点，加大在各类媒体平台的宣传推介。积极组织、参与各类展销会和原产地推介会，支持相关企业在全国大中城市设立销售网点，不断提高云南森林产品的市场知名度、影响力、竞争力和占有率。三是利用实施退耕还林和石漠化治理工程，积极推动发展以蒜头果种植为代表的非木材林产业利用。通过建立大面积的人工林，不仅推进了喀斯特地区的石漠化治理，同时有效保护了野生种群，为群众带来了采果出售的惠益，果树种植展现了生态、经济和社会效益的融合。将重要保护对象通过资源培育，扩大种群，可以有效解除其濒危状况，并将其本身特殊利用价值开发出来，以服务人类并增添福祉，将物种保护与利用紧密结合起来，实现有效保护与合理利用的双赢。

二、自然保护地中的生态价值现实

中国正在建立以国家公园为主体的自然保护地体系，目前已正式设立三江源、大熊猫、东北虎豹、海南热带雨林、武夷山等首批第五个国家公园。国家公园作为我国自然保护地体系中保护级别最高、覆盖功能最全的自然保护地类型，是我国生态价值实现的重要载体。位于滇西北“三江并流”世界自然遗产中心地带的普达措国家公园于 2007 年正式揭牌设立，是中国大陆第一个国家公园，同时位列中共中央办公厅、国务院办公厅于 2017 年 9 月确立的 10 处国家公园体制试点区之中，是云南大力推进生态文明建设背景下最具代表性的自然保护地。香格里拉普达措国家公园试点区地处全球 34 个生物多样性热点区中的喜马拉雅山地、印缅地区和中国西南山地这 3 个生物多样性热点区的交错地带和全国 35 个生物多样性保护优先区之一的横断山南段生物多样性保护优先区，是世界级的物种基因库。试点区不仅生物多样性极为丰富，仅碧塔海区域就分布有野生种子植物 140 科 568 属 2275 种，全区鸟类种数占到云南鸟类总数的 1/3 和全国鸟类总数的 1/5，更是特有、珍稀濒危物种高度聚集之地，区内具有特殊保护意义的中甸叶须鱼是青藏高原快速隆升的残存产物，在全球范围内仅分布于试点区，区内种子植物总数的 50% 以上为特有种，哺乳动物约有 1/3 为特有种。

（一）良性循环促进造血发展

一是按照《建立国家公园体制总体方案》关于建立国家公园体制应“科学定位、整体保护”的基本原则和关于国家公园“首要功能是重要自然生态系统的原真性、完整性保护，同时兼具科研、教育、游憩等综合功能”的功能定位。基于此，试点区坚持将“山水林田湖草沙”作为一个生命共同体，统筹考虑保护与利用，在切实保护自然生态系统原真性和完整性前提下，依托区域优质的生态环境和绝佳的景观资源，在一般控制区内，适度开展游憩、生态体验、教育等活动，通过对不足总面积3%区域的资源利用，实现了对97%以上生态资源的有效保护，在充分发挥生态系统服务功能，满足公众亲近自然、体验自然、了解自然、学习自然需求的同时，以资源利用收入反哺生态保护与社区发展，实现了生态保护和社会经济发展的协同推进。二是在财政投入机制尚未建立的情况下，试点区积极探索社会力量参与国家公园建设模式，引进经营企业，投资约7亿元，修建了应急通道、解说栈道、观景台、环保厕所等必要的基础设施及科普宣教中心、社区服务站等服务设施，配备了欧Ⅲ排量标准的环保车、扫雪车、救护车、太阳能发电系统、污水处理系统等，为国家公园教育、游憩等功能的发挥奠定了良好的基础，既拓宽了筹资渠道，缓解了地方政府的财政压力，也为公众享受高质量的体验服务提供了有利条件。为防止企业经营行为偏离国家公园保护目标，试点区逐步规范特许经营制度，在管理机构的监管指导下，经营企业切实履行应有的保护责任，完善了环保设施，实施了容量管控，开展了护林防火、环保宣传教育、外来物种清理、社区扶持等工作，在取得可观经济效益的同时，也最大限度地发挥了生态效益，以及社区发展等社会效益。

（二）发掘民族生态智慧中的生态价值

普达措国家公园体制试点区历史人文底蕴丰厚、藏族村落文化特色独具、各民族文化多彩多姿，与区域内丰富的生物多样性相辅相成、相映成趣、和谐共生，既是我国藏族生态保护理念、生态伦理教育、生态规范与社会管护历史传承弘扬的典范之地，也是各民族生态文化多样性传承与区域生物多样性保护之间良性互动的重要代表区域，对于面向大众开展生态文明教育和民族团结进步示范教育，向世界展现我国文化多样性，促进生物多样性保护的历史传统和当代贡献，具有不可替代的意义和价值。对试点区内及周边地区良好生态环境的保护和人地生态共同体的标志性建设成就，不仅是藏族传统生态文化传承弘扬造就的结果，与周边各民族传统生态文化的传承与交融也密不可分。将生物多样性的自然生态价值与当地以藏文化为主体的民族生态价值相融合，增设至科普宣教内容当中，可以把试点区内的科普宣教课打造成一堂生动的生态文明教学课。

第六节　云南生态文明建设的绿色发展

云南省把生态文明建设示范创建作为践行习近平生态文明思想和习近平总书记考察云南重要讲话精神的具体举措，作为深入推进生态文明排头兵建设以及筑牢我国西南生态安全屏障的重要抓手全力推进，按照省级引导、地方自愿、党政主导、社会参与、因地制宜、突出特色、注重实效、持续推进的原则，扎实开展各项工作，取得了积极成效。截至 2021 年，全省共有 12 个州（市）、县被授予国家生态文明建设示范区荣誉称号，6 个地区被命名为“绿水青山就是金山银山”实践创新基地。绿色是云南最鲜明的底色，绿色发展在云南有着得天独厚的优势，丰富的自然资源和多样的生态功能为云南的绿色发展奠定了良好的基础、构建了广阔的外部空间。国家主席习近平在联合国生物多样性峰会上发表重要讲话时指出：要保持绿色发展，培育疫后经济高质量复苏活力。作为生态优势明显的云南，更应把生态环境保护放在更加突出的位置，推动绿色发展，让绿色成为云南高质量发展的鲜明底色。

一、经济发展以优化产业结构为重点

绿色发展作为一种高质量的经济发展方式，更加注重经济结构优化及经济效益的提升。因此，实现云南在生态文明建设中进行绿色发展的基础保障就是经济需要保持适度规模，而调整优化经济结构，加快实现新旧动能转换，提升产业数字化、数字产业化水平，促进云南全省融合发展，更加关注经济发展给人民群众带来的获得感和幸福感，才是实现绿色发展的关键途径。

（一）加强顶层设计

根据云南省少数民族聚居及生态环境脆弱的特点，加强顶层制度设计，构建符合民族地区产业绿色发展的政策保障体系有其特别的重要性。一是建立和完善生态文明建设的制度体系，为推动产业结构绿色升级提供政策支持。政府发挥其对市场的调节作用，以法律规定的形式，通过“以奖代补”的形式来支持高能耗、高污染、高排放的工业企业进行产业结构转型升级。二是政府要鼓励企业采用和发展低碳、节能、环保技术，进一步提高风能、太阳能、生物质能等新能源和新材料的使用效率，以此来促进产业结构调整和升级[①]。

（二）加强生态环境保护

云南省具备自然生态资源丰沛、生物多样性水平高、水资源丰富、森林植被条件优越等天然优势，这也为产业结构进行绿色升级提供了基础条件。一是在青藏高原南缘地带以保护

---

① 龚贤：《绿色发展视阈下云南省产业结构升级研究》，硕士学位论文，西南民族大学，2019。

好生态系统和生物多样性为主，发挥涵养大江大河水源和调节气候的功能；在哀牢山—无量山地带以保护天然植被，防止水土流失为主，发挥保护滇中国家级重点开发区域生态安全的作用。二是保护南部边疆地带的热带雨林和珍稀濒危物种。着重把金沙江干热河谷、珠江上游喀斯特地带的植被恢复和防止水土流失工作作为重点，维护好长江、珠江下游地区的生态安全。三是在保护好自然生态环境的同时，还要保护和发展好生态文化，把尊重自然、顺应自然、保护自然的生态文明理念贯穿于云南优秀民族文化的挖掘、保护和弘扬之中，有规划且有步骤地开发一大批能够体现云南自然山水、生态资源特色的生态文化产品；挑选一批能够体现浓郁民族风情的少数民族聚居村（镇），将其建设成为民族传统文化生态保护区，为民族特色生态文化旅游产业提档升级奠定基础。

（三）加强能源资源技术创新

云南省始终围绕绿色低碳循环主题，节约利用资源、减少污染排放、加强生态自身修复，对传统产业进行绿色改造，大力发展新兴绿色产业，以实现经济、社会和环境的绿色、生态、可持续发展。一是云南省内高校和科研院所应进一步加强与省外甚至国外高校、科研机构、研发中心的合作，加快能源技术成果转换，建立起以企业为中心，产学研教用于一体的科技创新体系，增强科研成果转化的驱动力，促进新能源技术、环保设备设施产品、清洁循环节能技术的产业化应用。二是调整能源消费的结构，加大清洁能源的使用，大力发展风能、太阳能等“零碳”清洁能源，开展“光伏 + 农业”“光伏 + 水利”“光伏 + 旅游”等新能源试点工作，进而减少二氧化碳等废气的排放，促进产业绿色化升级。

二、激发绿色发展活力，促进快速发展

绿色是云南最鲜明的底色，是发展最大的优势。然而，绿水青山与金山银山之间的等号不会自动实现，要把生态优势转化为发展优势，既需要坚持生态优先、绿色发展、锲而不舍、久久为功，也需要持续不断地开拓创新，探索良好生态与高质量发展间统筹兼顾的可行之路。在此过程中，开展生态文明建设示范创建，以先进典型引领整体工作，对于激发释放绿色发展的活力，具有十分重要的意义。

（一）加快推进绿色产业发展

经济发展的动力在产业，尤其是在建设生态文明的进程中，产业的发展必须聚焦于绿色产业的发展。一方面，绿色产业在促进经济发展的同时又能减少环境污染、保护自然资源，实现绿色发展。因此，加快布局绿色产业，持续打造绿色能源强省，打好“绿色食品”牌，提升传统石化及有色金属等行业的绿色生产水平，加强国际产能合作，不断推进产业发展的低碳化、绿色化水平，使云南在全国率先实现“双碳”目标。同时，进一步加强与长江中下游发达城市和地区的产业协同发展，是云南在生态文明建设进程中实现绿色发展的重要路径。

（二）提升绿色治理能力

绿色治理是实现绿色发展的重要环节，云南省将加快推进绿色治理技术创新，加快实现技术转换为应用成果，深入推进环境治理和生态保护市场化，将绿色治理作为绿色生产、绿色生活的必要补充，实现整个发展过程的绿色化。

（三）筑牢生态安全屏障

云南位于长江上游，作为长江经济带重点建设的 11 个省份之一，处在重要的生态保护屏障区。为了维持整个长江流域生态系统以及流域生态服务的稳定，对地处上游的云南提出了更高的生态环境保护要求。因此，保护好长江上游的山水林田湖草沙综合生态系统，以提高森林覆盖率、扩大湿地面积等为抓手，把云南建设成为长江经济带重要的绿色生态廊道，统筹推进绿色生产和绿色生活，优化空间布局，严守生态红线，是实现以生态优先为前提的上游地区绿色发展的必由之路。

（执笔人：谢兴龙）

第四章　生态文明建设与低碳发展

生态文明建设与低碳发展存在内在逻辑关系，低碳发展是新时代推进生态文明建设的重要途径，生态文明建设是低碳发展的根本遵循。本章内容主要介绍云南推进生态文明建设与低碳发展的宏观背景，云南推进生态文明建设与低碳发展的现实基础，“十三五”期间云南生态文明建设与低碳发展成效，“十四五”时期云南深入推进生态文明建设与低碳发展的对策建议。

第一节　云南推进生态文明建设与低碳发展的宏观背景

低碳发展是一种以低耗能、低污染、低排放为特征的可持续发展模式，对经济和社会的可持续发展具有重要意义。低碳发展的着力点是控制温室气体排放，逐步实现低碳技术的产业化，促进产业结构升级，增强新技术条件下的经济竞争力。在全球气候变暖的大背景下，推进低碳发展，控制温室气体排放，已成为当今国际社会的共识。

一、生态文明是人类文明发展的历史趋势

习近平总书记在《生物多样性公约》第十五次缔约方大会领导人峰会上发表主旨讲话指出：“生态文明是人类文明发展的历史趋势。以生态文明建设为引领，协调人与自然关系。要解决好工业文明带来的矛盾，把人类活动限制在生态环境能够承受的限度内，对山水林田

湖草沙进行一体化保护和系统治理。”习近平同志曾指出，“生态文明是人类社会进步的重大成果。人类经历了原始文明、农业文明、工业文明，生态文明是工业文明发展到一定阶段的产物，是实现人与自然和谐发展的新要求”。人类文明形态演进本质上由生产力和生产关系这一马克思主义唯物史观范畴所揭示的规律支配和运行。基于生产方式的阶段性特征，人类的文明形态已经经历了原始文明、农业文明和工业文明三个阶段，正迈向生态文明的人类文明发展新阶段。

原始文明阶段，人类完全依靠大自然赐予或以直接利用自然物作为人的生活资料，狩猎采集是最重要的生产劳动，火、石器、弓箭是重要的谋生工具，燧人氏发明的“堆木造火，钻燧取火”的方法被推广开来，人类从此逐渐告别茹毛饮血的时代，进入吃熟食的时代。因而，在蒙昧的原始时代，人与自然没有决然的界限，人基本上以动物的生存方式适应自然，过着如动物一样茹毛饮血的生活。马克思对此做过阐述，他说：“动物实际生活中唯一的平等形式，是同种动物之间的平等；这是这个种本身的平等，但不是属的平等。动物的属只在不同种动物的敌对关系中表现出来，这些不同种的动物在相互的斗争中来确立自己的特别的属性。自然界在猛兽的胃里为不同种的动物设立了一个结合的场所、合并的熔炉和相互联系的联络站。”[①] 经过与自然界进行长期艰苦卓绝的斗争，随着人对自然的胜利，人类才把自己同动物和自然界分离出来，“明于天人之分”，并逐步产生以自我为中心的自觉意识。但从整体上看，人只是被动地适应自然，日出而作、日落而息，靠天吃饭，盲目地崇拜自然、顺从自然，对自然生态没有任何实质性的破坏和威胁，并且处处受自然界的束缚，形成了简朴的原始文明意识。

农业文明阶段，人类主要的生产活动是农耕和畜牧，青铜器、陶器和铁器的使用，特别是铁器农具的使用使人类生产活动开始主动转向生产力发展的领域，开始探索获取最大劳动成果的途径和方法。与此同时，人类为了自身生存与发展的需要，主动发起了对地球的挑战，开始了自觉和不自觉地征服和改造自然的过程。然而，自然界也开始了对人类的报复，旱灾、涝灾、山洪、风沙等自然报复不断，但并没有从根本上威胁到人类的生存与发展的进程。

工业文明阶段，18 世纪 80 年代，以珍妮纺纱机和瓦特蒸汽机的使用为标志的英国工业革命，开创了机器大生产的生产方式。马克思就此指出：蒸汽磨产生的是工业资本家的社会。在人类历史上，摩擦取火是把机械运动转化为热，蒸汽机的发明和使用又把热转化为机械运动，这是人类认识和利用自然力的巨大变革，是物质生产开始进入机械化时代的标志。正因如此，恩格斯称：蒸汽机是第一个真正的国际性发明。资产阶级通过机器大工业的发展，以机器制造为基础，扩展到采矿业、能源和原材料生产、石油和石油化工业、冶金和金属加工业、汽车飞机制造等交通运输业、建筑业、医疗和服务业等产业，促进人类跨入机械化、自动化、电气化和现代化时代，创造了巨大的物质财富的现代社会生活，形成了以“人是自然的主人”

① 马克思、恩格斯：《马克思恩格斯全集(第 1 卷)》，人民出版社,1956，142-143 页。

为哲学基础的工业文明。它强调人类对自然的征服，以人类中心主义的姿态对地球立法、为世界定规则，“产生了以往人类历史上任何一个时代都不能想象的工业和科学的力量”①。

但诚如马克思指出的：“资本主义生产一方面神奇地发展了社会的生产力，但是另一方面也表现出它同自己所产生的社会生产力本身是不相容的。它的历史今后只是对抗、危机、冲突和灾难的历史。”② 20 世纪中叶前后的二三十年间，在世界范围内，震惊世界的环境污染事件频繁发生。其中最严重的有八起污染事件，史称“八大公害”。典型的如 1948 年 10 月的美国多诺拉事件，多诺拉镇大气中的二氧化硫以及其他氧化物与大气烟尘共同作用，生成硫酸烟雾，使大气严重污染，4 天内 42% 的居民患病，17 人死亡；1952 年 12 月的英国伦敦烟雾事件导致 4000 多人死亡；1955—1968 年长达十多年的日本富山“痛痛病”事件，生活在日本富山平原地区的人们，由于饮用了含镉的河水和食用了含镉的大米，死亡者达 200 多人。

300 年来，工业文明在人定胜天核心价值观的指导下，对生产工具和生产方式进行根本性变革，实现了生产力各要素中最具革命性要素的变革。整个工业文明社会，社会化大生产就像一台巨大的机器，日夜不停地产生出令人生畏的能量，创造出超越有人类以来数以亿万倍的物质财富，却也制造出日复一日、积重难返的人与自然关系的高度紧张。近半个世纪以来，西方发达国家进行严格的环境保护立法和执法，以巨大的资金和科学技术投入建设规模庞大的环保产业，对废物进行净化处理；也通过高端产业升级和低端产业向发展中国家转移，形成了所谓“局部有所改善”，或者自诩的环境良好优越感。但是，环境问题，当它以生态系统的形式表现出来时，局部行动和局部改善，就显得毫无成效。当今时代，人类正在逼近环境恶化的“引爆点”，不仅发生了区域性的环境污染和大规模的生态破坏，而且出现了臭氧层破坏、酸雨、物种灭绝、土地沙漠化、森林衰退、越境污染、海洋污染、野生物种锐减、热带雨林减少、土壤侵蚀等大范围的和全球性的生态危机，严重威胁着全人类的生存和发展。其中原因，从技术层面分析，把本应统一的生产过程分割为相对独立的两部分：一部分设备进行产品生产，另一部分设备进行废弃物净化处理。实践表明，净化设施的生产、建设和运转不仅需要巨大的投资，而且面源污染处理难度很大，还会造成资源能源二次消耗和二次环境污染。从伦理层面分析，人类共同享有一个地球家园。为了追求资本最大利润，只管西半球，不管东半球；只管北半球，不管南半球，这是不公正的，也是不道义的。习近平总书记深刻指出：“许多国家，包括一些发达国家，都经历了‘先污染后治理’的过程，在发展中把生态环境破坏了，搞了一堆没有价值甚至是破坏性的东西。再补回去，成本比当初创造的财富还要多。”③要解决这种基本矛盾、克服全面危机，实现永续发展，就必须抓好生态文明建设。“走美欧老路是走不通的。”④我们建设现代化国家，需要建设超越工业文明的生态文明。

---

① 马克思、恩格斯：《马克思恩格斯全集(第 1 卷)》，人民出版社，1995，第 774 页。

② 马克思、恩格斯：《马克思恩格斯全集（19）》，人民出版社，1963，第 443 页。

③④ 中共中央宣传部：《习近平总书记系列重要讲话读本》，人民出版社、学习出版社，2014，第 124 页。

这是一种社会全面转型，是一种光荣的历史使命。

纵观人类文明形态的历史演进，每一次生产方式的大发展、大变革，都遵循和伴随着文明与生态的更替规律、历史交融和自然转换。习近平总书记深刻地指出："历史地看，生态兴则文明兴，生态衰则文明衰。"① 古今中外，这方面的事例众多。恩格斯在《自然辩证法》一书中深刻指出："我们不要过分陶醉于我们人类对自然界的胜利。对于每一次这样的胜利，自然界都对我们进行报复。"② "美索不达米亚、希腊、小亚细亚以及其他各地的居民，为了得到耕地，毁灭了森林，但是他们做梦也想不到，这些地方今天竟因此而成为不毛之地。"③ 作为西亚最早文明的美索不达米亚文明（又称两河流域文明）渐渐为沙尘掩埋，最后被人们所遗忘。历史的教训值得深思。当今时代，环境污染、生态破坏、资源短缺，亦是威胁人类生存的全球公害。我们在生态环境方面欠账太多了，如果不从现在起就把这项工作紧紧抓起来，将来付出的代价会更大。中华民族具有五千多年连绵不断的文明历史，为人类文明进步做出了不可磨灭的贡献。我们一定要遵循生态与文明发展的历史规律，大力推进生态文明建设，对中华文明负责，对人类文明负责。

习近平总书记指出：工业文明创造了巨大物质财富，但也带来了生物多样性丧失和环境破坏的生态危机。如果继续走工业文明的老路，人类社会的前途将不是继续自然历史的进程，而是终止人类文明的进程。21 世纪，由工业文明向生态文明转型，这将是人类新的文明变革。实现由工业文明向生态文明范式的转型，这既有人类社会的主观要求和良好愿景，同时也是大势所趋。当今时代，以生态技术、循环利用技术、系统管理科学和复杂系统工程、清洁能源和环保产业技术等为特色的科学技术、智力资源日益成为生产力发展和经济增长的内在性驱动因素，使生态化生产方式蓬勃兴起，产业结构发生现代化的绿色转向。

二、中国承诺减少碳排放："3060"双碳战略

国际碳减排承诺与国内生态文明建设，都标志中国低碳工作刻不容缓。国际层面，低碳发展引领的利益格局动荡和低碳技术引发的新兴战略产业成为焦点，引发发达国家与新兴工业国家的产业竞争。欧盟等发达国家，主推低碳减排，与其低碳领域技术发展相对成熟相关，同时全球能源结构发生深刻转变。国家层面，人民逐步认识环境破坏带来的危害，向往美好生活；随着低碳理念的引入，环境损耗无疑化为成本的权衡指标；经济发展中，能源需求的扩大与化石能源需求减少的矛盾，进一步推动能源结构优化调整。

作为能源最大消费国，推进低碳发展，能优化国际形象，改善国际环境；作为最大发展中国家，主动承担气候减排，加强与"一带一路"国家合作，畅通政策、环境、能源等领域协调发展。作为负责任大国，低碳发展既体现了中国发展的绿色转型，也助力生态文明的建设。

2020 年 9 月 22 日，国家主席习近平在第七十五届联合国大会一般性辩论上宣布："中

① 中共中央文献研究室：《习近平关于社会主义生态文明建设论述摘编》，中央文献出版社，2017，第 6 页。
②③ 马克思、恩格斯：《马克思恩格斯选集（第 4 卷）》，人民出版社，1995，第 383 页。

国将提高国家自主贡献力度，采取更加有力的政策和措施，二氧化碳排放力争于 2030 年前达到峰值，努力争取 2060 年前实现碳中和。”这是中国首次面向世界提出碳达峰、碳中和目标，一方面彰显了我国的大国担当；另一方面也对我国参与全球气候治理、引领未来经济社会低碳发展、可持续发展产生了积极影响。

2020 年 12 月 12 日，国家主席习近平在气候雄心峰会上通过视频发表题为《继往开来，开启全球应对气候变化新征程》的重要讲话，宣布中国将提高国家自主贡献力度，采取更加有力的政策和措施，力争 2030 年前二氧化碳排放达到峰值，努力争取 2060 年前实现碳中和。并承诺：到 2030 年，中国单位国内生产总值二氧化碳排放将比 2005 年下降 65% 以上，非化石能源占一次能源消费比重将达到 25% 左右，森林蓄积量将比 2005 年增加 60 亿立方米，风电、太阳能发电总装机容量将达到 12 亿千瓦以上。

2021 年 1 月 25 日，习近平在世界经济论坛“达沃斯议程”对话会上发表特别致辞：中国将全面落实联合国 2030 年可持续发展议程。加强生态文明建设，加快调整优化产业结构、能源结构，倡导绿色低碳的生产生活方式。力争于 2030 年前二氧化碳排放达到峰值、2060 年前实现碳中和。

2021 年 3 月 11 日，第十三届全国人民代表大会第四次会议批准“十四五”规划和 2035 年远景目标纲要，提出要积极应对气候变化，落实 2030 年应对气候变化国家自主贡献目标，制订 2030 年前碳排放达峰行动方案。完善能源消费总量和强度双控制度，重点控制化石能源消费。实施以碳强度控制为主、碳排放总量控制为辅的制度，支持有条件的地方和重点行业、重点企业率先达到碳排放峰值。推动能源清洁低碳安全高效利用，深入推进工业、建筑、交通等领域低碳转型。加大甲烷、氢氟碳化物、全氟化碳等其他温室气体控制力度。提升生态系统碳汇能力。锚定努力争取 2060 年前实现碳中和，采取更加有力的政策和措施。

2021 年 3 月 15 日，习近平总书记主持召开中央财经委员会第九次会议并发表重要讲话强调，实现碳达峰、碳中和是一场广泛而深刻的经济社会系统性变革，要把碳达峰、碳中和纳入生态文明建设整体布局，拿出抓铁有痕的劲头，如期实现 2030 年前碳达峰、2060 年前碳中和的目标。

2021 年 5 月 26 日，碳达峰、碳中和工作领导小组第一次全体会议在北京召开。这是碳达峰、碳中和工作领导小组的首次亮相，标志着中国“双碳”战略又迈出了重要一步，光伏、风电等新能源必将得到强有力的政策支持和推动。

碳达峰、碳中和战略发布后，得到了国家发改委、生态环境部、交通运输部、工业和信息化等各部委的积极响应，并行了初步的碳达峰、碳中和执行计划。2020 年 10 月，生态环境部、国家发展改革委、中国人民银行、银保监会、证监会联合发布《关于促进应对气候变化投融资的指导意见》。2021 年 10 月，中共中央、国务院正式公布《关于完整准确全面贯彻新发展理念做好碳达峰碳中和工作的意见》，对碳达峰、碳中和工作作出系统谋划，明确了总体要求、主要目标和重大举措。2021 年 10 月，国务院印发了《2030 年前碳达峰行动方案》，方案明确了到 2025 年和 2030 年实现碳达峰的主要目标，并要求将碳达峰贯穿于经济社会发展全过程和各方面，重点实施“碳达峰十大行动”。

2022 年 1 月 6 日，云南省人民政府印发了《云南省加快建立健全绿色低碳循环发展经济体系行动计划》（以下简称《计划》），提出了要以统筹推进高质量发展和高水平保护，以绿色低碳为导向，大力推进能源、产业、运输、消费结构转型升级，加快建立健全绿色低碳循环发展经济体系，把云南的生态优势转化为发展优势，推动新时代云南绿色发展迈上新台阶，全面提升可持续发展能力，为实现国家碳达峰、碳中和目标做出云南贡献。《计划》明确，到 2025 年，生产生活方式绿色转型成效明显，高质量发展的绿色元素更加丰富，“三张牌”优势更加凸显、绿色产业比重显著提升，基础设施绿色化水平不断提高，能源资源配置更加合理、利用效率大幅提高，主要污染物排放总量持续减少，碳排放强度明显降低、碳汇水平持续提升，绿色技术创新和法规政策体系更加有效，绿色低碳循环发展的生产体系、流通体系、消费体系初步形成。单位地区生产总值能耗、单位地区生产总值用水量较 2020 年分别下降 13.5%、15%，非化石能源发电装机容量占比 85% 以上，非化石能源消费占比达到 46% 以上。

三、云南要努力在建设我国生态文明建设排头兵上不断取得新进展

2015 年 1 月，习近平总书记在云南考察时，对云南提出“努力成为生态文明建设排头兵”等战略定位。在洱海边，他强调，经济要发展，但不能以破坏生态环境为代价。生态环境保护是一个长期任务，要久久为功。一定要把洱海保护好，让“苍山不墨千秋画，洱海无弦万古琴”的自然美景永驻人间。2020 年 1 月，习近平总书记再次考察云南，希望云南正确认识和把握在全国发展大局中的地位和作用，努力在建设生态文明建设排头兵上不断取得新进展。习近平总书记指出，推动经济高质量发展，绝不能再走先污染后治理的老路。只要坚持生态优先、绿色发展，锲而不舍，久久为功，就一定能把绿水青山变成金山银山。云南生态地位重要，有自己的优势，关键是要履行好保护的职责。滇池是镶嵌在昆明的一颗宝石，要拿出咬定青山不放松的劲头，按照山水林田湖草是一个生命共同体的理念，加强综合治理、系统治理、源头治理，再接再厉，把滇池治理工作做得更好。

殷殷嘱托，为云南突出优势特色、推进高质量发展把脉定向。云南要围绕建设全国生态文明建设排头兵这一定位和目标，坚决扛起生态文明建设政治责任，牢固树立“绿水青山就是金山银山”和“保护生态环境就是保护生产力、改善生态环境就是发展生产力”的理念，将生态文明建设摆在全局工作的突出位置，始终坚持生态优先、绿色发展，大力推动经济社会低碳发展，建设人与自然和谐共生的现代化。

第二节　云南推进生态文明建设与低碳发展的现实基础

生态文明是人类文明发展的方向和趋势。二氧化碳排放力争于2030年前达到峰值，努力争取2060年前实现碳中和，是以习近平同志为核心的党中央统筹国内、国际两个大局，经过深思熟虑作出的重大战略决策，事关中华民族永续发展和构建人类命运共同体。云南建设生态文明建设排头兵，是云南绿色高质量发展的战略举措。高质量推进云南生态文明建设与低碳发展，加快经济社会发展全面绿色转型，要厘清其现实基础。

一、优势与有利条件

当前和今后一段时间是云南省深入贯彻落实习近平新时代中国特色社会主义思想、努力在建设我国生态文明建设排头兵上不断取得新进展的重要时期，也是推进最美丽省份建设、打造“三张牌”战略实施的关键时期，应厘清当前云南省的优势与有利条件，推进生态文明建设与低碳发展。

（一）发展机遇良好

加快低碳发展面临着良好的机遇。一是国家高度重视气候变化问题，提出到2030年，中国单位国内生产总值二氧化碳排放将比2005年下降65%以上，非化石能源占一次能源消费比重将达到25%左右，森林蓄积量将比2005年增加60亿立方米，风电、太阳能发电总装机容量将达到12亿千瓦以上，为低碳发展提供了重大战略机遇。二是云南省建设生态文明建设排头兵，认真贯彻落实习近平总书记的重要工作指示精神，将得到相关部门对云南省低碳发展的大力支持。三是随着我国加快推进碳达峰、碳中和战略，能源开发利用向新能源方向的转变，为云南省新能源发展面临新的机遇。四是云南省实施生态文明建设、最美丽省份建设、“三张牌”以及“三个定位”等重大战略，为低碳发展奠定了坚实的基础。

（二）新能源优势明显

云南能源资源丰富，在占全国面积4%左右的土地上，蕴藏了约占全国20%的绿色能源，是全国平均资源富集程度的5倍。云南绿色能源装机和发电量、用电量占比、非化石能源占一次能源消费总量比重指标优异，单位电力供应碳排放、二氧化硫、氮氧化物、粉尘等污染物排放全国最低。党的十八大以来，云南能源加速发展，能源产业在2019年跃升为全省第一大支柱产业，以水电为主的绿色能源生产达到世界一流水平，初步建成清洁低碳、安全高效的现代能源产业体系。具体来看，一是基础设施不断完善，供给能力大幅跃升。“两基地一枢纽”基本建成，如国家水电基地基本建成，全省电力装机跃上 1 亿千瓦台阶，居全国第 7 位，其中，水电装机 7556 万千瓦，居全国第 2 位。石油炼化基地建设取得重大突破，中石油云南 1300 万吨 / 年炼油项目建成投产等。二是能源结构深刻转型，绿色底色靓丽鲜明，如能源利用效率稳步提高，单位能耗下降至 0.6 吨标准煤 / 万元增加值。三是体制机制活力释放，融合发展动力强劲，如电力体制改革成为全国标杆，全面放开一般工商业进入市场，市场主体已超 16 万户，放开程度居全国第一。进入新的发展阶段，云南能源发展以经济社会发展全面转型为引领，以能源绿色低碳发展为关键，以“一示范一试点两基地”（碳达峰碳中和示范省、新型电力系统建设试点省、金沙江下游“风光水储”一体化国家级示范基地、澜沧江中下游“风光水储”一体化国家级示范基地）为目标，着力扩优势、建机制、促融合、调结构，促进资源优势进一步转化为新的产业优势、生态优势和发展优势，加快打造世界一流“绿色能源牌”新优势。

（三）产业基础条件较好

云南省委、省政府于 2016 年发布的《关于着力推进重点产业发展的若干意见》提出，云南省将通过 5 年的时间，大力发展生物医药和大健康产业、旅游文化产业、信息产业、物流产业、高原特色现代农业产业、新材料产业、先进装备制造业、食品与消费品制造业八大产业，这八大产业大多属于低碳产业。近年来，云南着力培育绿色发展新动能，节能环保、新能源、生态有机农林业等绿色产业发展速度进一步加快，高原特色现代农业稳步发展，实施化肥和农药零增长行动，烟草、新能源、生物、旅游文化、光电子等低碳产业着力培育发展，这为低碳发展创造了良好的条件。

（四）碳汇经济发展前景广阔

云南是森林资源大省，碳汇总量位居全国前列。全省森林覆盖率达 65.04%，经初步测算，2020 年净碳汇量为 7500 万吨，占全国的 6.3%。还有大量可供开发碳汇项目的草原和湿地资源，可开发出更多碳汇项目，转化为巨大的现实收益，在开展碳汇造林、碳汇交易及争取国家碳汇补偿方面具有优势。

二、面临的问题与挑战

从新发展阶段的实际情况分析，虽然云南省低碳发展的基础和条件较好，但也必须清醒地认识到全省深入推进低碳发展仍然面临着一系列问题与挑战。

（一）经济发展与减排降碳矛盾突出

“欠发达”仍然是云南的基本省情，加快发展仍然是云南面临的第一要务。目前，云南正处于工业化和城镇化加速发展时期，重化工业的发展、居民消费结构升级和城镇基础设施建设对能源的需求不断增长，导致二氧化碳排放总量仍在日益增加。2019 年，云南能源消费总量12157.65万吨标准煤，其中煤炭消费比重34.57%、油品消费比重17.63%、天然气消费比重1.8%，非化石能源占能源消费总量的比重43%，高出全国28个百分点，全社会用电量2025.66亿千瓦·时，可再生能源电力占全社会用电量比重40%。从未来的发展看，在今后相当长的时间内，全省能源消费还将呈现增长的态势。如何既确保工业化城市化的顺利发展，又不重复以牺牲环境为代价谋发展的老路，是云南必须面对的重大挑战。

（二）产业结构不尽合理

2020年，云南的三次产业结构比重为14.7 ：33.8 ：51.5（与北京市三次产业结构比重为0.4 ：15.8 ：83.8相比，云南的二产比重高出18个百分点、三产比重低了32.3个百分点，产业结构层次还有较大差距），产业结构仍突出表现为农业占国民经济比重偏高、工业内部高耗能行业比重偏高，高耗能行业是建立在高投入与高消耗基础之上的，能源利用效率不高，云南产业绿色低碳转型面临巨大压力。

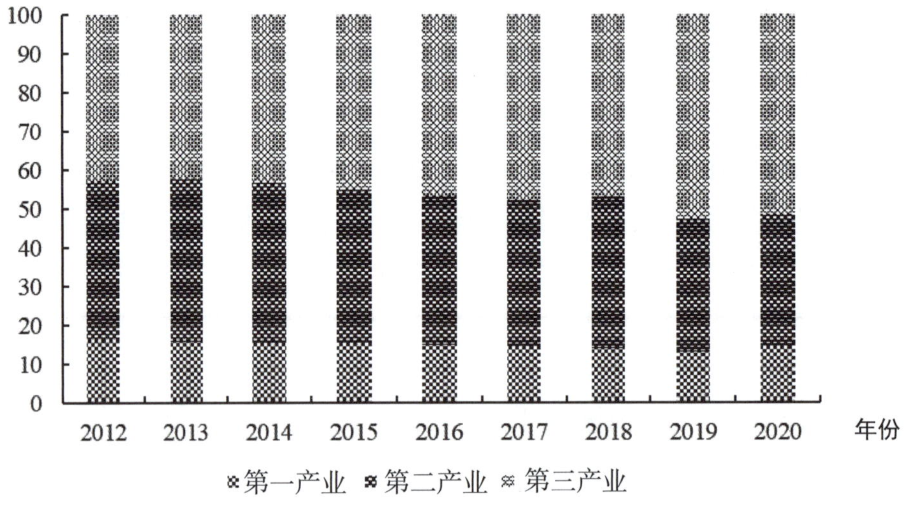

图4-1　党的十八大以来云南省三次产业比重情况

（三）技术发展水平较低

云南的经济实力相对较弱，整体科技水平落后，技术研发能力有限，企业自主创新能力严重不足。缺乏国内外领先、有自主知识产权的低碳技术，对低碳发展不能形成有效的技术支撑。低碳能力建设十分薄弱，一方面，云南省应对气候变化及低碳发展方面的法规、政策措施还不健全，许多领域仍然处于空白状态；另一方面，低碳发展在国内仍处在理论研究和初步探索阶段，云南省在低碳方面的科技人才严重匮乏，引进和消化吸收国内外先进技术面临多方面的制约。

（四）体制机制有待健全

云南是我国碳汇总量相对较高的省区之一。云南省的高碳汇能力是减少碳排放的有利条件，由于缺乏成熟的碳交易制度和科学合理的碳汇补偿机制，这一优势并未得到充分发挥。如何健全碳汇交易市场，用丰富的碳汇资源，换取合理的碳汇补偿，为低碳发展和生态环境保护提供有力的支持，是云南低碳发展需要解决的重大问题。

第三节 “十三五”期间云南生态文明建设与低碳发展成效

“十三五”以来，云南省低碳发展工作取得阶段性成效，温室气体排放总量得到有效控制，“十三五”期间国家下达云南省的单位地区生产总值二氧化碳排放（以下简称碳强度）降低目标任务为18%，截至2019年，云南省碳强度较2015年降低30.23%，已提前超额完成“十三五”目标任务。

一、逐步构建现代化产业体系

“十三五”期间，云南省大力发展八大重点产业和打造世界一流的绿色能源、绿色食品、健康生活目的地“三张牌”，“传统产业 + 支柱产业 + 新兴产业”迭代产业体系的构建已初见成效。工业领域碳排放控制成效显著，单位工业增加值二氧化碳排放量2019年度较2015年度降低28%；低碳农业发展从化肥农药减量增效方面稳步推进，全省化肥施用量已于2018年首次实现负增长，并在2019年持续保持。

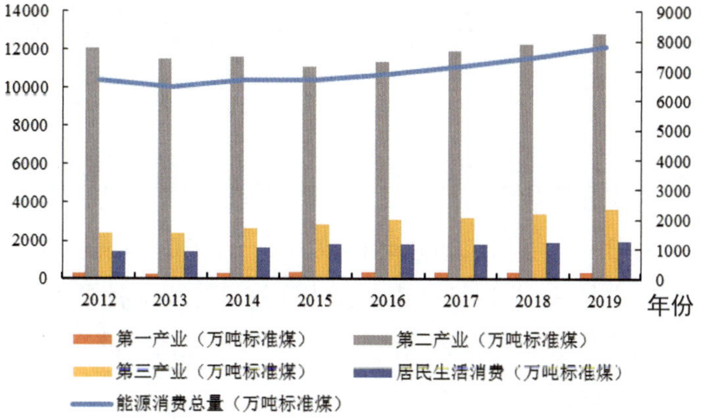

图 4-2 党的十八大以来云南省能源消费总量及其构成情况

二、大力推进城镇化低碳发展

城乡低碳化建设和管理水平明显提升，省内新增绿色建筑面积占比逐年增多，2019 年约占年度新增建筑总量的 58%；低碳交通运输体系建设也在稳步推进，市区公共交通出行分担率逐年提高，道路运输新能源车辆或清洁燃料车保有量逐年明显增加，2019 年新能源公交汽车（包括天然气车、纯电动车、混合动力车）约新增 1000 辆。

三、推广落实低碳发展试点示范项目

2016—2019 年，全省共组织 30 余个低碳社区建设，通过低碳社区试点建设，组织开展绿色出行、低碳节约生活方式的实践活动，结合脱贫攻坚工作，积极发挥试点社区引导示范作用；昆明市、玉溪市、普洱市思茅区 3 个国家低碳试点城市稳步推进建设；在加强废弃物资源化利用和低碳化处理方面，全省大力推广废旧农地膜再生资源综合利用、秸秆综合利用、磷石膏制砖利用、低碳节水农作物种植灌溉系统等先进低碳技术。

四、认真落实碳市场建设任务

按照全国碳市场建设的统一部署，组织开展省内重点企业碳排放报告核查核算，碳市场配额分配准备工作，省、州、市级温室气体清单编制，鼓励企业自主披露温室气体排放信息，为参与全国碳排放权交易打下坚实的数据基础和制度基础；同时，多个部门及科研机构联合，开展森林碳汇精准扶贫等创新机制。

第四节　“十四五”时期云南深入推进生态文明建设与低碳发展的对策建议

为深入推进云南生态文明建设与低碳发展，确保完成国家下达云南省“十四五”碳排放强度下降的约束性目标任务，实现二氧化碳排放力争于 2030 年前达到峰值，努力争取 2060 年前实现碳中和目标，“十四五”时期云南要深入实施可持续发展战略，持续推动产业结构、能源结构、交通运输结构、农业结构绿色转型，倡导绿色生活，健全绿色低碳发展政策制度体系，全面推动经济社会绿色低碳发展。

一、低碳引领能源革命

（一）加快打造“绿色能源牌”新优势

扩大绿色能源优势，持续做大做强清洁能源，形成梯次接续的开发建设格局。做足电源，确保在建的乌东德、白鹤滩、托巴水电站按时投产；积极推动旭龙、奔子栏、古水水电站开工建设。加快“8+3”新能源项目建设，尽快投产达产；优化系统结构，谋划推进金沙江下游、澜沧江中下游“风光水储”一体化基地建设。做强电网，围绕城镇化发展、生产力布局和产业发展需求，以重点电源为依托，补齐主网、城市配网与农网短板。做优煤炭，优化产业布局，整合全省煤炭资源，推动煤炭高质量发展。深化能源体制改革，推动能源质量变革、效率变革、动力变革。扩大电力市场交易，推进所有制造业全部参与电力市场化交易，规范交易秩序，维护市场运行。推进油气体制改革，加快石油天然气管网运营机制改革，配合研究制定供气、终端用气协同发展新机制，推动供气环节扁平化，打通天然气利用“最后一公里”。深化“放管服”改革，持续优化电力营商环境，进一步提升“获得电力”服务水平。促进绿色能源与绿色制造深度融合发展，充分发挥能源资源优势，推进绿色能源战略与绿色制造业形成相互促进的良性循环。支持绿色铝、硅产业发展，加快绿色铝、硅项目用电工程建设，做好绿色铝材产业链延伸、绿色硅材全产业链打造的用气保障。打造能源全产业链，培育壮大新能源、智能电网输变电、储能、煤矿机械装备等能源装备制造业，打造集研发、生产、销售、维护、培训为一体的现代化装备制造综合产业集群。加快开展“新能源 + 绿氢”试点示范，推进氢能产业化、规模化和商业化。试点示范园区智慧用能，探索增量配电网示范建设。推动云南能源碳达峰、碳中和战略，从供给、消费两端发力，控制和减少化石能源消费总量。加快构建以新能源为主的新型电力系统，形成以非化石能源为主导的能源供给体系。

（二）构建现代能源体系

实施能源消费总量和强度指标双控着力推进能源生产利用方式转变，优化能源供给结构，提高能源利用效率，努力构建清洁低碳安全高效的现代能源体系，基本形成以低碳能源满足新增能源需求的能源发展格局。到 2025 年，力争能源消费总量控制在国家下达指标内，单位地区生产总值能耗较 2020 年下降 13.5%，非化石能源发电装机容量占比 85% 以上，非化石能源消费占比达到 46% 以上。

（三）深入推进节能降碳

科学开展能耗“双控”考核，新增可再生能源和原料用能不纳入能源消费总量控制，创造条件尽早实现能耗“双控”向碳排放总量和强度“双控”转变。对照高耗能行业重点领域能效标杆水平和基准水平，科学有序做好重点领域节能降碳技术改造，坚决遏制“两高”项目盲目发展。持续开展钢铁行业超低排放改造，对钢铁烧结烟气、焦炉烟气和高炉煤气实施污染物和温室气体协同排放。

（四）加快非化石能源发展

优化开发绿色能源，建成国家清洁能源基地，继续做大做强清洁可再生能源发电装机规模，打造金沙江下游、澜沧江中下游、红河流域“风光水储一体化”可再生能源综合开发基地；控制和规范风电及光伏发电发展，深入研究生物质供热和发电，合理开发利用地热能。优化提升能源消费水平，加强智慧能源体系建设，推行节能低碳电力调度，积极拓展非化石能源电力消费市场。

（五）优化利用化石能源

降低煤炭消费比重，推进煤炭深加工和洁净化利用。优化煤炭洗选加工，加强褐煤提质技术的研发和示范，完善煤炭产品质量和利用技术装备标准。大力推进天然气利用，扩大居民生活用气和公共服务设施用气，积极发展天然气汽车和内河船舶。在煤基行业开展碳捕集、利用和封存研究，控制煤炭、化工等行业碳排放，积极开发利用煤层气、页岩气。

二、构建低碳产业体系

（一）加快产业结构调整

将低碳发展作为新发展阶段云南经济增长的重要动力，推动产业结构转型升级。继续推进供给侧结构性改革，淘汰落后产能和过剩产能，重点化解钢铁、煤炭、水泥等高耗能过剩产能，积极推进国际产能合作。培育壮大新兴产业，努力融入国家新兴产业发展体系。运用高新技术和先进适用技术改造提升传统产业，延伸产业链、提高附加值，提升企业低碳竞争力。加快承接产业转移，禁止引进环境污染大、资源消耗高、技术落后的生产能力。着力发展生物医药和大健康、旅游文化、信息、现代物流、高原特色现代农业、新材料、先进装备制造业、食品与消费品制造业 8 大重点产业，打造绿色低碳供应链。

（二）控制工业领域排放

有效控制能源、钢铁、有色金属、化工、建材等重点行业碳排放总量。积极推广低碳新工艺、新技术，加强企业能源和碳排放管理体系建设，强化企业碳排放管理，大幅降低主要高耗能产品碳排放水平。继续实施低碳标杆引领计划，推动重点行业企业开展碳排放对标活动。积极控制工业生产过程温室气体排放，实施国家控制氢氟碳化物排放行动方案。

（三）控制农业领域排放

坚持减缓与适应协同，降低农业领域温室气体排放。按照“大产业 + 新主体 + 新平台”思路，持续发展“一县一业、一村一品”，塑造“高原特色”绿色有机农产品整体形象，建设一批绿色有机产业基地。合理规划集中连片的种植基地、适度规模的养殖基地、具有带动能力的加工基地，建设一批“绿色食品牌”产业基地。推行绿色有机生产，推进有机产品认证。推广测土配方施肥，减少农田氧化亚氮排放，实施化肥和农药零增长行动。实施耕地质量保护与提升行动，推广秸秆还田，增施有机肥，加强高标准农田建设。加大农业残膜回收与利用。推广建设畜禽养殖场大中型沼气工程，控制畜禽温室气体排放，推进标准化规模养殖，推进畜禽废弃物综合利用。

（四）增加生态系统碳汇

加强森林资源管护和森林经营，加快造林绿化步伐，推进“森林云南”和国土绿化行动，继续实施天然林保护、退耕还林还草、石漠化综合治理等重点生态工程，着力增加森林碳汇。强化森林资源保护和灾害防控，减少森林碳排放。加强湿地保护与修复，增强湿地固碳能力。推进退牧还草等草原生态保护工程，禁牧、休牧、轮牧和草畜平衡制度，加强草原灾害防治，积极增加草原碳汇。推进“身边增绿”和城市园林绿化，提高城市绿化覆盖率，增加城市绿地碳汇。

三、推动城镇化低碳发展

（一）践行低碳城镇化理念

加强城乡低碳化建设和管理，在城乡规划中践行低碳理念，优化城市功能和空间布局，科学划定城市开发边界，探索集约、智能、绿色、低碳的新型城镇化模式。开展城市碳排放精细化管理，鼓励编制城市低碳发展规划。加强建筑全寿命周期管理，推进既有建筑节能改造，强化新建建筑节能，推广低能耗和绿色建筑，严格执行云南省民用建筑节能设计审查备案制度。在农村地区推动建筑节能，引导生活用能方式向清洁低碳转变，建设绿色低碳村镇。推广屋顶和墙体绿化，采用先进的节能减碳技术和建筑材料，因地制宜地推动太阳能、地热能、浅层地温能等可再生能源与建筑一体化应用。通过合同能源管理、政府和社会资本合作等市场机制，推进国家机关办公建筑和公共建筑节能改造。推广绿色施工和住宅产业化建设模式。

（二）建设低碳交通运输体系

完善多层次综合立体交通网络布局，构建形成国际交通高质便捷、省际交通高效发达、省域交通互联互通、主要城市立体畅达、县级节点有效覆盖、乡镇村庄全面畅通的综合交通运输网络。统筹融合交通枢纽与交通网络，加快发展滇中新区等重点城市群轨道交通系统，完善机场、火车站、公路客运站、轨道交通站点之间的换乘和接驳服务，推动各方式和各层次交通网衔接顺畅，提升枢纽一体化交通服务功能。大力发展绿色联运。积极调整运输结构，鼓励应用多式联运等高效运输组织模式，多式联运占比、换装效率显著提高。推广绿色化智能化交通运输设施装备，在港口和机场服务、城市物流配送、邮政快递等领域提倡优先使用新能源和清洁能源汽车。推动综合立体交通网基础设施全要素全周期数字化，建成先进的交通信息基础设施，实现交通运输感知全覆盖。智能列车、智能网联汽车、智能化通用航空器、智能船舶及邮政快递设施等先进技术广泛应用。

（三）全面提高资源利用效率

推进自然资源统一确权登记，加快建立自然资源统一调查、评价、监测制度，健全自然资源监管体制。提高资源保护和开发利用水平，完善资源节约集约循环利用政策体系，提升重点行业、重点产品资源产出率和能效水平，推进资源总量管理、科学配置、全面节约、循环利用。落实国家节水行动，严格用水总量控制和定额管理，加大节水和污水资源化利用力度。推行垃圾分类和减量化、资源化，加快构建废旧资源循环利用体系。

（四）倡导绿色低碳生活方式

树立绿色低碳的价值观和消费观，弘扬以低碳为荣的社会新风尚。积极践行低碳理念，鼓励使用节能低碳节水产品，推行政府低碳采购，鼓励建立节能低碳节水产品信息发布和查询平台，反对过度包装。鼓励采取消费补贴、积分奖励、定点售卖等方式引导绿色消费。加大绿色产品认证采信力度，发挥绿色标识作用。引导绿色餐饮消费，适时修订云南省绿色餐饮建设营运指南，支持餐饮服务单位制定餐饮节约加工规范。创建绿色家庭和最美家庭，提升家庭成员生态文明意识。持续开展全民节水行动，倡导优先购买使用节能电器、节水器具等绿色产品。提倡低碳餐饮，推行“光盘行动”，推进公务接待简约化，遏制食品浪费。制定合理的住房消费标准。

四、健全碳排放权交易制度

（一）加强碳排放权交易制度建设

落实全国碳排放权交易市场建设，制定云南省落实全国碳排放权交易市场建设实施方案。根据国家出台的《碳排放权交易管理办法（试行）》及有关实施细则后，制定有关配套管理办法。建立碳排放权交易市场分级管理体制，将有关工作责任落实到各州（市）人民政府，完善部门协作机制，各州（市）制订具体工作实施方案，明确责任目标，建立专职工作队伍，完善工作体系。研究国内、国际碳交易规则，积极参与国家碳排放权交易规则制定。明确云南省参与全国碳排放权交易主体，建立健全相关体制机制，健全碳排放权交易总量设定与配额分配方案，鼓励开展自愿减排交易，建设碳排放权交易数据信息管理平台。

（二）运行和完善碳排放权交易市场

实现与全国碳排放权交易市场对接，完善体制机制，建立更为成熟的碳排放权交易市场体系。根据国家确定的配额分配方案，对全省范围内重点碳排放企业开展配额分配。建设运行碳排放权交易市场，建立碳排放权交易咨询、碳资产委托管理等有关制度。适时增加交易品种，加强碳金融体系建设，研究有序开展碳信托、碳基金、碳债券等碳金融产品创新。建立碳排放权交易市场风险预警与防控机制，建立必要的市场调节机制和配额抵销机制，推动碳排放权交易市场稳定、健康发展。

（三）强化碳排放权交易基础支撑能力

深入开展碳排放权交易能力建设，针对不同对象，制订系统的培训计划，组织开展分层次的培训。对行政管理部门，着重加强碳排放权交易运行管理、注册登记系统应用与管理、市场监管等方面的培训；对重点企（事）业单位，着重开展碳排放权交易基础知识、碳排放核算与报告、注册登记系统使用、市场交易、碳资产管理等方面的培训；对第三方核查机构，重点开展数据报告与核查方面的培训。开展形式多样的碳排放权交易宣传教育活动，提高全社会的参与程度，营造良好的舆论氛围。持续开展碳排放权交易重大问题跟踪研究。

五、加强低碳科技创新

（一）加强气候变化基础研究

加强云南省气候变化背景下的气象要素变化监测和预测研究，着力推进气候变化对云南省水资源、农业、林业、生态系统、防灾减灾等关键领域的影响研究。加强大数据、云计算等互联网技术与低碳发展融合研究。加强生产消费全过程碳排放计算、核算体系及控排政策研究。开展低碳发展与经济社会、资源环境的耦合效应研究。

（二）加大低碳技术研发力度

适度超前布局碳达峰碳中和相关省级重大科技基础设施和技术创新平台，持续推进低碳关键核心技术攻关工程。在能源、工业、交通、建筑、农业、林业等重点领域，加大低碳技术研发力度。依托重大工程开展科技创新，瞄准能效水效提升、减碳减污协同技术、煤炭清洁利用技术，着力推进数字化与低碳化协同的分布式能源系统支撑技术，工业、交通、建筑、农业等重点领域的近零排放技术，生态系统固碳增汇技术，二氧化碳捕集、封存及资源化利用等前沿技术研发攻关。依托科研院所、高校和企业建立低碳技术孵化器，鼓励利用现有政府投资基金，引导创业投资基金等市场基金，加快推动低碳技术进步。

（三）推进科技创新成果转化

强化企业绿色低碳技术创新主体地位，培育绿色低碳技术领域龙头企业，鼓励相关设施、数据、检测等资源开放共享。推动各行业技术装备绿色低碳升级。实施一批绿色低碳技术示范工程。推动能源结构清洁化、能源利用高效化、能源消费电气化、碳汇交易智能化，在电力系统零排放技术、绿色建筑和智慧交通零碳技术等重点领域，加快促进产学研用融合。

（四）加大低碳技术推广应用

及时转发国家重点节能低碳技术推广目录、节能减排与低碳技术成果转化推广清单，组织省内有条件的企（事）业单位把减排效果好、应用前景广阔的技术和产品申请进入国家推广目录。加快建立政产学研用有效结合机制，引导企业、高校、科研院所建立低碳技术创新联盟，形成技术研发、示范应用和产业化联动机制，推动建立云南省技术开发创新平台，提升节能减排降碳领域科技整体水平。

六、强化基础能力支撑

（一）健全完善法律法规体系

健全应对气候变化地方法规和标准体系执行国家应对气候变化有关法律法规，开展应对气候变化地方法规前期研究。切实发挥能源、节能、可再生能源、循环经济、环保、农业、林业等有关领域法律法规对推动应对气候变化工作的保障作用。鼓励开展重点工业行业低碳技术、温室气体管理等标准化探索。加强碳排放认证能力建设，着力推进全省低碳产品标准、标识和认证工作。进一步扶持引导有关企业获得低碳产品认证，探索建立高原特色优势农产品低碳标准、标识。

（二）加强温室气体排放统计与核算

加强应对气候变化统计工作，完善应对气候变化统计指标体系和温室气体排放统计制度，强化能源、工业、农业、林业、废弃物处理等有关统计，加强统计基础工作和能力建设。定期编制省级温室气体排放清单，规范清单编制方法和数据来源，实行企（事）业单位温室气体排放数据报告制度，建立健全云南省温室气体排放数据信息系统。完善温室气体排放计量和监测体系，推动重点排放单位健全能源消费和温室气体排放台账记录。逐步建立完善省、州（市）两级能源碳排放年度核算方法和报告制度，提高数据质量。逐步建立温室气体排放信息披露制度。

（三）完善低碳发展配套政策

加大财政投入对低碳发展的支持力度。各地各部门积极争取中央支持，统筹整合各类降低碳排放资金，完善气候投融资机制，完善多元化资金投入机制，探索建立支持低碳发展的政策性投融资机构，支持应对气候变化和低碳发展工作。发挥政府引导作用，完善涵盖节能、环保、低碳等要求的政府绿色采购制度。依法落实国家支持节能、环保、新能源、生态建设等税收优惠政策。加快推进能源资源价格改革，建立和完善反映资源稀缺程度、市场供求关系和环境成本的价格形成机制。

（四）加强机构和人才队伍建设

加快培养技术研发、政策研究等各类专业人才，积极培育第三方服务机构和市场中介组织，发展低碳产业联盟和社会团体，加强气候变化研究后备队伍建设。加强人员技术对外交流，实施高层次人才培养和引进计划。建立规范化、制度化的低碳人才培养、技能认定机制。鼓励低碳资质管理和培训机构、金融、检测、评级、审查、技术成果转化等专业服务机构发展。

七、推进社会共同治理

（一）加大低碳技术推广应用力度

加快推广能源、工业、建筑、交通、农业、林业、海洋等领域经济适用的低碳技术，加快科技创新和技术引进，大力发展低碳技术、可再生能源、新能源以及各种适应性技术，增强科技支撑能力、加速科研成果产业化步伐，逐步建立以企业为主体、市场为导向、政产学研用相结合的低碳技术创新体系。增强企业孵化器、工业园区、高新区对低碳技术产业的支持力度。

（二）鼓励企业积极参与低碳发展

结合生态文明建设排头兵建设，推进国际产能和装备制造合作，鼓励在生物医药和大健康产业、旅游文化产业、信息产业、物流产业、高原特色现代农业产业、新材料产业、先进装备制造业、食品与消费品制造业等领域开展低碳项目合作。加强云南省在节能环保、新能源等新兴产业的对接，鼓励和支持外资、台商扩大低碳经济投资。倡导企业参与开展低碳促进乡村振兴活动。

（三）创建绿色低碳公共机构

探索建立国有企业绿色采购制度，引导国有企业优先采购和使用绿色产品及服务。将推广使用资源综合利用产品纳入节约型机关、绿色学校等绿色生活创建行动。鼓励党政机关和学校、医院等公共机构优先采购秸秆环保板材等资源综合利用产品。推动公共机构开展低碳引领、绿色化改造、可再生能源替代、节水护水、生活垃圾分类、反食品浪费、绿色办公、绿色生活方式等绿色低碳转型行动。

（四）营造有利于低碳发展的社会氛围

低碳发展需要全社会的广泛参与，要采取丰富多彩的宣传方式，加强低碳发展和应对气候变化的宣传教育，进一步增强各级领导、企业和广大群众的低碳意识。把节约资源、低碳生活和保护环境、低碳生活等内容渗透到各级各类学校的教育教学中，从小培养儿童、青少年的节约、环保和低碳意识。通过宣传和教育，提高公众的低碳意识，营造全社会关注、参与和支持低碳发展的浓厚氛围。同时，积极宣传云南省在低碳发展方面取得的成就和经验，提高宣传活动的层次和影响力，扩大云南省在低碳发展方面的知名度和影响力，提升云南国际形象。

（五）积极开展交流合作

以技术、资金引进和能力建设为重点，建立和加强多渠道、多层次、多种形式的国内外合作。通过共同研发，合理转让低碳技术、开发清洁发展机制项目等方式提高云南低碳技术的水平和创新能力，尽快缩小与先进低碳技术方面的差距。积极开展与低碳试点省、市的合作与交流，借鉴和引进先进的管理经验和低碳技术，推动低碳技术的联合研发和推广，提升云南省低碳领域的竞争力。

八、完善低碳发展政策支持

（一）健全绿色价格收费制度

加快推进农业水价综合改革。继续执行并完善居民阶梯电价、气价、水价制度。健全节能环保电价机制，完善实行两部制电价的污水处理企业用电、电动汽车集中式充换电设施用电、港口岸电运营商用电免收基本电费政策，落实垃圾焚烧发电价格政策。

（二）加大财税扶持力度

落实国家节能节水和环保、绿色能源、资源综合利用、小规模纳税人增值税优惠等税收优惠政策，对符合低碳产业和低碳技术政策要求的相关企业依法给予税收优惠。完善秸秆资源台账制度，探索耕地地力保护补贴发放与耕地地力保护行为相挂钩的有效机制。

（三）大力发展绿色金融

结合聚力打造“三张牌”，积极争取国家绿色发展基金支持，创新绿色金融产品和服务。深化政企合作，引导金融机构支持绿色环保企业发展。推动符合条件的绿色环保企业上市、到新三板和云南省股权交易中心挂牌融资，推动符合条件的金融机构发行绿色金融债券，鼓励符合条件的企业发行绿色债券，不断提升资本市场服务全省绿色产业发展的能力和水平。

（执笔人：肖锐）

第五章　生态文明建设与生态文化

第一节　优秀生态文化的继承和发展

生态文化是传承人类优秀传统文化与生态智慧，融合现代文明成果与时代精神，促进人与自然和谐共存的重要文化载体。在中国乃至全球的生态文明建设中，生态文化必将成为一支不可或缺的重要力量。

一、世界优秀生态文化的继承和发展

（一）早期西方文化中的生态思想雏形

西方文化中的早期生态文明思想，可以追溯到中世纪时期。从中世纪以来，欧洲就已经开始关注人类与环境之间的相互关系，这种关注一直贯穿于整个欧洲的近现代发展史。可在地中海古典文学中见到西方生态思想的先导和雏形。从 15 世纪开始，全球贸易和航行改变了欧洲人的自然观念，这些变化随着欧洲的对外殖民征服而进一步发展。新的思想从帝国的殖民地传递到欧洲，并为不断变化的人与自然关系的哲学思想提供了素材。17 世纪中叶，欧洲殖民者开始意识到，在加那利群岛、马德拉岛、毛里求斯等热带和亚热带岛屿上的人类活动，破坏了当地的自然环境和资源，这些地方长期为欧洲资本主义国家的过境船只提供丰富的食物和木材原料。由于这些地区的生态日益遭到破坏，让人们逐渐重视起新兴资本主义和殖民统治的生态影响，引发了全球范围内对潜在环境破坏的关注。当时英帝国东印度公司和法国印度公司雇用的外科医生及植物学家提出了人类活动的“环境极限”观点。资本主义和帝国主义疯狂扩张与生态系统的冲突，促使殖民边缘地区萌生环境危机思想、环境极限思想、环境管理思想，成为 20 世纪环保主义者的研究基础，也是可持续发展及绿色发展思想的重

要来源。1798年，著名人口学家马尔萨斯在其著作《人口原理》中，提出了“资源绝对稀缺论”，认为人口和土地、粮食之间的矛盾将成为未来人类社会的主要矛盾。18世纪以后，北美和欧洲社会开始产生对人类活动破坏力的思考，这种思考在19世纪下半叶尤其突出。其中，最著名的著作是乔治·帕金斯·马什的《人与自然》（1864）。马什在书中说：“人是一种无处不在的，令人不安的因素，无论他在哪里扎根，大自然的和谐都变成了不和谐，稳定的现状都会被打破。”[①]他提出了关于工业化和经济增长与环境之间关系的现代主义批判，他论证出大自然“将向入侵者报仇，在她被污染的地区释放毁灭性的能量”。

（二）野生动物保护思想，国家公园的建立——生态思想的历史演进

野生动物保护或自然保护是可持续发展思想的最原始的根源。事实上，可持续发展之所以作为一个概念提出，很大程度上是为了促进对自然的保护。西方工业国家正式的自然保护组织的建立始于19世纪。19世纪下半叶以后，英国通过了关于保护海鸟的立法，并成立了一些环境保护组织。20世纪初，瑞士自然保护联盟和瑞典自然保护协会于1909年成立。与此同时，德国也产生类似的组织。在美国，黄石国家公园于1872年成立。澳大利亚、加拿大和新西兰分别于1879年、1887年和1894年建立了国家公园。在英国直到1949年国会通过法案，最终为建立国家公园和国家自然保护区提供了法律依据。

除此之外，当时的欧洲社会也已经开始将环境保护由资本主义国家本身扩展到殖民地以及其他更广泛的地理范围。例如，在非洲，19世纪初就已经出现对开普敦殖民地森林枯竭的担忧。英国于1846年通过了保护开普敦附近草原的法案，后又通过了旨在保护该地区森林（1859年）和野生动物（1886年）的法案。他们把“自然”视为“伊甸园”，需要保护它免受鲁莽的人类侵害。英国野生动物保护协会（SPWFE）于1903年在伦敦成立，该组织认为，效仿美国在东非建立保护区是“英国的责任和利益”。1990年非洲殖民国家（英国、德国、法国、葡萄牙、西班牙、意大利和比利时）会议于1900年在伦敦举行，并签署了《保护非洲动物、鸟类和鱼类公约》。在该公约的推动下，20世纪20年代中期，法国成立了一个保护殖民地动物常设委员会，1925年艾伯特国王创建了大猩猩保护区，成为艾伯特国家公园（后来的维龙加国家公园），这是第一个非洲国家公园。

（三）生态学与自然平衡——生态思想的科学依据

生态科学发轫于19世纪末的欧美，自诞生伊始，这门新科学与环境保护就有着密不可分的联系。生态学直接促进并支持了人们对可持续性的思考，成为可持续发展思想发展进步的重要一环，对可持续发展最主要的贡献是对生物环境的科学描述和分析。生态学中一系列描述自然系统运作模式的概念，为可持续发展提供了有力的概念基础。在20世纪的前几十年，“自然”被多数人认为基本上是静止的，20世纪40年代，已经产生了“超级有机体”（克

①Marsh, G.P. *Man and Nature; or, Physical Geography as Modified by Human Action* (Harvard University Press,1965).

莱门特）、“自动化工厂”（奥杜姆）等自然观，并且已经认识到自然“趋向于秩序和平衡”[①]，这即自然观的“经典范式”或“平衡范式”。该范式认为，生态系统是封闭的，具备自我调节的能力，因此如果受到干扰，它们仍然能够回到平衡状态。这种范式反过来又引发了人们对环境保护的思考：大自然是一个系统，它的状态是通过内部反馈过程来维持的，但它也容易受到外部控制，“自然平衡”很容易被人类的不当行为打破。

20 世纪上半叶，随着植物生态学、动物生态学、人口生态学、系统生态学的不断完善，产生了“生态系统”“生态位”“食物链”“数量金字塔”“种群平衡”“最大可持续产量”“人口增长规律”等一系列描述自然系统运作模式的概念，为可持续发展提供了有力的科学依据和理论基础。随着发展理念的深入，生态学开始被视为不仅为发展规划提供了宝贵的环境数据，也为发展实践本身提供了科学模式。

二、中国传统的优秀生态文化的继承和发展

纵观中国人类社会发展史，“中华民族向来尊重自然、热爱自然，绵延五千多年的中华文明孕育着丰富的生态文化”[②]，构筑了中华民族共同的精神家园。生态文化通过人与自然交往过程中的生态意识、价值取向和社会适应，维护和增强自然生态系统的供给、调节、支持、文化四项服务功能，实现自然资源和生态环境的生态价值、经济价值、社会价值和文化价值。可以说，中华民族比世界上任何一个民族都更加懂得尊重自然、顺应自然、保护自然。“天人合一”“道法自然”等朴素生态文化哲学智慧，过去、现在和将来，都将伴随和影响实现中华民族伟大复兴的进程，成为凝聚人民追求梦想、鼓舞斗志的力量源泉。特别是党的十八大以来，以习近平同志为核心的党中央高度重视社会主义生态文明建设，在自然观、实践观、财富观、生产观、治理观等方面对优秀传统生态文化进行创造性转化与创新性发展的基础上，提出了生态文明建设的一系列新观点、新主张，形成了习近平生态文明思想，彰显了中国共产党人高度的文化自觉和坚定的文化自信。

（一）自然观：从“天人合一”到“人与自然和谐共生”

自然观是人们对自然的根本观点和总的看法，它的核心问题是如何认识人与自然的关系。“天人合一”思想是传统社会人们在思考和探索人与自然关系问题的过程中所形成的传统生态文化的核心理念之一。《易传》从道德层面对天人合一的思想做了初步阐述。孟子将天人合一的思想上升到思维层面。庄子则强调人与自然的有机整体性。作为儒家思想集大成者的董仲舒同样主张天人一体，把天地人看成相互作用、情同手足、合为一体的关系，同为“万物之本”。汉唐时期，提出人作为自然界的一个组成部分，应与自然万物和谐共生。至宋朝，程朱理学继承并发展了“天人合一”的思想主张。元明清时期，作为官方哲学的程朱理学出

①Worster, D. *The Wealth of Nature: Environmental History and the Ecological Imagination* (Oxford University Press,1993).

② 习近平：《推动我国生态文明建设迈上新台阶》，《求是》2019 年第 3 期。

现了诸多学派“争鸣”的景象，都各自从不同角度强调了人和万物的一体性、同根性。纵观中华文化发展历程，历经朝代更迭，时空转换，思想争鸣，天人合一的思想主线始终贯穿传统社会发展的整个过程，并不断得以继承与发展。

党的十八大以来，中国共产党在认识和改造自然和社会时，继承和发展了传统社会的“天人合一”思想，始终秉承“人与自然和谐共生”的生态理念，将其作为新时代坚持和发展中国特色社会主义的基本方略之一。习近平生态文明思想从“文明兴衰论”“永续发展观”等维度全面阐释了人与自然和谐共生的重要性和必要性。“人与自然和谐共生”思想以更为理性的和历史的态度探求人与自然为有机整体的客观规律，正确处理好人与自然的关系，实现两者的和谐共生。

（二）实践观：从“道法自然”到“尊重自然、顺应自然、保护自然”

人因自然而生，改变自然、征服自然甚至破坏自然最终只会危害人类自身，尊重自然、顺应自然、保护自然才是人类唯一的正确选择。古人在对人与自然“合一”关系认识的基础上，从方法论层面提出了实现这一目标必须遵循的实践原则，即“道法自然”。古人认为自然规律是客观存在的，人们做事必须遵循自然规律，顺应自然。管子认为不顺应天时，不遵循自然规律，国家就极易失去维持自身存在的根基。这从反面阐述了顺应天时、尊重自然规律的重要性和必要性。荀子既看到人与自然相通的一面，也看到人与自然相区分的一面。他意识到大自然的运行是有规律的，而且规律具有客观性和不可抗拒性，顺应自然规律，人与自然就能和谐相处，倘若违背自然规律，人类就会遭到大自然的报复，因此主张人们为满足自身的生产和生活所需而开发利用自然必须建立在尊重自然规律、顺应自然规律的基础之上。董仲舒强调正确的施政原则应是统治者循天道、顺天时，尊重自然规律、顺应自然规律，只有这样才能更好巩固自身统治，这基本上与管子的主张相一致。唐代刘禹锡继承荀子的思想，提出了“天人交相胜”的观念。宋代的朱熹认为自然有其自身运行规律，人只有顺应自然之理才是大智慧。元代的吴澄受程朱理学影响，虽仍将“理”看作宇宙的本原，但其已经注意到了理气的一体关系，认为规律是客观存在的，且依存于客观事物中，人们在处理人与自然的关系时要尊重自然。这一思想影响了明清时期的诸多哲学家。明代的王廷相认为“理”是“气”的规律，规律寓于客观事物之内，没有悬空独立之“理”。清代的颜元、李塨等作为“理气一元论”的继承者，同样承认世界规律的客观存在性。基于对客观规律存在的肯定性评价，上述思想家均强调在处理人与自然关系时要尊重自然规律。

进入新时代，习近平生态文明思想同样强调人类对大自然的开发利用要以尊重自然、顺应自然、保护自然为前提，要树立绿色发展的生态文明理念，人的经济活动和行为不能超出自然资源和生态环境能够承受的能力、限度和范围，实现了传统生态智慧与现代生态思想的融会贯通。

从古至今，虽然人与自然之间存有问题的样态各异，但“道法自然”这一处理人与自然关系的方法论却并未改变，仍闪耀着真理的光辉。今后，唯有将其继承和发扬好，才能再创生态文明建设的新辉煌。

（三）财富观：从承认自然资源存在经济价值到“绿水青山就是金山银山”

绿水青山的经济价值早已为古人所认知。追溯历史，西周时期已经出现了自然财富观念。《国语·鲁语》中指出山川林泽等自然资源是财富之源。《管子·轻重甲》《礼记·祭法》均认识到山川林泽是人们获取薪柴等生活所需物资的主要来源。《淮南子》提出：由于到处焚烧山林去打猎，到处烧木为炭、燃草成灰，导致野地被烧得光秃秃一片，草木不能按时令生长，这样做是烧尽了大地的财物，影响大自然持续向人们提供生活资料。盛唐时期，陕甘等西北地区丰富的林木资源带动了这些地区的经济发展，使其富庶无比。南宋咸淳三年，司农卿兼户部侍郎李镛也指出了“水田”与“地富”的内在关系。康熙年间曾任江宁、湖北巡抚及漕运总督的尚书慕天颜，更是直接指出了水利与富国之间存在着正相关关系。民主革命先行者孙中山在《建国方略》中也提出利用水能发电可产生巨大经济效益，促进国家发展。以往诸多统治者虽然较多地从维护统治的角度而重视山川水林，但其中也不乏从民生角度肯定自然资源经济价值的观念和主张。

习近平生态文明思想从人与自然协调统一的认识出发，基于把自然资源看作生产力的重要组成部分，把对自然资源经济价值的认识提升到关系经济社会可持续发展的战略高度上提出的“绿水青山就是金山银山”的财富观，是对自然生产力价值和经济价值的再认识、再评价、再提升。

总的来看，人们在肯定自然资源经济价值的基础上，在不同的历史时期和社会发展的不同阶段提出和制定的保护自然资源的主张与措施反映出人们对于自然资源经济价值的认识越来越深化，越来越科学。

（四）生产观：从知足知止到节约优先、取用有度

生产观是人们关于生产的总的看法和根本观点，即以什么样的态度、用什么样的方式进行生产。在生产实践中，历代先贤始终强调对自然资源的开采要知足知止，适可而止。孔子提出要节制人的射猎行为保证鸟兽的持续繁衍。老子告诫人们要学会满足、懂得适可而止。道家著作《文子》在阐述《老子》思想时同样表达了“适度开发”的思想，“不涸泽而渔，不焚林而猎”[①]。《淮南子》则提出人要“止五遁”[②]（“五遁”即“金、木、水、火、土”），放纵其中一者，就“足以亡天下矣”，自然要求人们要克服对“五遁”的放纵行为。朱熹将“用之有节”看作“仁爱”的要义之一。元代“禁民弹射飞鸟”，明代禁止过度杀生、砍伐等，清代洪亮吉在对人口数量与生产、生活资料增长之间的矛盾进行研究的基础上强调要控制人口数量，对物资的使用则主张开源节流。民国时期，由于人们滥砍滥伐致使水土流失愈加严重，张含英、李仪祉等水利专家以及诸多有识之士多次呼吁人们对于自然资源的开发使用要合理。

---

① 唐突生、滕蜜：《文子释译》，湖北人民出版社，2012，第 256 页。

② 张双棣：《淮南子校释》，北京大学出版社，2013。

历代思想家和明君从道德修养与国家治理两个层面对取用有度都很重视，并将这种观念融入生产实践中，促使形成了勤俭节约、取用有度的生产方式。

习近平生态文明思想同样主张社会生产要节约并合理高效地开发使用自然资源。从历史、现实、理论、实践等多个层次、多个维度深刻阐释了新时代树立取用有度生产观的必要性和重要性，并多次指出要坚持节约资源和保护环境的基本国策，坚持节约优先、保护优先、自然恢复为主的方针，形成节约资源和保护环境的空间格局、产业结构、生产方式、生活方式，坚定不移地贯彻落实新发展理念，推动形成绿色低碳循环发展。

鉴往知今，随着社会不断发展和时代不断进步，人类社会生产的内涵、手段、方式发生了巨大变化，但作为其中精髓和核心的取用有度的生产观念却从未过时，至今仍发挥着重要作用，并必将继续指导今后经济社会的生产发展。

（五）治理观：从“当观其全”到系统整体

生态治理观主要是指在自然生态发生不利于人类社会发展的情形时，采取什么样的治理理念和治理方法实现生态修复和生态环境质量改善的基本观点。纵览中华文化，将生态环境系统看成一个密不可分的整体，既要处理好整体与要素之间的关系，又要协调好要素与要素之间的关系，从而实现生态文明的全方位、全领域、全过程建设的系统治理，是贯穿生态治理的一条主线。

我国先贤从“两仪生四象，四象生八卦”“道法自然，万物一体”“天网恢恢，疏而不失”等朴素的系统观念出发，把自然界看作有机联系的整体，主张生态环境的治理要遵循“当观其全”的原则。老子认为要想确保自然生态系统的有序运行，就必须采用“抑高补下”“损有余补不足”的整体平衡法。《太平经》认为，大自然是由天、地、万物、人和神所构成的有机整体，其基本功能是通过阴阳中和三气的交互作用来生养自然万物。《黄帝内经》看到了人体内的五行之气有其固有的秩序和制约平衡关系，如果五行秩序混乱，平衡关系被打破，机体就会处于一种不正常状态，主张要维持机体内在阴精和阳气相互作用和协调。北魏的《齐民要术》、唐代的《四时纂要》、宋代的《陈旉农书》等作为传统农学思想的代表，主张农业生产要实现地宜、物宜、时宜的高度有机配合，强调农业生态的系统性、整体性、有机性。中国是一个传统的农业社会，江河治理与国家治理密不可分。历代黄河治理的实践充分体现了系统整体治理思想的正确性和有效性。元代的贾鲁在治理黄河时采用“疏浚塞”相结合的方法。明代著名治河专家潘季驯综合运用“束水攻沙、蓄清刷黄、淤滩固堤”的策略，统筹规划治水与治沙，实现江河治理与社会安宁的协同共治。孙中山强调黄河生态要标本兼治，整体谋划，既要浚深河道和筑高堤岸，又要植树造林，把生物措施和工程措施并举并用。上述诸多主张无不蕴含着系统性、整体性的生态施治特征。

新时代，以习近平同志为核心的党中央十分注重系统思维和系统方法的运用，遵循系统工程的规律和思路，全方位、全地域、全过程开展生态环境保护建设，将生态文明建设纳入中国特色社会主义事业“五位一体”总体布局，融入经济建设、政治建设、文化建设和社会建设各方面、各领域和全过程。习近平生态系统治理观是对中国传统生态文化和历史实践的系统整体生态治理观的创造性转化和创新性发展。

综上所述，传承和发展中华文明中天人合一的自然观、道法自然的实践观、绿水青山的财富观、取用有度的生产观、系统整体的治理观等生态文化基因，既是当代中国人民的历史使命与责任担当，也是不断提升生态治理效能的要求，更是新时代大力推进生态文明建设取得大进步的现实要求和有效途径。

三、云南民族生态文化的继承和发展

优秀文化要素的传承。少数民族生态文化中需要继承的要素至少有以下两个：

（1）合理的思想内核，包括物质文化、观念文化、制度文化。这是传统少数民族生态文化的生命所在，它与现代可持续的生态理念是一致的，故而必须坚持。

（2）民族特色和文化多样性。多样性是世界的本质，也是云南的特色。人类社会从文化的多样性中汲取力量。云南省 25 个少数民族几乎每个民族都有自己特色鲜明的生态文化，因而成为构成人类文化多样性的重要组成部分。这种民族特色和文化多样性将是全人类的巨大财富，也是云南人民的宝贵财富，更是云南实现高质量跨越式发展的不竭动力和优势所在，对这种生态文化的民族特色和文化多样性要尽全力保护、传承与发展。

创新。优秀的文化需要传承但不意味着墨守成规、一成不变。在新的时代背景和发展时期尤其需要创新。传统文化是在原有生产水平下对既有生态系统的积极适应。新的时代背景下，伴随周围条件和环境的变化，生态文化也必须相应作出调整。为此，云南省少数民族生态文化的创新至少应该包括如下内容：①制度创新。这一创新在新文化建设中应居于核心地位。优秀的制度文化不仅可以约束当地人的行为，还可以抵御外来不良文化的影响。云南少数民族地区在生态制度建设上有很好的经验，但创新的余地仍然很大。对于尚能发挥作用的制度形式可以继续保留，如不能发挥作用或不能很好地发挥作用则及时补充或重建。要防止制度真空导致行为的混乱无序或被落后的生态观念占了上风。需要注意的是，在传统社会经济条件微观层面的“各自为政”的制度安排（如村规民约）是有效的，但在现代生产方式下外部性凸显，微观层面的制度难以对区域以外的行为主体产生约束作用，且其作用也十分有限。因此，今后除在基层进一步建立健全生态方面的村规民约外，还急需在更高的层面上进行制度设计和安排。②观念更新。传统的少数民族观念文化在形式上很多都披着宗教和神话的外衣，但这种情况已经在发生变化而且很难逆转。对此，除根据人文资源开发和发展旅游经济的需要进行一定程度的保护外，其余的我们可以顺其自然。关键是观念文化的思想实质要在更广泛的意义上及时灌输最先进的生态理念。在舆论导向上我们可以重点宣传传统生态文化与现代生态理念的一致性或者用现代可持续思想说明传统生态观念的正确性。这样既可以实现民族生态文化与先进的主流生态文化的交融，又可以避免年轻人因为接受现代生态文明而产生对传统文化的反感和抵触，进而减缓民族特色的退化、变异以及多样性的流失。

③生产生活方式创新。少数民族的许多习惯和行为模式早已发生了变化，要回到从前已经变得不现实、不可能。重要的是生产生活方式创新在思想本质上回归传统（同时也是与当代最先进的生态理念相融合）的同时积极引入和采用生态可持续的适用技术，这样既可以让民族地区的人们享受到技术进步带来的舒适和高效率，又可以使其经济行为保持生态亲和力，如在生产中要大力发展生态农业，减少化肥、农药的使用，鼓励清洁生产，减少污染物排放；在生活上积极建设新型环保节能的新农居，推广沼气使用，减少木材消耗，提倡绿色消费。有研究表明，这些地区的许多乡土知识对于增加农民收入、改善生活水平以及保护生态环境所发挥的作用和优势是其他方面所难以替代的，也是值得客观认可和认真推广的。这样的活动无疑是对传统文化传承的重要体现。但对这些知识（许多已经失传或濒临失传）的挖掘、整理和推广则又是另一种形式的创新。

总之，少数民族生态文化的传承和创新应该是在坚持发展的前提下以生态保护和重建为目标，以制度文化为核心，物质文化、观念文化和制度文化齐头并进，顺应时代潮流、现实需要和坚持民族特色并重的新型文化体系建设。

第二节　党的生态文明理念的继承和发展

一、历代中央领导集体生态文明理念的继承和发展

以毛泽东同志为核心的党的第一代中央领导集体，早在 20 世纪 50 年代就提出了“绿化祖国”“实行大地园林化”的号召。周恩来同志也一直倡导“青山常在，永续利用”，这是中华人民共和国成立初期林业建设和生态文明建设的重要指导思想。1973 年，我国召开了第一次全国环保大会，审议通过了“全面规划、合理布局、综合利用、化害为利、依靠群众、大家动手、保护环境、造福人民”的环境保护工作 32 字方针，成为我国环保事业的第一个里程碑。

以邓小平同志为核心的党的第二代中央领导集体，将治理污染、保护环境上升为基本国策。为着力推进环境保护的法治化工作，1978 年，邓小平同志提出：应该集中力量制定刑法、民法、诉讼法和其他各种必要的法律，为保护、利用、开发和管理整个生态环境及其资源提供了强有力的法律保障，使环境保护工作做到有法可依、有法必依、执法必严、违法必究。对于林业建设工作，邓小平同志首次对一项事业提出了“坚持一百年，坚持一千年，要一代一代永远干下去”的要求。

以江泽民同志为核心的党的第三代中央领导集体提出：退耕还林，再造秀美山川，绿化美化祖国；西部大开发，保护和改善生态环境就是保护和发展生产力；可持续发展，走生态良好的文明发展道路；把中国的生态环境工作做好，就是对世界的一个重大贡献。江泽民同志强调，只有全民动员，锲而不舍，年复一年把植树造林工作搞上去，才能有效地遏制水土流失，防止土地沙漠化，为人民及子孙后代造福。这是关系到中华民族下个世纪和千秋万代的大事，必须充分重视，抓紧抓好。

时至21世纪新阶段，以胡锦涛同志为总书记的党中央，强调坚持以人为本、全面协调可持续发展，形成了科学发展观，提出构建社会主义和谐社会、加快生态文明建设，形成中国特色社会主义事业总体布局，成功地在新的历史起点上坚持和发展了中国特色社会主义。科学发展观的根本方法是统筹兼顾，包括五个统筹，其中统筹人与自然和谐发展是一个重要组成部分。它要求我们树立科学的人与自然观，把人类与自然视为相互依存、相互联系的有机整体，从整体上把握人与自然的关系，并以此作为认识自然、改造自然的基础。

党的十八大以来，习近平总书记做了一系列关于生态文明建设的重要论述，形成了博大精深、意义非凡、影响深远的生态文明思想，深刻、系统、全面地阐述和回答了我国生态文明建设发展面临的一系列重大理论和现实问题，包括为什么要建设生态文明、建设什么样的生态文明以及怎样建设生态文明等，标志着社会主义生态文明从思潮到社会形态的真正转变，是人类文明形态的一种进步。这个标志的核心集中体现在"五位一体"中国特色社会主义事业总体布局的完善与发展，即把生态文明建设纳入中国特色社会主义事业总体布局，将传统的经济建设、政治建设、文化建设和社会建设"四位一体"总体布局拓展为包括生态文明建设在内的"五位一体"。这充分说明我们党对中国特色社会主义发展规律的认识进一步深化，也有力地表明了我们党加强生态文明建设，使习近平生态文明思想深入人心的坚定意志和坚强决心。

二、新时代我国生态文明建设的实践

新时代十年的伟大变革，"我们坚持绿水青山就是金山银山的理念，坚持山水林田湖草沙一体化保护和系统治理，全方位、全地域、全过程加强生态环境保护，生态文明制度体系更加健全，污染防治攻坚向纵深推进，绿色、循环、低碳发展迈出坚实步伐，生态环境保护发生历史性、转折性、全局性变化，我们的祖国天更蓝、山更绿、水更清"。这些成绩的取得都是新时代我们始终坚持习近平生态文明思想的引领，扎实推进生态文明建设的具体实践。①

一是持续改善生态环境质量，美丽中国建设日新月异。党的十八大明确提出大力推进生态文明建设，努力建设美丽中国，实现中华民族永续发展。加大宣传力度，使"绿水青山就是金山银山"理念深入人心，加快推进生态文明顶层设计和制度体系建设，强力实施污染治理工程，大力推进绿色发展，持续改善生态环境质量，逐步稳步推进美丽中国建设步伐。

① 习近平在中国共产党第二十次全国代表大会上的报告：《高举中国特色社会主义伟大旗帜 为全面建设社会主义现代化国家而团结奋斗》。

二是污染治理力度空前，生态环境质量改善提速。党的十八大以来，是我国生态文明建设力度最大、举措最实、推进最快、成效最好的时期：实施大气、水、土壤污染防治三大行动计划，污染治理力度之大前所未有；加速推进环境基础设施建设，成为全世界污水处理、垃圾处理能力最大的国家。

三是不断完善制度体系，治理能力明显提升。党的十八大以来，相继制定了多项生态文明建设制度，出台频度之紧密前所未有。一批具有标志性、支柱性的改革举措也在陆续推出。全力推进环境保护督察制度，开展中央环境保护督察工作，实现全国 31 个省、区、市全覆盖，推动解决了一大批突出环境问题；有序推进省以下环保机构监测监察执法垂直管理制度改革，开展按流域设置环境监管和行政执法机构、生态环境损害赔偿制度改革试点；制定修订环境保护法、环境影响评价法、环境保护税法、大气污染防治法、水污染防治法等法律法规，大力打击环境违法行为力度空前。建立了由自然资源资产产权制度、国土开发保护制度、资源总量管理和节约制度、资源有偿使用和补偿制度、国土空间规划体系、环境治理体系、环境治理和生态保护的市场体系、绩效考核和责任追究制度 8 个方面的制度，形成了 85 项改革任务和成果，构成了源头严防、过程严管、后果严惩的生态文明治理体系。2018 年 3 月，十三届全国人民代表大会第一次会议通过《中华人民共和国宪法修正案》，生态文明正式写入国家根本法，实现了国家意志、党的主张、人民意愿的高度统一和一致。此外，把征收环保税作为推进生态文明建设的系列举措之一。建立了包括环境财政、环境价格、生态补偿、绿色税收、绿色金融、环境市场、环境权益交易、环境资源价值核算、行业政策、环境与贸易等内容的环境经济政策框架体系。

四是以生态文明建设促进高质量发展。将资源节约和生态环境保护要求为重点的生态文明建设全面融入经济建设、政治建设、文化建设和社会建设的全过程，实现高质量发展，这正是推进生态文明建设的根本要义所在。通过加大化解煤炭、钢铁等行业过剩产能和淘汰落后产能的工作力度，单位产品主要污染物排放强度、单位 GDP 能耗不断降低，资源能源效率不断提升。大力发展绿色能源、清洁能源，改善能源消费结构，中国已经成为世界利用新能源、可再生能源第一大国。同时，通过强化生态保护红线、环境质量底线、资源利用上线和环境准入负面清单硬约束，优化了产业布局和产业结构；通过大力整治京津冀及周边地区“散乱污”企业，有效解决“劣币驱逐良币”问题，为守法企业创造了公平公正竞争环境；通过逐步提高污染物排放标准，促进产业技术升级与绿色发展。实践证明，在推进供给侧结构性改革、加快产业结构转型升级、推动经济发展方式转变、促进经济结构优化、增长动力转换方面，在促进经济社会高质量发展方面，生态环境保护发挥着不可替代的重要作用，生态环境已成为生产力发展的重要内生要素。

第三节　社会生态文化的积极培育

一、公民生态文明意识的培育

公民生态文明意识是公民从人与生态环境整体优化的角度来认识和理解社会存在与发展的基本观念，是公民尊重自然的伦理意识，是人与自然和谐共生的价值取向。同时，它也是衡量一个国家或民族文明程度的重要标志。

（一）注重培养公民的生态道德、生态科学、生态审美意识

应以培养真、善、美为基本要素的高尚人格作为目标，将公民的生态道德意识、生态科学意识、生态审美意识作为公民生态教育的主线或内核，融入全部培育内容之中。通过生态道德意识的内化，促使公民将人与生态环境之间的关系自觉置于道德规范之中，形成生态环境保护的道德约束与道德自觉，成为内化于心的道德意识，自觉担负起生态环境保护的道德义务与行为；通过生态科学意识的培育，促使公民用生态科学的理性认知审视自然，正确处理人与自然的关系，指导生活实践；通过生态审美意识的培育，引导公民树立正确的生态审美观，依据生态美的标准审视，调整人与生态环境的关系。

（二）注重培养公民的生态消费意识

推行生活方式生态化是生态文明建设的重要内容，同时也是培育公民生态意识的实践过程。应着重注意两个方面：一是培育节约资源意识，反对过度开发、滥用和浪费自然资源；二是克服过度需求与过度消费，转变消费观念与消费方式，使人们的现实需求与自然环境的承受力保持均衡。营造生态消费的文化氛围，优化消费环境，崇尚节俭，反对浪费，控制超前消费、炫耀性消费、奢侈性消费等无度的非理性消费行为，实现公民的消费观念和消费行为趋于生态化、科学化、健康化。通过调整需求导向和消费结构，将人们追求的目标更多地引导到精神文化的需求上，把精神文化当作一种必不可少的，又能满足自身的获得感、幸福感、成就感，愉悦身心，实现人生价值的消费品，而不仅仅局限于物质消费，特别是奢华的物质消费所带来的满足与快乐，逐渐形成绿色生态的生活方式与消费方式。

（三）着力拓宽公民生态意识大众教育传播渠道

这是推进公民生态意识教育普及化的重要途径。一方面，生态理论工作者需增强自身本领，提高教化于人的能力，深化对生态环境问题的研究，从多视角全方位审视人与自然、社会与生态的关系，为公民积极参与生态文明建设提供思想引领，献言建策；另一方面，生态

教育工作者应从公民的实际出发，考虑受众对象的接受程度与喜好，创新教育方式，拓展教育渠道，因材施教，努力用大众喜闻乐见、通俗生动的话语或形式，推广普及生态文明知识，增强公众生态意识，促进生态意识教育的广泛传播，让生态文明思想深入人心，飞入寻常百姓家，形成人人参与生态文明建设的浓厚氛围。以培育科学的生态文化为目标，在国民教育体系和培训体系中纳入珍惜生态、保护资源、爱护环境等有关生态知识的内容，在行为准则中涵养生态道德，增强全民节约意识、环保意识、生态意识，让生态文明建设成为包括企业、单位、家庭、个人在内的全社会的自觉行动。

（四）大力弘扬生态文化，夯实生态意识内在基础

生态文化是追求人与自然和谐共生、协同发展的价值取向，是融合现代文明成果与时代精神、促进人与自然和谐共生的重要文化载体，是推进生态文明建设不可或缺的重要力量。生态文化是公民生态文明意识的坚实基础和重要支撑。因此，不断培育公民生态意识，大力弘扬生态文化是根本所在。首先，应大力提高公民生态道德意识，增强人们保护自然生态环境的道德责任感，从而为生态文明建设奠定坚实的思想道德基础；其次，更为重要的是要依托经济发展，加快文化产业的发展，特别是生态文化产业的发展，生产更多蕴含绿色环保理念的生态文化产品，让人们切实感受到生态文化产品所带来的好处，从而增强人们的生态自觉；最后，积极营造生态文化氛围，形成以生态文化为导向的制度建设和政策制定，在发展中统筹考虑生态环境目标和经济社会目标，实现人与自然的和谐发展。

（五）积极推行公民生态意识培育的全民化、社会化、常态化

公民生态意识的培育是提高公民基本素质的重要内容。对尊重自然生态的教育和承担生态保护责任的教育定会成为公民人格养成教育的基本任务和要求。可以从三个维度来加以强调：一是从空间维度上看，生态意识培育的全民化是指生态培育应普及到每个公民，必须做到全民覆盖，具有全民性与公众性，并非仅针对某一个阶层或群体，这是由生态环境及生态产品所具有的普惠性所决定的。二是从时间维度上看，生态意识培育的社会化则是指生态教育应成为公民的终生教育，而非短期教育，必须贯穿于公民终生教育的全过程。三是从频率维度上看，生态意识培育的常态化指的是必须经常时时事事进行生态意识的教育，使这项工作常规化、持续化，而并非一次性工作或终结性工作。从以上三个维度来看，公民生态意识全民性、终身性、常规性教育已然成为社会主义精神文明建设乃至生态文化建设的重中之重。

二、公民生态文明行为的培育

生态文明建设事关社会中的每一个人，需要人去推动，需要广大民众的支持和参与。不仅需要培育公民的生态文明意识，更需要公民将这种生态意识外化于行，付诸行动，真正转

化为公民的自觉行动，让每一个人都积极地参与到生态文明建设中。面对日益突出的生态环境问题，公民的生态文明行为既要包括能够自觉限制、抵制破坏生态环境的各种行为，又要包括能够自觉参与到有益于生态发展的各种活动当中。一种是防御行为，另一种是主动行为。与之相关，如何激励人、约束人就成为培育公民生态文明行为的核心要义。而制度建设是关键。

（一）通过经济手段，积极倡导绿色消费

要以全社会提倡“要舒适不要奢侈、要消费不要浪费”的生活方式和理念为导向，通过一些经济手段，强化绿色消费，把环境问题和公众切身利益联系起来，形成全社会保护环境和绿色消费的共同行动，用实际行动践行绿色发展理念。

（二）通过法律手段约束规范人们的行为

法律法规的制定是培育公民生态文明行为的强制性手段和推进生态文明建设的重要保障。生态环境部、中央文明办、教育部、共青团中央、全国妇联等五部门在 2018 年六五环境日国家主场活动现场联合发布《公民生态环境行为规范（试行）》（以下简称《规范》），旨在倡导简约适度、绿色低碳的生活方式，引领公民践行生态环境责任，携手共建天蓝、地绿、水清的美丽中国。《规范》所制定的行为规范包括关注生态环境、节约能源资源、践行绿色消费、选择低碳出行、分类投放垃圾、减少污染产生、呵护自然生态、参加环保实践、参与监督举报、共建美丽中国十个方面的内容。《规范》的编制和发布大大有利于公民牢固树立社会主义生态文明观，推动形成人与自然和谐发展现代化建设新格局，强化公民生态环境意识，引导公民成为生态文明的践行者和美丽中国的建设者。

（三）完善制度建设，让生态文明行为培育形成常态

只有把尊重自然、顺应自然、保护自然的理念，节约优先、保护优先、自然恢复为主的方针，循环发展、低碳发展、绿色发展的举措，体现并落实到具体的各项制度上，通过完善的制度建设及可操作的具体规范来保障实施，才能真正实现产业生态化、生产生态化、资源高效化、消费绿色化，从而实现经济效益、社会效益与生态效益三者的有机统一，也才能推动生态文明意识“内化于心”，形成全社会共同保护生态环境的共识和氛围，也才能推动生态文明意识“外化于行”，真正转变为生态文明的现实行为，促使人们用实际行动践行生态文明理念。只有通过不断完善制度建设，使生态文明行为培育形成常态，才能让公民从自身利益的角度出发，将生态文明的法律意识转化为自觉自愿的行为活动，为生态文明建设奠定强大的民众基础，进一步推动生态文明建设取得巨大成效。

第四节　云南生态文明建设的生态文化发展

云南要成为全国生态文明建设排头兵，关键要在生态文明建设中具有鲜明的特色以及能够发挥示范引领性的作用。在推进生态文明建设、争当生态文明建设排头兵的进程中，必须充分发挥云南民族文化众多、风俗习惯各异、生态文化丰富、生物多样性特点鲜明这些其他地区无法替代的优势，大力促进生态文化的发展，尤其是民族生态文化的发展，使其在推动生态文明中发挥其他方面无法比拟的作用。

一、高度重视各民族生态知识，充分挖掘各民族生态观念、生态思想、生态智慧，融入现代生态文明建设的理念及要求，进一步丰富云南生态文明建设的内涵

云南少数民族众多，不同地区、不同民族都有着自身独特的民族文化，其中包括生态知识与生态文化以及由此形成的生态观。生态观是各民族在生存与发展过程中，与环境相适应、与自然生态和谐一体的重要体现，是一些与生态相关的生活的规则及方法，以及获取生产生活资源的途径及原则，是各民族在不同生存环境中，与自然及生态和谐共处的行为准则，是在饮食起居方面保存着的独特生态观念，它对本民族聚居区的生态环境起到保护及调节作用。如纳西族东巴文化的传统哲学中，认为人与自然是兄弟关系；西双版纳的傣族及与之相邻的其他民族大部分信仰南传上座部佛教，强调人与自然的和谐，把各种动植物看作人类的朋友。因此，要尊重各地区、各民族传统的生态知识及生态文化，并充分挖掘、合理引导各少数民族的生态观，再把生态文明建设的观念融入其中，以凝炼出云南生态文明建设的理念及宗旨，用于更好地指导和服务于各地生态文明建设的实践。此外，很多民族对自然资源的适度开发与有序利用的观念，也为经济社会发展提供了可持续发展的动力。

二、在保留各民族优良传统及文化精华的前提下，将尊重和敬畏自然的民族传统行为文化转化为当代生态文明建设的生态意识及生态行为

在云南众多的少数民族传统文化中都有对各种自然物的神灵的崇拜行为，由此形成其丰富独特的生态文化。如彝族、哈尼族、白族、傣族、瑶族、怒族等少数民族在各民族村寨后方或附近几乎都有自己的神山、神树、神林、神泉、神井等，它们通常被赋予神秘、神圣色彩，或被作为宗教崇拜对象，存在不同称呼的神圣自然物所在区域，就成为本族的神圣不可侵犯之地，不仅平时不能随意进出，而且里面的自然界之物，一鸟、一兽、一草、一木都不能随

意侵扰。这种对自然的崇拜和对自然物的敬畏，客观上有效地维护着各民族生存发展的良好环境，也起到了积极的生态保护作用。在这些神灵崇拜区域，生态环境保护良好，森林茂密、植被丰富，物种自然繁衍生息，生物多样性特征极为明显。保护云南生物多样性，保护生态环境，正是云南生态文明建设的根本要求所在。长期以来，对神灵崇拜区域及行为存在片面化认识，仅从迷信或是神秘文化、民俗文化的视角来看待、研究，很少真正从生态、环境的角度去挖掘其中的内涵及精华。在推进云南生态文明建设的进程中，应充分发挥民族文化这一独特优势，在保留其传统及精华的同时，应当较好地将其中的生态精华、生态智慧、生态文化尤其是各民族由此形成的生态（环境）传统行为，转化为当代生态文明建设的生态意识及生态行为，并提炼出其中共性的东西，总结出云南生态文明建设的特点、亮点及创新点，这应成为生态文明排头兵建设的新要求、新起点、新目标。

三、充分重视各民族传统农耕文化及经验方法，促进云南绿色农业与高原特色农业的发展

少数民族物质文化是包括人的物质性活动及其成果在内的各民族文化的物化形态，即与各少数民族的生产方式相关联的文化。受地理、气候等自然生态环境因素所制约影响，云南的二十五个少数民族在近代绝大多数从事传统农业生产。在艰辛劳作的悠悠岁月中，云南少数民族创造出三种主要的农业文明生产形态：坝区稻作农业、梯田稻作农业和山地刀耕火种农业。无论哪种形态的农业文明都蕴含着丰富的农耕文化。在长期的生产实践中，云南各民族形成了各式各样的传统农耕文化，积累了很多与当地自然生态系统相适应的农耕经验和农耕方法，在利用、改造生态环境的同时，对自然生态基础及环境起到较好的保护作用并达到长效持续利用的目的。如哈尼族彝族的梯田、傣族稻作等，都是少数民族千百年来认识、适应、改造和利用自然时形成的农耕文化遗产，不仅是人与自然和谐共处的具有可持续发展特性的文化景观，也是较为成功的高寒山地、炎热河谷区的农业资源开发利用模式，是较适合本区域生态特点的农业生产模式，保证了各民族地区数千年来自然生态和人文生态的平衡和谐、经济社会的持续健康发展和民族文化的经久不衰。在各民族地区的生态文明建设中，因势利导，尊重各民族的传统农耕文化及经验方法，要对民族地区经济社会发展和各民族生产生活进行引导和调整，优化民族地区的产业结构，转变生产方式和生活方式，在努力走科技含量高、经济效益好、资源消耗低、环境污染少、人力资源优势得到充分发挥的特色新型发展道路的同时，合理恰当地发掘及运用各民族传统生态文化及生态农业耕作技术，积累并创造出一套适合云南不同气候带并可以推广运用的农业耕作经验，促进云南绿色农业建设与发展，尤其是云南高原特色农业的发展，从而走出一条独具云南特色的生态优先、绿色发展之路。

四、充分发掘、保护并支持和推广各民族关于保护生态环境的优良环保理念及习惯法、乡规民约，促进生态环境可持续发展及人与自然和谐共生

各民族的民间生态规则及制度、约定，在一定程度和范围内约束和规范着人们的行为，对妨碍和危害生态及环境发展的行为予以惩戒及制裁，在客观上达到了保护环境与维持生态平衡的积极作用。如纳西族的东巴文化基于这种认识论产生了一套保护自然的习惯法，东巴经中常见禁律有：禁止在水源地宰杀牲口、禁止在水源旁大小便、禁止毁林开荒，立夏过后实行“封山”、禁止砍树和狩猎等，这些规定是全族男女老少约定俗成都要遵守的行为规则和行为习惯。在云南生态文明建设中，除要依靠法律及制度建设的强制性硬约束外，还需要乡规民约的软约束，充分吸收各民族生态规制的内容及生态文化的合理内核、优秀成分，并加以改造及合理利用，将对云南生态文明法治建设及整个生态文明建设产生积极的推动作用。

（执笔人：罗光洁）

第六章　生态文明建设与法治保障

“法律是治国之重器，良法是善治之前提。”[①] 只有构筑最严密的制度之网，实行最严格的法治措施，才能为生态文明建设保驾护航。步入新发展阶段，人民群众不仅对物质文化生活提出了更高要求，而且在提高生态环境质量方面也有了更迫切的要求，对干净的水、清新的空气、安全的食品、优美的环境等的要求越来越高，改善生态环境成为人民高质量生活的重要内容。在全面建设社会主义现代化国家的新征程上，能否回应人民群众在生态文明建设方面的向往，就依托于能否健全和完善相关法律制度。

第一节　以严格的法治保护环境和管理资源

习近平总书记强调：“保护生态环境必须依靠制度、依靠法治。”[②] 党的十八大以来，为确保生态文明建设领域各项改革措施能够落地生根，我们党始终以制度建设为根本，通过建章立制保护环境和管理资源。

① 《中共中央关于全面推进依法治国若干重大问题的决定》，2014 年 10 月 23 日中国共产党第十八届中央委员会第四次全体会议通过：http://www.npc.gov.cn/zgrdw/npc/zt/qt/sbjszqh/2014-10/29/content_1883449_3.htm。

② 中共中央文献研究室：《习近平关于社会主义生态文明建设论述摘编》，中央文献出版社，2017，第 99 页。

一、织密生态环境保护法治网络

一方面，加强顶层设计，确保生态环境保护有法可依。党的十八大以来，习近平总书记亲自部署、亲自推动，着力推进用制度管权治吏、护蓝增绿。例如，习近平总书记主持召开中央全面深化改革领导小组（委员会）会议，审议通过《生态文明体制改革总体方案》；部署四十多项生态文明建设和生态环境保护方面的改革方案。在这些重要改革方案中，诸如中央生态环境保护督察、党政领导干部生态环境损害责任追究等，都是习近平总书记亲自出题、亲自谋划和实施的。

与此同时，通过党的系列重要会议，构建生态环境保护的制度保障。党的十八大首次将生态文明建设纳入中国特色社会主义事业五位一体总体布局中来；党的十八届三中全会，提出“紧紧围绕建设美丽中国深化生态文明体制改革”①，并从制度层面，明确了生态文明建设的方向；党的十八届四中全会立足于依法治国的背景，着眼于法治政府建设的目标，提出要“建立重大决策终身责任追究制度及责任倒查机制”②“推进综合执法”③等，这些重大部署，为之后的生态环境损害责任终身追究制、环保领域综合执法制度的实施都打下了坚实的基础；党的十九届四中全会首次提出，推进国家治理体系和治理能力现代化，要坚持和完善生态文明制度体系，并从生态环境保护、资源高效利用、保护和修复、责任追究四个方面进行系统谋划；党的十九届五中全会围绕构建新发展格局，进一步明确了“十四五”时期，我国经济社会实现绿色发展应该遵循的基本路径和政策支撑。由此可见，党的十八大以来的每一次中央全会，都着眼“法治”，不断推进生态文明制度建设走深、走细、走实。

另一方面，配套相关措施和制度及地方性法规，提升地方生态环境保护依法治理能力。首先，以坚决打好污染防治攻坚战为依托，完善相关制度措施，推动云南省生态环境质量持续改善。根据《中共中央、国务院关于全面加强生态环境保护坚决打好污染防治攻坚战的意见》，云南省出台了《中共云南省委云南省人民政府关于全面加强生态环境保护坚决打好污染防治攻坚战的实施意见》，对推动形成绿色发展方式和生活方式，打赢蓝天碧水净土三大保卫战，改革完善生态环境治理体系，全面加强党对生态环境保护的领导等方面提出了具体要求，明确了以三大保卫战和八大标志性战役为抓手，解决突出环境问题，确保污染防治攻坚战取得实效。在一系列环境保护措施的出台下，2021年全省“六大水系出境跨界断面水质100%达标，州市政府所在地城市空气质量优良天

① 《中国共产党第十八届中央委员会第三次全体会议文件汇编》，人民出版社，2013，第20页。

② 2014年10月23日中国共产党第十八届中央委员会第四次全体会议通过：《中共中央关于全面推进依法治国若干重大问题的决定》，http://www.npc.gov.cn/zgrdw/npc/zt/qt/sbjszqh/2014-10/29/content_1883449_3.htm。

③2014年10月23日中国共产党第十八届中央委员会第四次全体会议通过：《中共中央关于全面推进依法治国若干重大问题的决定》，http://www.npc.gov.cn/zgrdw/npc/zt/qt/sbjszqh/2014-10/29/content_1883449_3.htm。

数比率稳定在98%以上”[①]。

其次，制定和实施地方性法规，夯实依法治理的制度基础。近年来，云南省为贯彻落实《中华人民共和国环境保护法》，修订和完善《云南省环境保护条例》，编制《云南省生物多样性保护条例》等地方性法规，各州（市）也根据自身实际，积极出台地方性条例，加快推进环境保护步伐。总的来看，“省内环境资源保护地方性法规主要涵盖了以九大高原湖泊为代表的水资源保护条例，实现了滇池、抚仙湖、洱海、泸沽湖等九大高原湖泊的‘一湖一条例’”[②]。例如，为夯实洱海保护的地方责任，“大理州以修订实施《云南省大理白族自治州洱海保护管理条例》为抓手，配套实施了《大理白族自治州洱海流域水污染防治管理实施办法》《大理白族自治州洱海流域水政管理实施办法》《大理白族自治州洱海渔政管理实施办法》《大理白族自治州洱海滩地管理实施办法》《大理白族自治州洱海流域农村垃圾管理实施办法》《大理白族自治州洱海流域湿地保护管理实施办法》《大理白族自治州洱海流域农业面源污染防治管理实施办法》等一系列制度体系”[③]。

二、建立生态资源管理法治体系

习近平总书记指出，“要建立健全资源生态环境管理制度，加快建立国土空间开发保护制度，强化水、大气、土壤等污染防治制度，建立反映市场供求和资源稀缺程度、体现生态价值、代际补偿的资源有偿使用制度和生态补偿制度，健全生态环境保护责任追究制度和环境损害赔偿制度，强化制度约束作用”。[④]

首先，构建国土生态安全格局制度体系。习近平总书记反复强调：“国土是生态文明建设的空间载体，要按照人口资源环境相均衡、经济社会生态效益相统一的原则，整体谋划国土空间开发，科学布局生产空间、生活空间、生态空间，给自然留下更多修复空间。”[⑤]一方面，按照建设资源节约型、环境友好型社会的要求，云南省统筹人口分布、经济发展、国土利用、生态环境保护，全面推进“多规合一”。将主体功能区规划、土地利用规划、城乡规划等融合为统一的国土空间规划，强化国土空间规划对各专项规划的指导约束作用，整体谋划国土空间开发保护格局，形成涵盖区域规划、专项规划、控制性详细规划等各类规划，建立层级清晰、功能互补、相互协调的规划体系。另一方面，建立维护生态安全格局的分级分类管控机制。按照生态优先、区域统筹、协同共治的原则要求，依据生态保护的重要性和管理需求，云南省以“三区”（城镇空间、农业空间、生态空间）和“三线”（生态保护红线、永久基

① 王予波：《（2022年1月20日在云南省第十三届人民代表大会第五次会议上）2022年政府工作报告》，http://www.yn.gov.cn/zwgk/zfxxgk/zfgzbg/202201/t20220125_235204.html。

② 中共云南省委党校、云南行政学院：《七彩云南40年·生态文明篇章》，云南人民出版社，2018年，第19页。

③ 董宁、马喜梅、欧黎明：《公共产品视域下洱海生态综合治理的实践与经验》，《创造》2020年第28卷，第9期，第70页。

④ 中共中央文献研究室：《习近平关于社会主义生态文明建设论述摘编》，中央文献出版社，2017，第100页。

⑤ 周衍冰：《推进生态文明，建设美丽中国》，http://cpc.people.com.cn/n/2014/1121/c223633-26069579.html。

本农田保护红线、城镇开发边界）为核心，完善空间规划体系，使管控措施精准落地。

其次，建立生态保护红线制度体系。2017 年 2 月，中共中央办公厅、国务院办公厅印发的《关于划定并严守生态保护红线的若干意见》明确提出，“2020 年底前，全面完成全国生态保护红线划定，勘界定标，基本建立生态保护红线制度，国土生态空间得到优化和有效保护，生态功能保持稳定，国家生态安全格局更加完善。到 2030 年，生态保护红线布局进一步优化，生态保护红线制度有效实施，生态功能显著提升，国家生态安全得到全面保障”。[①] 围绕这一目标要求，2018 年云南省发布《云南省生态保护红线》，对涉及生物多样性维护、水源涵养、水土保持三大红线类型和包括十一个分区的红线内容进行了部署。同年，《云南省生态保护红线勘界定标试点工作方案》实施，选取具有代表性的县、市、区开展生态保护红线勘界定标的试点工作，探索建立勘界定标技术方法，及时总结试点经验，形成符合云南省实际的技术规范和工作流程。截至 2020 年底，完成生态保护红线勘界定标工作，基本建立生态保护红线制度。

最后，构建生物多样性保护法规体系。生物多样性是人类赖以生存的条件，是社会经济发展的战略资源，是生态安全和粮食安全的重要保障。作为全国生物多样性最丰富的省份，云南在全国乃至全球都占有十分重要的生态地位。云南历来重视和加强对生物多样性的保护。1992 年以来，云南省成立了云南省生物多样性保护委员会，先后在全国省级层面率先发布云南省生物物种名录、物种红色名录、生态系统名录、外来物种名录，建立了全国唯一的“中国西南野生生物种质资源库”，为中国履行《生物多样性公约》做出了积极贡献。党的十八大以来，为贯彻落实习近平总书记两次考察云南重要讲话精神，云南从“生态立省、环境优先”的战略高度，牢牢构筑西南生态安全屏障。2018 年，云南省颁布全国首个生物多样性保护法规——《云南省生物多样性保护条例》，以地方性法规形式明确省域范围内地方各级政府在生物多样性监督管理、物种和基因多样性保护、生态系统多样性保护的职责，为政府依法履行环境保护方面的职能奠定法治基础。有了良好的法治支撑，云南省在生物多样性保护方面取得显著成效。2021 年，《生物多样性公约》第十五次缔约方大会第一阶段会议在云南成功举行，并发布昆明宣言。中国将通过大会推动新的全球生物多样性战略计划，为 2021 年至 2030 年全球生物多样性保护设计目标与路线图。

---

① 中共中央办公厅国务院办公厅：《关于划定并严守生态保护红线的若干意见》，http://www.gov.cn/zhengce/2017-02/07/content_5166291.htm。

第二节　完善生态文明制度建设

党的十八届三中全会指出：“建设生态文明，必须建立系统完整的生态文明制度体系，实行最严格的源头保护制度、损害赔偿制度、责任追究制度，完善环境治理和生态修复制度，用制度保护生态环境。”[①]这为我国生态文明领域改革指明了方向。五年之后，党的十九届四中全会，立足于坚持和完善中国特色社会主义制度的宏大背景，着眼于推进国家治理体系和治理能力现代化的目标，首次将生态文明建设的制度体系单列出来，从实行最严格的生态环境保护制度、全面建立资源高效利用制度、健全生态保护和修复制度、严明生态环境保护责任制度四个方面，对坚持和完善生态文明制度体系进行系统谋划。这标志着我国生态文明建设进入以制度支撑为重点的新阶段。

一、加强党对生态文明制度建设的领导

当前，我国已进入高质量发展阶段。然而，“新型工业化、城镇化、农业现代化尚未完成”[②]，生态环境领域的问题呈现出跨领域、跨类型叠加的态势，治理难度进一步加大。这就更需要通过加强党的领导，健全生态文明相关制度体系，确保生态文明制度建设系统发力。根据党的十九大报告关于“坚决打好污染防治攻坚战”的部署，中共中央国务院出台了《关于全面加强生态环境保护坚决打好污染防治攻坚战的意见》。其中，以专章形式强调要“全面加强党对生态环境保护的领导”，并将“生态文明建设和生态环境保护”界定为“地方各级党委和政府必须坚决扛起的政治责任”[③]。在此基础上，进一步明确地方各级党委和政府主要领导是本行政区域生态环境保护第一责任人，要落实领导干部生态文明建设责任制，严格实行党政同责、一岗双责。[④]同时，为将党对生态文明制度建设的领导进一步压实压细，党的十八大以来，党中央通过目标责任制的实施，构建以改善生态环境质量为核心的目标责任体系，依托中央环保督查，紧盯关键少数，“采用‘排查、交办、核查、约谈、专项督察’的‘五步法’，压实地方各级党委和政府责任、形成抓好生态环境保护、全力治污攻坚的政

① 中共中央文献研究室：《中国共产党第十八届中央委员会第三次全体会议文件汇编》，人民出版社，2013，72-73 页。

② 全国干部培训教材编审指导委员会：《推进生态文明建设美丽中国》，人民出版社，党建读物出版社，2019 年，第 29 页。

③④《中共中央国务院关于全面加强生态环境保护坚决打好污染防治攻坚战的意见》，http://www.gov.cn/zhengce/2018-06/24/content_5300953.htm。

治理念、制度氛围和刚性约束”[①]。

二、建立生态文明制度建设的“四梁八柱”

党的十八大以来，在习近平生态文明思想的指导下，为着力解决制约生态文明建设长期存在的一些固化问题，我国以强化党委、政府及其有关部门生态环境责任和企业环保守法责任为主线，以改革整合、系统提升生态环境质量改善效果为目标出台了一系列改革措施。一方面，按照源头严防、过程严管、后果严惩的思路，推动构建产权清晰、多元参与、激励约束并重、系统完整的生态文明制度体系，建立有效约束开发行为和促进绿色循环低碳发展的生态文明法律体系；另一方面，强化行政执法与刑事司法衔接，发挥制度和法治的引导、规制等功能，规范各类开发、利用、保护活动，坚决制止和惩处破坏生态环境的行为，让保护者受益、让损害者受罚、让恶意排污者付出沉重代价。近年来，包括自然资源资产产权、国土空间开发保护、空间规划体系、资源总量管理和全面节约、资源有偿使用和生态补偿、环境治理体系、环境治理和生态保护市场体系、生态文明绩效评价考核和责任追究等在内的生态文明制度“四梁八柱”基本形成。

三、推进生态文明制度建设体制改革

按照党的十八届三中全会关于“深化生态文明体制改革，加快建立生态文明制度，健全国土空间开发、资源节约利用、生态环境保护的体制机制，推动形成人与自然和谐发展的现代化建设新格局”[②]的部署，云南省在完善生态文明制度建设的过程中，以争当生态文明建设排头兵为目标，以体制改革为抓手，确保生态文明制度建设行稳致远。2014 年 2 月，云南省正式成立生态文明体制改革专项小组，组长由省委常委担任，副组长由副省长担任，统筹推进生态文明建设领域各项改革。同年 12 月，云南省印发了《云南省全面深化生态文明体制改革总体实施方案》，围绕“争当全国生态文明建设排头兵”的目标要求，细化了 19 个方面 51 项具体的改革任务，进一步明确了各职能部门的职能职责。在专项小组的统筹领导下，云南省生态文明建设各相关部门紧密协作，率先在“划定生态保护红线、保护生物多样性、推进国家公园建设、建立生态补偿机制等方面加大了改革力度”[③]，形成生态文明建设整体效能。例如，经过 8 年努力，云南省于 2018 年率先制定出台全国第一部生物多样性保护的地方性法规——《云南省生物多样性保护条例》，这不仅有利于为云南省生物多样性保护奠定法律基础，而且将对推动国家层面开展相关立法产生积极影响。

① 全国干部培训教材编审指导委员会：《推进生态文明建设美丽中国》，人民出版社，党建读物出版社，2019，第 30 页。

② 中共中央文献研究室：《中国共产党第十八届中央委员会第三次全体会议文件汇编》，人民出版社，2013，第 20 页。

③ 中共云南省委党校、云南行政学院：《七彩云南 40 年 · 生态文明篇章》，云南人民出版社，2018，第 195 页。

四、完善生态文明制度建设配套机制

系统完备的配套机制是保障生态文明制度落实落细的有力支撑。党的十八大以来，云南省牢记习近平总书记嘱托，牢固树立绿水青山就是金山银山的发展理念，在生态环境监管领域、生态环境保护责任落实领域铆足绣花功夫，不断完善相关配套机制。一方面，云南省以加强环境监管执法为重点，着力提升环境监管法治化水平。根据《云南省人民政府办公厅关于加强环境监管执法的实施意见》部署，2015 年以来，全省围绕“推进环境监管全覆盖、严格规范环境执法行为、严厉打击环境违法行为、形成环境监管执法合力、加强环境监管能力建设”④五个方面要求，打出制度组合拳，构筑环境监管制度体系。针对环保执法领域长期存在的痛点、难点问题，探索建立多部门环境执法协调机制，构建起环境行政执法与环境司法的有效衔接的体制机制，形成环境执法合力，有效提升环境执法效率。另一方面，以生态环境责任制为基础，健全相关机制，确保生态文明建设领域守土有责、守土尽责。“首先，扎实开展生态环境损害责任终身追究的相关研究工作。其次，将重点生态功能区县域生态环境质量考核结果纳入财政转移支付资金分配依据，建立对生态恶化地区的约谈机制。最后，探索推行自然资源资产审计，相继完成了对丽江市市长、保山市市长和楚雄州州长等的自然资源资产审计。”⑤

第三节　推进生态文明建设的治理体系和治理能力现代化

党的十八大以来，以习近平同志为核心的党中央把生态文明建设作为统筹推进“五位一体”总体布局和协调推进“四个全面”战略布局的重要内容，谋划开展了一系列根本性、开创性、长远性工作，推动生态环境保护发生历史性、转折性、全局性变化。党的十九届四中全会对坚持和完善中国特色社会主义制度，推进国家治理体系和治理能力现代化作出了一系列重大战略部署。其中，生态环境领域治理体系和治理能力现代化，是国家治理体系和治理能力现代化的重要组成部分。而推进生态环境领域治理体系和治理能力现代化，重在坚持和

④ 云南省人民政府办公厅：《关于加强环境监管执法的实施意见》，http://www.yn.gov.cn/zwgk/zfgb/2015/2015d7q/szfbgtwj/201504/t20150403_144121.html。

⑤ 中共云南省委党校、云南行政学院：《七彩云南 40 年 · 生态文明篇章》，云南人民出版社，2018，第 195 页。

完善生态文明制度体系，用制度确保生态环境领域治理体系和治理能力现代化水平不断提升。

一、健全生态环境保护制度体系

云南生态环境保护通过总量控制、功能区划等手段及其形成的倒逼机制，提高生态效率，调节社会经济系统资源消费和污染物的排放。云南省编制并实施《云南省主体功能区规划》，在“十三五”规划纲要中确定了“一核、一圈、两廊、三带、六群”的发展空间格局。云南在生态文明建设过程中逐步探索有利于环境保护的制度体系，于2016年出台了《关于构建环境保护工作“八大体系”的实施意见》，从目标、法规，到风险防控、监管治理等各个环节统筹考虑。2018年6月，省政府发布云南省生态保护红线，全省生态保护红线面积11.84万平方千米，占国土面积的30.9%，包含生物多样性维护、水源涵养、水土保持三大红线类型。此外，生态补偿、河（湖）长制、农田水利改革、国家公园体制改革、生物多样性保护、集体林权制度改革等一批在全国范围内具有突破性、标志性的制度相继建立。全省生态文明建设首部综合性、统领性、倡导性、促进性的地方法规《云南省创建生态文明建设排头兵促进条例》于2020年7月正式施行。2020年12月，云南省委办公厅、省政府办公厅出台了《关于构建现代环境治理体系的实施意见》，明确要求保持加强生态文明建设的战略定力，实现政府治理和社会调节、企业自治良性互动，完善体制机制，强化源头治理，形成工作合力，为努力成为全国生态文明建设排头兵和建设中国最美丽省份提供有力制度保障。①

二、严明生态环境保护责任制度

生态文明建设是一场涉及生产方式、生活方式、思维方式和价值观念的革命性变革，要为生态文明建设提供可靠保障和强大动力，除了要明确分工，更要压实责任，加大监督力度。近几年来，云南省深化生态文明体制改革，健全自然资源资产产权制度和用途管制制度，建立领导干部自然资源资产离任审计制度、生态环境损害责任终身追究制度、生态环境损害赔偿制度、企业环境信用评价制度等，将制度实施落实落地。2020年12月31日，云南省正式出台生态环境保护领域的第一部党内法规——《云南省生态环境保护督察实施办法》。这充分体现省委、省政府推进生态文明建设和生态环境保护的坚强意志和坚定决心，依法推动督察向纵深发展、不断夯实生态环境保护政治责任、推动生态环境治理体系和治理能力现代化。②

三、完善生态保护和修复制度

习近平总书记在2020年1月视察滇池时指出，滇池是镶嵌在昆明的一颗宝石，要拿出咬定青山不放松的劲头，按照山水林田湖草是一个生命共同体的理念，加强综合治理、系统

① 蒋朝晖：《云南全力构建现代环境治理体系》，《中国环境报》2020年12月18日，第1期。

② 中国日报云南记者站：《依法推动督察向纵深发展云南印发生态环境保护领域首部党内法规》，http://cnews.chinadaily.com.cn/a/202103/20/WS605552b0a3101e7ce9744ea0.html。

治理、源头治理，再接再厉，把滇池治理工作做得更好。健全生态保护和修复制度，要坚持山水林田湖草是生命共同体的整体系统观，做好规划布局。近年来，云南省深入践行生态保护生命共同体理念，以昆明市为例，今年5月以来，昆明市提高政治站位，深入推进“湖泊革命”，彻底改变“环湖开发”“环湖造城”格局，让湖泊休养生息，以实际行动践行“两个维护”。①坚持依法治湖，科学合理划定滇池一、二、三级保护区。坚持规划引领，树牢“离湖布局、远湖发展”的思路，认真编制好《昆明市国土空间总体规划（2020—2035年）》《滇池流域国土空间保护和科学利用专项规划（2020—2035年）》，完善《昆明市环滇池空间形态与城市天际线控制规划》，明确滇池流域发展“天花板”，坚决守住“生态保护红线、生态质量底线、资源利用上线”。

四、发展资源高效利用制度

高效利用资源的前提是明晰资源产权。必须尽快推进自然资源统一确权登记法治化、规范化、标准化、信息化，健全自然资源产权制度，落实资源有偿使用制度，实行资源总量管理和全面节约制度，加快建立资源环境价格机制，健全资源节约集约循环利用政策体系，通过法治、经济、行政等各种手段，来推动资源高效节约利用。在资源利用方面，云南正在进行一场能源革命，大力发展低碳环保产业、推广新能源汽车，通过技术创新、政策激励、市场监管等一系列举措，在绿色产业、绿色能源方面成果显著。云南省在包括太阳能光伏、太阳能光热、生物质能、风能、水能、节能环保等绿色能源领域发展势头迅猛，能源产业将成为云南主要的支柱产业。绿色能源牌的绿色含量快速提升，《云南省新能源汽车产业发展规划（2016—2020年）》《云南省加快推广新能源汽车推广应用工作方案》等规划方案相继出台，进一步推动了新能源汽车的发展。②

第四节　云南生态文明建设的法治保障

党的十八大以来，以习近平同志为核心的党中央高度重视生态文明建设，从把生态文明建设纳入中国特色社会主义事业“五位一体”总体布局，到习近平生态文明思想的形成，习

---

① 杨猛、左超：《以“破局”之势治本之策开展一场动真碰硬的“湖泊革命”》，《光明日报》2021年10月9日，第1期。

② 段晓瑞、李承韩：《我省抢抓机遇做强“绿色能源牌”——推动绿色能源绿色制造融合发展》，《云南日报》2021年12月25日，第2期。

近平总书记从理论到实践、从政策举措到制度安排，为我国生态文明建设谋篇布局，使我国生态环境领域治理体系和治理能力现代化水平不断提升。为深入贯彻落实习近平生态文明思想和习近平总书记两次考察云南重要讲话精神，云南省在推进生态文明建设中始终以法治保障为依托，坚持以人民为中心，按照“坚持党的领导、坚持多方共治、坚持市场导向、坚持依法治理”的基本原则，保持加强生态文明建设的战略定力，全力构建党委领导、政府主导、企业主体、社会组织和公众共同参与的环境治理体系，实现政府治理和社会调节、企业自治良性互动，完善体制机制，强化源头治理，形成工作合力，为努力成为全国生态文明建设排头兵和建设中国最美丽省份提供有力保障。

一、逐步完善顶层设计，为生态文明法律规范制定筑牢制度基础

党的十八届三中全会以来，云南省委、省政府始终把生态文明体制构建放在突出位置，重视顶层设计，持续加快制度创新，增强制度供给，完善制度配套，强化制度执行，生态文明体制改革工作稳步推进。

云南省通过实施全面深化生态文明体制改革总体实施方案、努力成为生态文明建设排头兵的实施意见、关于贯彻落实生态文明体制改革总体方案的实施意见、努力将云南建设成为中国最美丽省份的指导意见等改革措施，明确了生态文明体制改革的时间表、路线图。生态环境保护通过总量控制、功能区划等手段及其形成的倒逼机制，提高生态效率，调节社会经济系统资源消费和污染物的排放。云南省编制并实施《云南省主体功能区规划》，在“十三五”规划纲要中确定了“一核、一圈、两廊、三带、六群”的发展空间格局。云南在生态文明建设过程中逐步探索有利于环境保护的制度体系，于2016年出台了《关于构建环境保护工作“八大体系”的实施意见》，从目标、法规，到风险防控、监管治理等各个环节统筹考虑，其中“八大体系”为构建环境质量目标体系、构建环境法规制度体系、构建环境风险防控体系、构建自然生态保护体系、构建环境综合治理体系、构建环境监管执法体系、构建环境保护责任体系和构建能力建设保障体系，环境保护体系逐步完善。2018年6月，省政府发布云南省生态保护红线，全省生态保护红线面积11.84万平方千米，占国土面积的30.9%，包含生物多样性维护、水源涵养、水土保持三大红线类型。

截至2021年，省委生态文明体制改革专项小组已累计出台和完成140项改革事项，基本构建了云南省生态文明领域的建设、保护、治理、管控、执法、责任、产权、补偿八大类制度，为推动云南省生态环境质量持续改善和生态文明排头兵建设提供了制度保障和发展动力。[①]

① 胡晓蓉：《全力构建生态文明制度建设的“四梁八柱”》，《云南日报》2021年11月2日，第3期。

二、积极行使地方立法权，为生态文明建设提供法律依据

自2015年以来，云南紧紧围绕创建生态文明建设排头兵战略定位，深入学习贯彻习近平生态文明思想，按照党中央、国务院关于生态文明建设系列决策部署，加快推进生态文明相关立法工作。云南省陆续出台了《云南省生物多样性保护条例》《云南省大气污染防治条例》等地方性法规，及时修改完善九大高原湖泊保护条例，对涉及生态文明建设的现行法规规章开展多次清理，这些举措对推进云南省生态文明建设各项工作制度化、法治化、规范化发挥了重要作用。此外，云南省出台了中国大陆首部国家公园地方性法规《云南省国家公园管理条例》，建立全国唯一创新建立湖泊保护治理新机制，积极推进“一湖之治”向“流域之治”“生态之治”转变。在生态文明建设监督方面，云南省制定《云南省生态环境保护督察实施办法》，构建制度化、规范化环境保护督察整改机制；创新监管执法手段，采取“联合执法＋同步整改＋精准服务＋环保普法”模式，组织对各州市开展生态环境联合执法检查；全面推行云南省领导干部自然资源资产离任审计，出台党政主要领导干部自然资源资产离任审计评价办法，率先在全国构建了自然资源资产离任审计空间大数据分析业务平台。

2020年7月1日，《云南省创建生态文明建设排头兵促进条例》开始施行。自此，云南成为继贵州、青海、福建、江西之后，第5个制定出台省级生态文明建设条例的省份。该条例的施行解决了缺乏统一的法规制度文件来统筹规范和约束生态文明建设活动和管理行为，标志着云南省创建生态文明建设排头兵工作进入了规范化、法治化轨道，对云南省加快转变经济发展方式、提高发展质量和效益、筑牢国家生态安全屏障、建设中国最美丽省份具有重要意义。① 截至2021年3月，在现行有效的省级地方性法规中，生态文明建设和生态环境保护方面占28%。

三、积极推动环境公益诉讼，监督生态文明法律规范有效实施

2015年7月，全国人大常委会授权检察机关在13个省、区、市开展为期两年的公益诉讼试点；2017年6月，全国人大常委会修改民事诉讼法、行政诉讼法，正式建立检察公益诉讼制度。这项制度全面实施两年多来，检察公益诉讼工作呈现快速发展态势，在促进依法行政、助力环境资源领域等综合治理方面取得积极成效，形成了公益司法保护的“中国方案”。② 我国环境公益诉讼制度的不断探索发展，回应了新时期生态文明建设和绿色发展的现实需求，为我国的生态环境治理体系趋于完善、生态环境治理能力大幅提升提供了法律保障。

云南省检察机关“把云南建设成为中国最美丽省份”作为法定的生态环境和资源保护领域案件的公益诉讼主体。早在2015年7月1日，云南省检察院便确定昆明、曲靖、红河、楚雄、大理、普洱、临沧、德宏8个州、市及所辖81个县级检察院为提起公益诉讼的试点地区，

① 胡晓蓉、段毅：《努力成为全国生态文明建设排头兵》，《云南日报》2020年12月28日，第4期。

② 杨健鸿：《检察公益诉讼为全球生态文明建设贡献“中国方案”》，《检察日报》2019年12月11日，第1期。

铺开了检察机关提起公益诉讼的试点工作。2017 年 6 月，随着检察机关提起公益诉讼制度正式建立，公益诉讼工作全面开展。

近些年来，云南省紧紧围绕“六稳”“六保”、九大高原湖泊和六大水系保护、农村人居环境治理、云南“绿色能源”“绿色食品”“健康生活目的地”三张牌、建设中国最美丽省份的重大部署，聚焦人民群众反映强烈的公益保护难点、痛点拓展案件范围。[①] 云南省人民检察院共立案办理生态环境和资源保护领域公益诉讼案件 3429 件。在推进生物多样性检察保护方面，2021 年，云南检察机关共起诉危害珍贵濒危野生动植物等犯罪 2247 人，立案办理生态环境和资源保护领域公益诉讼案件 3429 件，并发布了《金沙江流域（云南段）生态环境和资源保护检察白皮书》。此外，围绕饮用水源地保护、乡村人居环境整治等重点，云南检察机关共发出诉前检察建议 1417 份，99.22% 的问题在诉前得到解决，对整改不到位、受损生态未得到修复或赔偿的，依法提起诉讼 129 件。同时，全省 81 个检察院建立“河（湖）长 + 检察长”等水资源协作保护机制，助力“湖泊革命”。

无论是行政公益诉讼，还是民事公益诉讼，均具有法律监督属性。在检察公益诉讼制度中，行政公益诉讼占有主导地位，其重要特色就是诉前程序。诉前程序和提起诉讼组成检察行政公益诉讼完整的体系。诉是最后的手段，绝大多数问题均在诉前解决。诉的目的是更少的诉或者不诉就能解决问题。云南检察机关积极履行生态环境检察公益诉讼检察职能，坚持用最严格制度和最严密法治保护生态环境，探索构建惩治犯罪与修复生态、纠正违法与源头治理、维护公益与促进发展相统一的生态环境检察工作机制，为依法打好污染防治攻坚战、深入推进生态文明建设、监督生态文明法治法规的落实落地提供了有力的司法保障。

（执笔人：董宇）

① 石飞：《公益诉讼筑起云南生态环境保护屏障》，《法治日报》2020 年 8 月 25 日，第 1 期。

第七章　生态文明建设与科技支撑

生态文明建设离不开科技支撑，绿色生态的科技创新一方面能提高自然资源的利用效率，减少污染；另一方面也能对已经受破坏的生态环境进行更加科学有效的修复。当前科技创新在中国的自然资源及能源节约和生态环境保护方面日益发挥着越来越重要的作用，从中央到地方各级政府也大力鼓励在工业技术、农业生产技术、新能源技术、生态修复技术，以及在其他生产生活各领域的生态友好型技术创新，有力的科技支撑使经济社会发展与生态环境保护更加协调，使得经济社会朝着更加生态化的方向发展。

第一节　现代科技发展的生态价值取向

一、现代科学技术发展的生态化

科学是人类认识客观世界的方法和成果；技术是人类改造和利用客观世界的方法和手段。由于科学对自然规律认识的局限、技术发展水平的限制，以及社会伦理、社会治理的滞后，在人类社会发展的每一步中，科学技术在发挥巨大推动作用的同时也带来各种资源环境的问题。在工业高度发达的今天，出现了全球性的资源短缺、环境污染、生态破坏等环境危机。因此，随着生态文明建设进程的加快，科学技术的发展要从以征服自然为主转向以保护自然为主，现代科学技术的发展越来越呈现出鲜明的生态化特征。

在工业文明进程中，人们对人与自然关系的认识是以人为中心的，科学发展是朝着人征服自然、改造自然的客观规律的一种背离人与自然是生命共同体关系的方向发展的，当时人们片面追求经济发展，过分攫取自然资源，还没有认识到生态环境、生态平衡的重要性。然而，这种科学发展在促进经济发展的同时，也极大地破坏了人们赖以生存的自然环境，环境污染事件也给人类敲响了警钟，必须对人类文明进行反思，更新文明理念，建设生态文明，并在生态文明的理念下发展科学事业，从而使得科学精神与生态理念相融合，实现科学发展的生态化转变。

在生态文明理念下，不仅科学发展实现了生态化转变，而且技术的具体应用也实现了生态化转变。比如数字化等信息技术的广泛应用，为人们构建了虚拟的空间，人们在其中提存与转接信息不仅高效，而且不需要丝毫的资源耗费或环境污染，并而更是生态的。在这个意义上，当今的科学应用技术也实现了生态化转变。

我国从国家政策层面也重视科学发展和科学技术应用的生态化，在《“十四五”规划和2035年远景目标纲要》中就提出，要构建市场导向的绿色技术创新体系，实施绿色技术创新攻关行动，开展重点行业和重点产品资源效率对标提升行动。

二、坚持现代科技发展的正确生态价值取向

（一）科学技术的正确定向

面对全球生态环境危机，促进人与自然和谐共生，在现代科技发展中要对科学技术进行生态价值评价，在全球生态意识的指导下发展科学技术，实现科学技术的生态价值取向。在生态化的科学技术指导下建立具有生态价值取向的产业结构，具有生态价值取向意义的科学技术产业才是具有维持人类生存基础、保持人类持续发展、保护生物多样性安全等伦理意义上的第一生产力。要以生态价值为指导，重建科学技术、文化意识、经济秩序以及全球生态系统，广泛深入地开展生态实践，实现人类在现代科学技术生态化水平上的生态复归。

（二）创新生态化的科学技术

必须不断创新人与自然生态联系密切的生态化科学技术，并大力发展科学技术生态化的生产力构型。只有迅速发展以现代化科学技术为基础的生产力，并使之符合生态价值评价，逐步完成对传统落后产业的生态化改造，并将其与新发展的生态产业相配合，才能更加有效地利用自然资源，缓解经济社会发展和资源的矛盾，减少人类经济社会活动对生态环境的破坏。坚持科学技术的生态化，以及由此带来的工农业生产和人们生活的生态化，促使人与自然和谐共生。

（三）环境规制的科学取向

在工业化进程中，以牺牲生态、环境质量为代价获取高额利润的经济活动没有把污染成

本考虑在内，造成了生态的破坏和环境的污染，也造成了经济的负外部性。当前我们在衡量经济增长时强调的是考虑环境因素的绿色经济增长，用绿色发展指标进行衡量，强调用生态价值评价、重建新的产业，全国各地都大力发展绿色经济，把破坏环境的行为通过法律、税费等经济手段进行规制。

（四）生态系统的有效保护与修复

传统科学技术造成了工农业生态系统的严重破坏，用生态化的科学技术重建全球工农业生态系统，才能使人类的经济系统与周围资源、环境相协调。大力开展农业生态工程建设，坚持“整体、协调、循环、再生”的八字方针，有效地利用生态系统中各生物种类，充分利用空间和资源的生物群落共生原理、多种成分互相协调和促进的功能原理，以及物质和能量多层次、多途径利用和转化的原理，建立能合理利用自然资源、保持生态稳定和持续高效功能的农业生态系统。大力开展植树造林，森林是生态平衡的主体，通过森林防止水土流失、防止沙漠化，再造表土，保持和增加基因品种。在工业生态工程建设中，有效控制工业废品的新陈代谢，减少矿石燃料的使用，开发无污染能源，减少核能的使用，加强城市垂直绿化程度，控制热岛效应。

三、现代科学技术发展推动生态文明建设

当代科技发展在生态文明新理念指导下为生态文明建设提供一定的技术路线。一方面，当代科技发展在生态环境保护过程中，可以利用数字化手段有效掌握全球各区域环境的各种信息，更能及时地应对生态环境随时出现的问题，也使人类能够及时科学地做出判断决策。同时，在制定环境管理政策时，现代科学技术提供了先进管理手段和管理方法，避免了过去由于信息不畅造成的决策失误，使决策更民主、管理更科学，更符合各地的实际，更能构建起符合生态文明理念，有效推进生态文明建设的制度体系。另一方面，在推进经济社会发展过程中，当代科技发展能够提供比传统技术水平下的更加强大的生产效率，能够更加有效配置社会资源，使人类在利用自然资源促进经济增长的同时，能够更好地兼顾环境和生态，达到经济效益、生态效益的有机统一。比如在电力、交通、建筑、钢铁、水泥和化工与石油化工等领域，推广绿色技术是减少污染排放，改善空气质量的关键，同时生产生活多领域的当代先进科技能够为改变人们的高碳消费习惯，打造宜人的居住环境，建设资源节约型、环境友好型社会提供更多的技术支撑。

第二节　生态文明建设的科技创新支撑

生态文明的建设是一项巨大的系统工程，需要社会的生产方式、人类的生活方式的全方位转换，而这种转换需要借助科学技术的创新与应用。生态文明的建设需要科技创新提供支撑。

一、绿色能源技术

二氧化碳的主要来源是化石燃料燃烧排放，因此，新能源技术和节能技术等是实现降碳的主要技术。绿色能源在生产及消费过程中对生态环境的污染较少，如水电、风电、太阳能发电、生物能、地热能、海潮能、氢能等。绿色能源比较分散，成本较高，随着矿物燃料的减少以及污染的严重，水能、太阳能等可能成为主要能源。现在，广泛用热水器进行光热转换，用太阳能发电进行光电转换。电解水能获得氢气，氢是清洁能源，但是分解水需要耗费电能，是逆自然过程，经济上不太合算。太阳能取之不竭，但光电转化效率还不够高，要成为主体能源需要技术突破。因此，煤炭和石油的清洁利用以及煤化工等技术需要创新突破和应用。

二、节能减排技术

节能技术是能减少能源浪费的先进技术。①信息化技术。生产和生活的信息化，将减少物质和能量的消耗。现代大宗物流是信息化不够充分的结果。经济信息化、全球化、产业分布、智能化生产、订单生产、居家办公、绿色消费等都将极大地降低物质和能量的消耗。服务成为主要劳动形式和经济活动，知识的生产、交流成为主要生产生活。生态文明要以社会信息化为支撑。②常用节能技术。a. 节电技术：功率因数补偿技术、闭环控制技术、能量回馈技术、相控调功技术、稳压调流技术、电能质量治理技术；b. 节煤技术：水煤浆技术、粉煤加压气化技术、节煤助燃剂技术、节煤固硫除尘浓缩液、空腔型煤技术；c. 节油技术：锅炉节油技术、柴油机节油技术、发电机节油技术、汽车节油技术、航空航天节油技术；d. 节水技术：工业节水技术、农业节水技术、城镇生活节水技术、服务业节水技术；e. 节气技术：民用节气技术、锅炉节气技术、油田集输系统；f. 工艺改造节能技术：通过改进生产工艺，节约耗能的技术，通过智能化、自动化控制技术提高能源利用率；g. 普及节能知识、推广节能技术、宣传节能产品、提供节能技术服务等。

三、污染治理技术

①物理处理技术：通过重力分离、离心分离、筛滤截流等物理作用分离和回收废水中不

溶解的悬浮状态污染物质(包括油膜和油珠)。②化学处理技术：通过混凝、中和、氧化还原、萃取、汽提、吹脱、吸附、离子交换、电渗析和反渗透等化学反应和传质作用来分离、去除废水中呈溶解、胶体状态的污染物质或将其转化为无害物质。③物理化学技术：利用吸附法、离子交换法、膜分离法、萃取法、汽提法、吹脱法等物理化学作用去除废水中的污染物质。④生物处理技术：通过好氧或厌氧微生物的代谢作用，使废水中的一些有机性污染物质转化为稳定、无害的物质。除尘技术是利用其质量较大的特点，通过外力的作用分离气溶胶态污染物，如粉尘、烟尘、雾滴和尘雾等颗粒状污染物。利用污染物质的物理性质和化学性质，通过冷凝、吸收、吸附、燃烧、催化等方法对 SO_2、NO_X、CO、NH_3、H_2S 等有机废气等主要以分子状态存在于废气中的污染物进行处理。⑤对化工废渣，一般采取压实、破碎、分选、固化、焚烧、增稠、脱水、热解、堆肥等技术进行处理。

四、生态修复技术

生态修复是遵循循环再生、和谐共存、整体优化、区域分异等生态学原理，以生物修复、物理修复、化学修复等工程技术的优化组合，达到最佳效果和最低耗费的目标。生态修复需要生态学、物理学、化学、植物学、微生物学、分子生物学、栽培学和环境工程等多学科的参与。生态修复机制包括：①污染物的生物吸收与富集机制。②有机污染物的生物降解机制。③有机污染物的转化机制。④生态修复的强化机制等。

环保技术主要有：①膜处理技术。用于污水资源化、高浓度有机废水处理、垃圾渗滤液处理等。②污泥处理处置技术：用于污泥处理处置。③脱硫脱硝技术。用于电力、钢铁、有色等行业及工业锅炉窑炉烟气治理。④布袋及电袋复合除尘技术。用于火电、钢铁、有色、建材等行业。⑤挥发性有机污染物控制技术。用于各工业行业挥发性有机污染物排放源污染控制及回收利用。⑥柴油机（车）排气净化技术。用于国Ⅳ以上排放标准的重型柴油机和轻型柴油车。⑦固体废物焚烧处理技术。用于城市生活垃圾、危险废物、医疗废物处理。⑧水生态修复技术。用于受污染自然水体。⑨污染场地土壤修复技术。用于污染土壤修复。⑩污染源在线监测技术。用于环境监测。

第三节　生态文明建设的科技政策保障

绿色技术创新存在不确定性，因此，需要政策法律的引导、激励、保障。我国绿色技术创新的政府激励政策主要有以下六个方面的政策：财政金融政策、政府采购政策、专利保护政策、中小企业政策、风险投资政策和绿色消费政策。

一、财政金融政策

在多渠道资金投入保障机制方面，必须搞好财政金融政策协同配合，在注重发挥财政政策引导能力和支持作用的同时，发挥多层次资本市场融资功能，多渠道引导金融机构、实体企业、社会资金，在积极投入节能减排和产业结构改造升级中，提供相应的资金保障。要通过建立和完善财政支持绿色技术的投入新机制、推进税收制度创新和税收政策完善，要创新财政，构建多元化的财政支持路径。设立绿色技术创新的专项资金，加大金融机构对绿色技术创新的贷款力度，开辟绿色技术创新的直接融资渠道，建立绿色资金监管体系。

二、政府采购政策

政府是管理主体，也是需求主体，是产品、服务的消费者，政府绿色采购制度是财政政策的重要组成部分，具有优化资源配置的功能。通过优先购买和使用符合国家绿色认证标准的技术产品和服务，促进绿色技术的研发和应用，引导绿色生产，加快相关产业发展，促进产业结构优化升级，特别是在节约资源、保护环境方面能发挥重要作用，可以引导绿色消费和清洁生产，构建有利于自然、经济和社会和谐发展的生产方式和消费方式，强化消费者的绿色取向。

三、专利保护政策

绿色知识产权是指在环境友好和资源节约方面具有显著优势的自主知识产权，主要包括“绿色专利权”“绿色商标权”“绿色著作权”。“绿色专利”是指对太阳能、混合动力汽车、风能、燃料电池汽车、潮汐、地热、生物燃料、碳捕获与储存以及核能等新能源方面的“绿色”技术所授权的专利，旨在激励“绿色”科技创新，促进“绿色”知识产权的创造、运用、保护和管理。企业选择注册“绿色商标”不仅可以带来经济效益，更能获得环境友好的口碑。通过“绿色著作权”可以把这类环境不友好的材料、方法和作品等排除在绿色著作权保护之外。技术进步涌现出的大量新材料、新工艺运用于多种作品的创作中，均可能造成环境污染，增加碳排放。

四、中小企业政策

绿色创新是科技型中小企业实现更高质量发展的战略选择。科技型中小企业具有创新活跃和机制灵活的竞争优势，但是，我国科技型中小企业在规模、数量、创新能力等方面仍然存在较大差距。需要为科技型中小企业实施绿色创新提供政策和制度环境。企业之间应加强合作、协同发展，要以互联网为核心，以绿色技术研发中心、绿色创新园区和中介服务机构等为平台，不断集聚绿色创新要素和资源，共同促进企业的绿色技术创新。为科技型中小企业进行绿色技术创新出台绿色技术标准，引领科技型中小企业通过绿色技术创新完善生产工艺流程，提高资源利用效率、减少污染物排放和碳排放等。弘扬绿色消费理念，为企业绿色技术创新提供正向激励和反向约束。研究制定绿色技术创新型中小企业的认定标准，加大对科技型中小企业绿色创新的政策支持和财政金融支持力度。促使更多的科技型中小企业主导或参与绿色技术创新。政府对科技型中小企业在采纳绿色技术方面给予财政支持或奖励，引导和组织科技型中小企业参与绿色技术市场建设，促进科技型中小企业融入国家各类绿色技术创新基地和平台体系。促使科技型中小企业开发和使用绿色技术；引导金融机构支持绿色创新型中小企业和绿色项目融资，支持龙头科技型中小企业在政府指导下整合高校的科研院所以及产业园区等。

五、风险投资政策

1986 年，国家科委在科学技术自荐书中首次提出了发展我国风险投资事业的战略方针，标志着我国风险投资业发展的开始。20 世纪 90 年代，国际风险投资公司开始进入中国市场。与此同时，一些投资银行、信托投资公司等金融机构也纷纷开设风险投资部，中国风险投资开始进入试探性发展阶段。[①]1999 年《关于建立风险投资机制的若干意见》提出了基本的风险投资体系框架，鼓励私人资本参与创业投资，并明确提出了完善风险投资的退出指导意见。我国资本市场投融资体系的多层次化和多元化的发展，扩大了风险投资退出渠道。风险投资作为高新技术产业融资的一种重要手段，可以有效地促进绿色技术创新，投资效益要高于研发投入，对技术创新产生长期积极的作用，能够显著提升各区域的绿色技术创新能力。

我国要提高风险投资的效率和质量，壮大风险投资主体和规模，引导风险投资合理流动。目前，我国的风险投资主体较为单一，应加强政策引导，促进形成多元化的风险投资主体，扩大风险投资规模。风险投资具有流动性较强、周转速度快的优点，也具有一定的盲目性，容易造成部分领域投资过热，导致人力、物力浪费。要健全风险投资的动力机制，降低风险投资企业的税率；对风险适中、具有较好市场前景的项目提供贷款担保；开辟风险投资来源，要利用部分资源启动风险投资，加大股票市场对风险投资的促进作用，开辟第二投资市场创立风险投资基金；发展风险投资公司，增加资金投入的主体，提供有利于风险投资的宏观环境，培育风险企业，发展投资银行等，以促进我国绿色技术创新发展。

六、绿色消费政策

绿色消费是消费领域的一场深刻变革，对经济高质量发展具有支撑作用，全面促进消费绿色低碳转型升级，从而为绿色技术的创新和应用提供更大的市场空间。发改委等七部门印发《促进绿色消费实施方案》，面向碳达峰、碳中和目标，大力发展绿色消费，增强全民节

① 国办发〔1999〕105 号：《关于建立风险投资机制的若干意见》。

约意识，反对奢侈浪费和过度消费，扩大绿色低碳产品供给和消费，完善有利于促进绿色消费的制度政策体系和体制机制，推进消费结构绿色转型升级，加快形成简约适度、绿色低碳、文明健康的生活方式和消费模式，为推动高质量发展和创造高品质生活提供重要支撑。要加快提升食品消费绿色化水平，鼓励推行绿色衣着消费，积极推广绿色居住消费，大力发展绿色交通消费，全面促进绿色用品消费，有序引导文化和旅游领域绿色消费，进一步激发全社会绿色电力消费潜力，大力推进公共机构消费绿色转型，推广应用先进绿色低碳技术，加快发展绿色物流配送，构建废旧物资循环利用体系，推动建立绿色消费信息平台，增强财政支持精准性，加大金融支持力度，充分发挥价格机制作用，推广更多市场化激励措施，强化对违法违规等行为的处罚约束，在促进绿色消费各方面和全过程中加强党的领导，强化宣传教育。

第四节　云南生态文明建设的科技支撑

2015 年以来，习近平总书记两次考察云南，对云南提出了“生态文明建设排头兵”建设工作的总要求①。云南省将生态文明建设摆在全局工作的突出位置，始终坚持生态优先、绿色发展。云南生态文明建设的重大任务需要绿色科技的支撑。

一、云南绿色科技支撑的重点

云南是我国发展不平衡、不充分的主要矛盾集中地区之一，而生态文明建设排头兵的任务繁重、紧迫，既要紧紧抓住大气、土壤、湖泊、河流污染的治理，又要加强绿色能源、绿色材料、生物材料等领域开发应用绿色技术，要加快社会信息化、城镇化、现代化建设，这些都离不开绿色科学技术的支撑。

（一）社会信息化技术

促进云计算、大数据、移动互联网、物联网、微电子与光电子等新一代信息技术的应用。发展智能制造装备技术，加快网络化制造技术、云计算、大数据等在制造业中的深度应用。对传统制造业进行全面绿色改造，由粗放型制造向集约型制造转变。在新农村、新型城镇化、智慧城市、现代交通建设等领域加强数字化、智能化技术的开发应用，重点开展农村信息化新技术研究及推广，推进城市智慧化技术应用，以及城市交通、电力、通信、地下管网的数字化、智能化等技术的应用。推进山区、高原公路建设、管养技术，交通运输信息资源建设

① 《扎扎实实创建生态文明建设排头兵》，《云南日报》2021 年 11 月 9 日。

技术的研发应用。应用信息技术拓展数字消费、电子商务、现代物流、互联网金融、网络教育等新兴服务业，重视量子信息技术、空天技术、智能机器人、无人驾驶汽车等新技术。

（二）清洁能源技术

围绕低碳循环发展和绿色能源消费需求，在太阳能、风能、生物质能和新能源汽车等领域开发关键技术，攻克大规模供需互动、储能和并网关键技术。开展燃料电池、锂电池、铝–空气电池、锌–空气电池研发，铅酸电池清洁制备技术开发推广，储能材料及装备开发。突破化石能源的清洁高效利用技术，推广节能新技术和节能新产品，加快高耗能行业的节能技术改造，推动新能源汽车、智能电网等技术的研发应用。

（三）新材料制备技术

大力发展新型功能材料、先进结构材料和高性能复合材料、新型电子功能材料、高温合金材料等基础材料技术。研发航空航天、海洋装备、冶金、医疗卫生和体育用品等领域钛合金制造技术。开发铜、铝、铅、锌、锡等有色金属基复合材料的新技术；开发稀贵金属材料技术、化工新材料技术；突破新材料设计、制备加工、高效利用、安全服役、低成本循环再利用等关键技术，探索纳米、石墨烯材料的开发应用。

（四）生态环保和资源高效利用技术

研究边境生态安全、热带森林保育与恢复、林业碳汇、生物多样性及濒危物种保护、退化林地植被构建、河流湿地生态系统保护和恢复技术，推动森林、湿地、荒漠生态系统定位观测等技术的创新。研究滇中城市群大气主要污染物形成条件和控制方法、二次污染控制关键技术途径，构建区域大气环境质量联防联控技术体系。发展污水、雨水、地表水资源优化利用技术，再生水回用技术，高原湖泊污染综合治理技术，水污染防治技术和装备，深部、外围探矿新技术，低品位、复杂矿产资源综合高效利用技术，稀贵金属二次回收技术，城乡生活垃圾资源化利用、再生资源回收利用、工业固体废物综合利用等技术。

（五）生物医药技术

为打造具有云南特色的生物医药大健康产业，围绕中药、民族药、天然药物、生物技术药、化学药、健康产品、中药饮片、提取物、医疗器械、健康服务业等优势特色领域，开展新品种选育、新产品研发、上市品种二次开发、标准制定、制备技术提升，着力推动药物制剂工艺。围绕细胞与免疫工程，重大传染性疾病、慢性病、地方病防控与诊疗，重大疾病入侵防控，产前遗传病诊断，优生优育，毒瘾戒断，数字化诊疗与服务等领域，实施一批重大新技术研发。建立更为完善的疾病监控、诊断技术体系。重视基因组、干细胞、合成生物、再生医学等技术。

（六）高原特色现代农业技术

围绕发展高原特色农业构建现代农业技术体系，加快主要粮食作物、特色经济作物、地方特色畜禽资源、淡水鱼类、木本油料等新品种的选育技术应用，加快特色农作物优质高产、绿色有机种植等关键技术、畜禽水产健康养殖技术和林业资源培育与利用技术等的研发。加强农副产品高附加值精深加工技术及农产品质量安全控制技术、食品安全检测与保障核心技术研发。加强绿色防控、跨境动物疫病防治、病虫草害跨境入侵防控技术研究。推广农业面源污染和重金属污染防治的低成本技术，加强化肥农药减施增效、污染农田修复、农业重大灾害防控关键技术等研究。推进农业信息化，推进农业物联网、大数据的技术应用。

二、云南绿色科技发展的政策导向

云南建设全国生态文明建设排头兵，离不开绿色科技的支撑，而绿色科技的发展离不开绿色政策的引导和促进，需要强化绿色科技进步的相关政策导向。

（一）强化原始创新

引导大学加强自由探索的基础研究，组建跨学科的科研团队，推进学科交叉融合，形成一批优势学科和高水平科技创新基地，鼓励高等院校、科研院所和企业联合，集成优势力量，加强重点领域基础研究，巩固提升生态学、植物分类学、植物化学、动物遗传学、矿产地质学与地震地质学等优势基础学科水平，培育新兴学科和特色学科，建设一批高水平重点实验室。围绕生命科学、空间和天文科学等领域，推进科学大数据中心、自然科技资源库和科学研究实验设施建设，为前沿技术攻关和产业技术创新积累原创资源。

（二）壮大科技型企业

培育一批核心技术能力突出、集成创新能力强、引领重要产业发展的创新型企业。加强产学研结合的中试基地和共性技术研发平台建设，培育一大批科技型中小微企业。围绕生物多样性、农业、人口与健康、资源与环境、材料与矿冶、先进制造、电子信息、大数据、云计算等强化产业技术创新。加强园区创新创业能力建设。推动创新主体聚集、创新资源聚合、创新服务聚焦、新兴产业聚变。

（三）加强科技成果转化

建设县域科技成果转化中心，组织和协调科技型企业、科研平台、科技人才和团队、科技成果落地。重点支持条件成熟、特色鲜明的科技成果转化示范县建设。发挥云南国防科技创新重要作用，推进军民基础共性技术一体化、基础原材料和零部件通用化，重点开展增材制造、节能环保、安全生产、先进设计、试验与测试等先进工业技术的推广应用，推动军民科技深度融合、兼容发展。实行多元化投资、市场化运作，发展多种形式的先进技术研发、成果转化模式。构建开放共享互动的创新网络，建设科技成果信息系统，培育技术市场，加强知识产权、技术转化服务。加大创业园、众创空间、科技企业孵化器、校园众创平台等创业载体建设力度。

（四）健全绿色低碳发展支撑体系

全面落实国家支持节能环保产业和低碳发展的一系列优惠政策。完善促进绿色发展的价格形成机制，深化水资源价格改革，推进电价市场化改革，健全完善污水垃圾处置收费机制，强化绿色发展的法规和政策保障。发展绿色金融，加快构建绿色金融体系，引导金融和实体经济开展绿色投融资活动。深化环保投融资体制改革，探索环保治理投融资新形态，大力推进环境污染第三方治理，积极引导社会资本投入污染防治和绿色低碳发展。

（五）加强科普工作，重视科技人才

推进科普信息化，扶持农村科普示范基地、农村科普带头人、少数民族科普工作队和科普示范社区。培养公民的科学精神、创新思维、创造能力和社会责任感，提升公民科学素质。实施科普惠民活动，支持企业员工参与工艺改进和产品设计，鼓励小革新、小设计、小发明、小创造。围绕重点学科领域和重点产业，造就一批科技领军人才，引进高端科技人才，造就科技型企业家。加快科技管理和服务人才培养，以提高科技创新的服务水平。建立适应不同创新活动特点和人才成长规律的分类评价机制，破除人才流动的体制机制障碍。

（执笔人：王邻农）

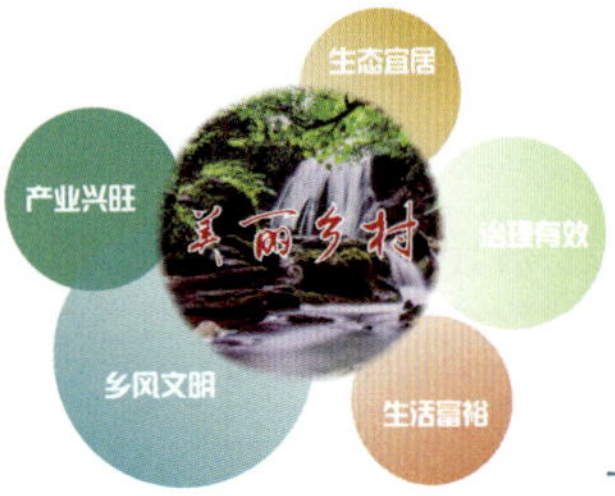

政策汇编

中共云南省委 云南省人民政府关于争当全国生态文明建设排头兵的决定

（云发〔2013〕11号）

为深入贯彻落实党的十八大精神和省第九次党代会精神，进一步加快七彩云南生态文明建设，结合云南实际，现就努力争当全国生态文明建设排头兵，作出如下决定：

一、争当全国生态文明建设排头兵的重要意义

（一）争当全国生态文明建设排头兵是国家赋予云南的使命

云南拥有良好的生态环境和自然禀赋，处于国内外六条大江大河的上游，具有多样的气候和地理环境，是中国生物多样性的天然宝库和资源基地，是世界10大生物多样性热点地区之一的东喜马拉雅地区的核心区域，生物物种及特有物种均居全国之首。作为西南生态安全屏障和生物多样性宝库，云南承担着维护区域、国家乃至国际生态安全的战略任务。同时，云南又是生态环境比较脆弱敏感的地区，保护生态环境和自然资源的责任重大。要完成国家赋予云南保护生态的光荣使命，必须争当全国生态文明建设的排头兵，积极探索，勇于实践，以江河湖泊流域综合治理、植树造林、天然林保护和保护林建设、陡坡地生态治理、石漠化治理、生物多样性保护、节能减排、循环经济和低碳经济发展试点、产业生态化、生态建设保障等“十大工程”为抓手，大力推进“美丽云南”建设，为建设“美丽中国”作出贡献。

（二）争当全国生态文明建设排头兵是桥头堡建设的内在要求

桥头堡战略明确要求，要把云南建设成为我国生物多样性宝库和西南生态安全屏障。云南天蓝、水清、山绿、生物丰富、人与自然和谐、空气质量优良，区域环境质量好或较好的比例高出全国 112 个百分点；境内大江大河水质良好，水质符合地表Ⅰ～Ⅲ类标准的河长占总河长的比例高出全国近 20 个百分点；全省森林覆盖率达 53M9%，森林面积占全国 1/10，林地面积居全国第二，活立木蓄积量居全国第三，具备争当全国生态文明建设排头兵的有利条件。推进桥头堡建设，我省必须加快生态文明建设，继续保持在全国生态优良的领先地位，为全国生态文明建设作出示范和表率。

（三）争当全国生态文明建设排头兵是推动云南科学发展和谐发展跨越发展的重要保障

近年来，我省生态文明建设取得实质成效，九大高原湖泊及重点流域水环境治理工程、节能减排工程、城镇环境基础设施建设工程顺利推进，滇池等重点流域水环境治理取得了初步成效。以滇西北、滇西南为重点的生物多样性保护基础工作稳步推进，森林覆盖率保持增长，生态创建工程、生态文明意识提升工程和民族生态文化保护工程广泛推动。这些成绩的取得，为推动我省科学发展和谐发展跨越发展奠定了坚实的基础。要实现与全国同步全面建成小康社会的战略目标，我省在加快发展的同时，必须加强生态文明建设，争当全国生态文明建设的排头兵，为科学发展和谐发展跨越发展提供有力保障。

二、争当全国生态文明建设排头兵的总体要求

（四）指导思想

深入贯彻落实科学发展观，坚持节约优先、保护优先、自然恢复为主的方针，牢固树立生态文明理念，把生态文明建设融入经济、政治、文化和社会建设各方面和全过程，深入实施“生态立省、环境优先”战略和“绿水青山、节能减排、防灾减灾”计划，着力推进绿色发展、循环发展、低碳发展，全面提升生态文明建设水平，争当全国生态文明建设排头兵，为全省可持续发展作出贡献。

（五）基本原则

坚持经济建设与生态建设同步进行的原则；坚持经济效益与生态效益同步提高的原则；坚持产业竞争力与生态竞争力同步提升的原则；坚持物质文明与生态文明同步前进的原则。

（六）总体目标

到 2020 年，全社会生态文明观念牢固树立，生态文明意识明显提高，城乡人居环境有效提升。节约资源能源和保护生态环境的体制、机制更加完善。生物多样性宝库和西南生态屏障更加巩固，解决突出生态环境问题取得实效，环境风险防范和灾害防御能力明显增强，

符合云南资源环境承载力要求的产业结构体系基本形成，绿色发展、循环发展、低碳发展水平全面提升。全省森林覆盖率力争达到 60%，受保护地区占国土面积比例超过 15%，空气质量优良率达 100%，地表水水质达标率提高到 75% 以上；单位国内生产总值能耗降至 0.8 吨标煤 / 万元以下，能源消费总量和单位生产总值二氧化碳排放量降低率控制在国家确定的目标以内，非化石能源占一次能源消费比重达到 35% 以上，主要农产品中无公害、有机、绿色及农产品地理标志产品产地种植面积的比重高于 80%；政府绿色采购比例不低于 95%，生态环境质量保持全国领先，协调发展成效显著，建设成为“美丽中国”的示范区。

三、着力提高资源节约和综合利用水平

（七）大力调整产业结构

大力发展高原特色农业，调快调特一产，建设烟糖茶胶、花菜果蔬、畜禽水产、木本油料、林下经济等特色原料基地，打造有机、绿色及无公害优势特色农产品品牌。加速新型工业化，调快调强二产，改造提升优势传统产业，提高轻工业比重，大力培育战略性新兴产业。促进服务业发展，调快调优三产，提升传统服务业，发展物流、金融、信息咨询、科技服务等现代服务业，打造旅游文化产业新优势。

（八）推进循环经济发展

支持不同行业、企业延伸耦合工业废弃物循环利用链，重点提高粉煤灰、磷石膏、冶炼废渣等主要工业固体废弃物的回收和循环利用率，推广利用工业固体废弃物作为水泥、新型墙体材料、有机肥料等的原料，做好大宗产业废弃物综合利用示范基地建设。提高大宗、短缺、稀贵金属等重要矿产资源的综合开发利用水平，加强金属及非金属共伴生、低品位、难选冶矿产资源的综合利用和深加工，加大对煤伴生矿产资源、煤泥、煤矸石、矿井煤层气综合利用力度。发展再生资源回收利用产业，实施城市生活、建筑垃圾综合利用项目，建立健全废弃电器电子、轮胎、汽车等大类产品规范化回收体系。推进产业园区能源梯级利用、废物交换利用、水资源分类使用和循环利用、污染物集中处理，实现循环化发展。到 2020 年，工业固体废弃物综合利用率超过 75%，主要可再生资源回收利用率达到 80% 以上。

（九）促进能源节约

建立以低碳排放为特征的产业体系。调整和优化能源结构，大力发展无碳和低碳能源，不断提高可再生能源消费比重，把云南建设成为国家重要的低碳能源基地。推进节能改造、节能产品惠民、合同能源管理推广、太阳能综合利用示范、节能技术产业化示范和节能能力建设等工程建设。继续抓好工业领域节能，大力推进建筑、交通、农业和农村等领域节能工作，推动低碳旅游与节能服务业发展。宣传践行低碳理念，倡导低碳生活，推行低碳办公，促进低碳消费。做好低碳试点省工作。

（十）保障水资源可持续利用

落实最严格的水资源管理制度，确立水资源开发利用控制、用水效率控制、水功能区限制纳污“三条红线”，严格实行用水总量控制，强化水资源统一调度。建设节水型社会，培育节水型生产和消费模式，破解水资源水环境约束。推进工业循环用水、农业节水灌溉、再生水利用、城镇供水系统节水改造、节水器具推广等节水重点工程。加强工业节水，发展高效节水农业，建设节水型城镇，强化供、用、排全过程节水，全面提高水资源利用效率。到2020 年，工业用水重复利用率达到 95% 以上。滇中等重点区域要制定严格用水限额和企业水耗标准，加强用水计量与监督管理，加大重点行业节水监管力度，健全水资源定价机制，完善城市旱时供水调节机制。深入广泛开展节水宣传，提倡“一水多用”，宣传节水示范及典型，推动节水型社会建设。

（十一）加强土地资源节约集约利用

坚持最严格的耕地保护和节约集约用地制度，严格控制非农建设占用耕地尤其是坝区优质耕地，保护好基本农田，稳定耕地和基本农田的数量和质量，确保耕地占补平衡。加强土地整治，加大中低产田地改造力度，推动高标准农田建设，提高耕地生产力。严格执行林地定额管理，控制工程项目占用林地。加强建设用地空间管制，严格划定城乡建设用地扩展边界，防止城乡建设用地无序扩张。优化工矿用地结构和布局，重点保障民生、交通、能源、环保、水利、旅游等基础设施用地。深化土地节约集约利用工作，严把项目准入门槛，严格执行用地定额指标，继续推进“国土资源节约集约模范县”创建活动。推进产业集聚区发展，限制产能过剩行业、高能耗、高污染项目用地需求。积极推行节地型和紧凑型城镇、村更新改造和建设用地整理，提高土地利用效率。引导城镇用地内部结构调整，控制生产用地，保障生活用地，提高生态用地比例。用足、用活国家低丘缓坡开发利用试点政策，积极推进“工业上山、城镇上山”。积极盘活存量建设用地，鼓励开发城市地上地下空间，挖掘各类闲置土地、低效土地和废弃土地的利用潜力。对使用未利用土地的建设项目用地，出让时可按土地成本价给予优惠。

四、着力加强生态保护与建设

（十二）构建西南生态安全屏障

保护重要生态功能区，提升重点环境功能区质量，保障城市人居生态安全，建设生态廊道，建立与经济发展总体布局相适应的生态安全格局。重点加强滇西北（横断山）、西双版纳、金沙江干热河谷（川滇干热河谷）、滇东南喀斯特（西南喀斯特地区）等国家重要生态功能区、重要江河源头及分水岭地带的保护与管理。切实维护和改善以九大高原湖泊等为重点的环境功能区质量。注重城市群、产业集聚区等重点开发区域的生态建设与保护，筑牢由饮用水水源保护地、城镇面山、城市河道、城市绿地等为主构成的城市生态安全屏障，合理布局建设产业、城市、农村等不同发展组团间的生态用地空间，加强天然湿地生态系统保护和恢复。构建与六大水系、对外对内开放经济走廊、沿边对外开放经济带相适应的生态廊道体系。各地区根据本区域的生态安全保障需要，建立分级主体功能区、生态功能区、环境功能区保护体系。

（十三）提高森林生态保护与建设水平

深入推进“森林云南”建设，提升森林质量和生态服务功能。加大森林生态系统保护，大力实施退耕还林及陡坡地生态治理、生物多样性保护、城乡绿化、防护林建设、天然林保护、低效林改造、石漠化治理、农村能源建设等工程，力争10年内对1000万亩25度以上陡坡地、特殊生态脆弱地区的坡耕地实施修复。优化公益林地布局，加大公益林管护力度，提高公益林地质量和生态功能。以六大水系、九大高原湖泊、大中型水库面山等为重点，实施生态治理和植被恢复，建立以保持水土、护坡护岸、涵养水源为主要目的的防护林体系。科学实施造林工程，改进造林模式，培育健康森林，构建稳定的森林生态系统。

（十四）加强生物多样性保护

加大以滇西北、滇西南为重点的生物多样性保护力度，开展生物多样性保护示范区和恢复示范区建设，加强与周边邻国的生物多样性保护合作。完善就地、迁地、离体保护体系，努力在重要物种、关键生态系统保护和生物资源可持续利用等方面取得重大突破。推进中国生物多样性博物馆建设。推进自然保护区管理体制改革，强化管理能力建设和标准化建设，合理规划自然保护区发展规模和布局。推进滇东南石灰岩植被、干热河谷植被、湿地植被等生态脆弱区生态系统功能的恢复重建。推进水土保持生态建设，加大重点区域水土流失治理力度。控制物种及遗传资源的丧失流失，加强对生物物种资源出入境的监管。加强外来有害生物物种防治，强化转基因生物体和环保微生物利用的监管，防控野生动物疫源、疫病。加强对各民族生物多样性的保护，传统文化和乡土知识的收集、整理、保护，充分发挥民族优秀传统文化在生物多样性保护中的作用。

（十五）完善防灾减灾体系

加大地震、崩塌、滑坡、泥石流等灾害综合防治力度，强化监测预报、动态跟踪、灾害预防工作，重点建立健全地震和地质灾害易发地区调查评价体系、监测预警体系、防治体系和应急体系。积极推进地质灾害重点县城、乡镇、资源枯竭城市和其他重大地质灾害地区隐患治理工程；整合项目、资金，科学稳妥地实施因灾搬迁避让工作；大力推进综合性、专业化与社会化相结合的应急救援队伍建设。加强重点水利设施建设监管和山洪预警预报系统建设。以防洪薄弱地区和山洪地质灾害易发地区为重点，以中小河流、江河主要支流及山洪灾害防治为主要内容，加强防洪减灾综合防御体系建设。完善有害生物监测预警和防控体系建设，严防有害生物入侵蔓延。建立完善气象灾害预警信息发布系统，完善突发气象灾害预警信息发布制度。加紧制订旱涝应对计划及机制，建立旱涝灾害应急体系。加强次生灾害预警防范和森林火灾预防、扑救、保障三大体系建设。完善技术支撑体系，做好科学论证，有效解决山地生态脆弱和城镇生态安全问题。加强水电、矿产、旅游等资源开发以及公路、铁路、水利等重大基础设施建设项目的生态与灾害风险防范，开展生态环境监察，实施生态恢复、土地复垦与地质灾害防治，建立健全生态破坏与灾害风险防范机制。

五、着力建设生态文化

（十六）牢固树立生态文明观念

运用多种形式和手段，深入开展保护生态、爱护环境、节约资源的宣传教育和知识普及活动，牢固树立尊重自然、敬畏自然、顺应自然的伦理观，环境是资源、环境是资本、环境是资产的价值观，破坏环境就是破坏生产力、保护环境就是保护生产力的发展观，保护环境光荣、破坏环境可耻的道德观，提倡绿色消费、杜绝奢侈浪费的消费观。将生态文化知识和生态意识教育纳入国民教育和继续教育体系，纳入党政干部、企业培训计划，让生态文明教育进机关、进企业、进社区、进农村、进学校。积极开展各类绿色、低碳、生态创建行动以及环保志愿者行动。

（十七）继承发展生态文化

充分挖掘、保护和弘扬民族优秀传统生态文化，推进生态文化创新，促进生态文化传播。积极开发体现云南自然山水、生态资源特色和倡导生态文明、普及生态知识的图书、音像、舞台艺术、影视剧等文化产品。充分利用各类媒体、图书馆、文化馆、科技馆、青少年活动中心、妇女儿童活动中心、老年活动中心、乡村文化站等传播生态文化。加强自然保护区、森林公园、湿地公园、地质公园、植物园、动物园、民族生态博物馆、自然博物馆等生态文化平台的建设和管理。保护和开发生态文化资源，在生态文化遗产丰富、保持较完整的区域，建设一批生态文化保护区，维护生态文化多样化。加快建设并形成一批以绿色学校、绿色企业、绿色社区、生态乡镇为主体的生态文化宣传教育基地。做大做强生态文化产业，丰富生态文化内涵，不断满足人民群众对生态文化的需求。

六、着力建设城乡宜居生态环境

（十八）推进城乡人居环境综合治理

以点带面，推进农村环境综合整治，实施重点片区集中连片整治和试点示范工程。防治农业面源污染，优先加强饮用水源地、湖泊流域、江河源头等环境敏感区域清洁农业和生态乡镇建设，加强生态河道建设和农村沟塘综合整治，加大规模化畜禽养殖场污染防治力度。强化工业污染源监管及治理。把生态理念融入城镇建设，推行绿色建筑、低能耗、生态化基础设施建设，减轻城镇化对生态环境的影响。统筹城乡环境基础公共服务设施，加快推进中小城市污水、垃圾集中处理设施建设；因地制宜，加强全省乡镇建成区范围内生活污水和垃圾的处理。到 2020 年，县以上城市生活污水集中处理率达到 90% 以上，生活垃圾无害化处理率达到 100%。省级特色小镇生活污水集中处理率达到 80% 以上，生活垃圾无害化处理率达到 95% 以上。强化城市噪声、恶臭、机动车尾气、餐饮油烟以及施工和道路扬尘的污染防治。推进城乡绿化建设和管理，切实提高城镇绿化覆盖率、绿地率。

（十九）加强重点区域领域环境污染防治

继续推进有色、钢铁、化工、建材、造纸、制糖等行业污染防治，强化结构减排，细化工程减排，加强监管减排。加快淘汰落后产能，合理控制能源消耗总量，降低能源消耗和污染物排放强度，使二氧化硫、化学需氧量、氨氮、氮氧化物主要污染物排放指标控制在国家确定的目标范围内。进一步加强九大高原湖泊水污染防治，按照“一湖一策”的原则，采取预防、保护和治理措施，提高被污染湖泊水环境质量，确保达标湖泊水质稳定，确保 2020 年滇池水质稳定达到Ⅳ类。加大我省金沙江、澜沧江、怒江、南盘江、红河等重点河流流域水污染防治力度，推动集中开发区域、污染隐患突出区域等重点流域单元管理与污染防治。加强喀斯特岩溶地貌监测，严禁企业利用暗流和渗漏通道违法排放污染地下水源。建立健全空气环境质量监测评价和联防联控体系，加强重点城市、产业集聚区、工业城镇等区域大气污染预防及控制。积极推进重金属污染重点防控区、行业和企业的集中治理。加强对重金属、核辐射、危险废弃物、危险化学品及持久性有机污染物的监控和防治。加强环境风险管理，完善环境风险与事故应急体系，提高环境突发事件应急处置能力。

（二十）保障饮用水水源地和农产品基地安全

加快县级以上集中式饮用水水源保护区的划定、批复和建设，核定并公布县级以上城市集中式饮用水水源地名录，推进饮用水水源保护区管理，严格环境执法，强化水源地分区环境整治。提高饮用水水源地环境监测能力，积极开展全指标监测，加强集中式饮用水水源地自动监测站建设。开展重要饮用水水源地安全保障达标建设。建立饮用水水源地风险防范机制，完善应急预案，全面提高预警能力。开展农村饮用水水源地调查评估，推动重点乡镇水源保护区规划和建设。逐步加强农村分散式供水水源周边环境保护和监测管理。强化主要农产品产地土壤、水、大气环境监管，加大农产品基地周边工业烟尘、污水、废渣的治理，加强农药、化肥的监管，逐步建立土壤等环境监测网络体系和安全评价机制。

（二十一）推进生态文明示范建设

加大生态文明示范州市、县市区和乡镇创建力度，积极开展人居环境（范例）奖、环保模范城市、文明城市、卫生城市、园林城市、森林城市、绿化模范州市、宜居城市、节水型城市、生态文化公园、绿色乡镇、绿色学校、绿色社区等创建活动。推动机关、企业、学校、社区、农村、景区开展生态文明创建活动。着力抓好重点区域、重点行业、重点企业的生态文明创建。建设一批生态文化保护区和生态文明宣传教育示范基地。

七、着力完善生态制度建设

（二十二）完善区域开发保护与环境准入机制

根据主体功能区规划，加强不同开发区域环境保护的分类指导。在滇中产业集聚区等重点开发区推进区域经济发展规划环境影响评价，科学制定开发方向与规模，明确环境准入政策，加强开发区域的生态建设力度，提高生态承载能力，保障环境质量达标；在限制开发区实行以健全功能为主的生态建设与保护政策，严格执行环评制度，对敏感项目举行听证会，提高环境保护准入门槛，推行行业退出与限批政策；在禁止开发区严格执行区域禁批，完善保护区管理法规，推行保护区与周边社区共建共管，开展异地就业补偿试点。在重点流域、重点区域逐步建立以环境容量为基础的总量控制，严格环境准入制度。制定完善国家级重要生态功能区保护的地方性法规和保护规划。

（二十三）完善执法监管机制

以环境影响评价为切入点，完善建设项目环境管理，控制污染新增量。严格实施环保“三同时”制度，完善分级审批规定与目录，强化验收环节管理，加大对违规建设项目、未验收项目的清理和处罚力度。建立基于环境审计和排放绩效的企业环境报告制度，加强排污许可证的动态管理。深入开展整治违法排污企业、保障群众健康专项行动，严厉查处环境违法行为和案件。开展环境问题整改督查，逐步开展农村生态环境监察。鼓励设立环境保护法庭，完善跨行政区域环境执法合作机制和部门联动执法机制，规范流域、区域、行业限批和督查制度。完善环境地方标准，针对污染减排重点领域和污染防治重点区域流域，探索建立地方标准，控制突出环境问题。

（二十四）完善政策机制

对可再生能源发电、余热发电和垃圾焚烧发电实行优先上网等政策支持。对高耗能、高污染行业实行差别电价。对污水处理、污泥无害化处理、脱硫脱硝和垃圾处理等鼓励类企业给予政策支持。建立绿色金融机制，健全环境污染责任强制保险制度，建立企业环境行为信用评价制度，开展绿色信贷、绿色审计等试点。建立生态补偿机制，完善重要生态功能区、限制开发区、禁止开发区生态补偿机制。开展碳汇补偿试点，研究建立符合云南省情的碳汇补偿方式和补偿标准，探索建立碳汇交易机制和平台，实施森林碳汇交易示范项目。积极开展饮用水水源地、跨界水质补偿、矿产资源开发、水电开发等领域生态补偿机制试点。逐步建立市场机制，完善资源有偿使用制度，建立能够反映能源稀缺程度和环境成本等完全成本的价格形成机制。探索建立排放配额制度，开展排污权、节能量、水权等交易试点。

（二十五）完善投入机制

积极争取国家专项资金、政策、项目支持，将云南列为国家生态补偿重点省份，加大对云南的生态补偿力度。各级政府要把生态文明建设作为公共财政支出的重点，整合资金，加大投入，运用财政贴息、投资补助、减免行政收费等手段支持生态文明建设。增加省级环保引导资金，支持重点流域、区域污染防治和生态保护等环境基础设施项目建设，各级政府要安排环境保护、生态建设方面的引导资金和专项资金。继续完善政府引导、市场运作、社会参与的多元投入机制，制定优惠政策，吸引更多的社会资本、民间资本、外来资本和金融信贷资金参与生态文明建设。积极开展环境资本运作，使良好的生态环境成为不断增值的资本，实现经济发展与环境保护双赢。

（二十六）完善科技支撑机制

积极引进、消化、吸收和开发利用国内外关键共性技术，着力突破资源综合利用、高原湖泊污染防治、重金属污染土壤修复、石漠化治理等领域的技术瓶颈，精心组织实施国家水体污染控制与治理科技重大专项。支持建立环保重点实验室、环保工程技术研究中心、环保技术服务中心、环保科技产业基地等基础平台，培育和发展各类环保科技中介服务机构，推进生态科技成果产业化和普及推广。加大生态文明科技投入，在省科技计划专项资金中，对环境保护、生态建设研究和成果转化项目优先给予支持。积极开展与生态文明建设相关的宏观规划、研究示范、调查评估、政策创新等一批重大课题研究。加强生态文明建设相关人才培养、引进和使用，列入省高层次人才、紧缺型人才培养和引进计划。

（二十七）完善公众参与机制

鼓励非政府组织参与生态文明建设，开展环保宣传等社会公益活动。推进环境信息公开，推行企业环境监督员制度，建立涉及有毒有害物质排放企业环境信息强制披露制度，保障人民群众的知情权。建立环境保护重大决策听证、重要决议公示和重点工作通报制度，强化公众参与和监督。加强环境标志认证，倡导绿色消费。畅通环保信访、12369 环保热线、环保网络邮箱等信访投诉渠道，实行有奖举报，鼓励环境公益诉讼。完善政府、企业和社团组织的环境保护参与互动机制。

八、着力强化生态保障措施

（二十八）加强组织领导

各级党委和政府要切实把生态文明建设摆到重要位置，专题研究和解决本地区生态文明建设的重大问题与薄弱环节，加强生态文明建设的组织落实。七彩云南生态文明建设领导小组及办公室统筹协调全省生态文明建设各项工作，定期召开领导小组会议，建立联络员制度。

（二十九）严格监督考核

制定完善全省生态文明建设指标体系和考核实施办法。落实州、市和省级相关部门目标任务，制定重点工程实施方案和意见。加强对目标责任、重点任务与工程进度的跟踪检查和阶段性问责。加强对州、市和省级相关部门的督促考核，对考核不合格的州、市和省级相关部门进行问责。各级政府要定期向上级政府报告生态文明建设目标任务完成情况。

（三十）扩大宣传与合作

各地区、各部门要充分利用电视、广播、报纸、图书、网络等媒体，丰富宣传内容，创新宣传形式，加强舆论宣传引导和监督，广泛宣传生态文明理念、倡导生态伦理道德，及时报道生态文明建设的重大政策、措施和成效，反映社会各界对生态文明建设的意见和呼声，激发广大干部群众投身生态文明建设的热情，营造生态文明建设的良好氛围。进一步深化生态文明建设各领域的国际、国内交流合作。

（此件发至县）中共云南省委办公厅 2013 年 8 月 9 日

云南省生态文明先行示范区建设实施方案

为贯彻落实党的十八大和十八届三中、四中全会精神，探索自然生态资源丰富、国际生态区位重要、边疆民族贫困地区生态文明建设的有效模式，根据《国务院关于加快发展节能环保产业的意见》（国发〔2013〕30 号）、《关于印发生态文明先行示范区建设方案（试行）的通知》（发改环资〔2013〕2420 号）的要求，为做好生态文明先行示范区建设工作，结合云南实际，制定本实施方案。

一、建设背景

（一）现实基础

云南位于我国西南边陲，国土面积 39.4 万平方千米，边境线长 4060 千米，2013 年常住人口 4686.6 万，地区生产总值 11720.91 亿元。区位条件优越，地处长江、珠江、澜沧江、怒江、伊洛瓦底江等国际国内重要河流的上游，与老挝、越南和缅甸山水相连，是我国面向西南开放的重要桥头堡。生态功能重要，2012 年森林覆盖率 50.03%、森林面积 2.73 亿亩、草原面积 1.78 亿亩，生物物种及特有物种均居全国之首，是我国西南生态安全屏障，也是我国重要的生物多样性宝库和全球生物多样性热点地区。自然资源禀赋良好，拥有丰富的水能、生物资源和矿产资源，水资源总量占全国的8.4%，居全国第三位。民族文化厚重，少数民族占总人口的33.39%，是全国民族成分最多、特有民族最多、跨境民族最多、世居民族最多、人口较少民族最多的省份，孕育了具有浓郁民族特色和地方特点的生态文化。

近年来，云南始终坚持“生态立省、环境优先”的发展战略，全力推进生态文明建设。开展“七彩云南保护行动”和“森林云南”建设，推进以滇池为重点的九大高原湖泊水环境治理。扎实推进节能减排、低碳发展，调整优化产业结构，大力发展可再生能源，加快发展生物医药、高原特色农业、生态旅游等优势产业。空气环境质量好或较好的比例高于全国平均水平11.2个百分点，河流水质符合地表Ⅰ～Ⅲ类标准的河长占总河长的比例高于全国平均水平20个百分点，自然保护区个数居全国第六位，非化石能源占一次能源消费比重达31.41%，建设“美丽云南”、争当全国生态文明建设排头兵的信念深入人心。

（二）存在问题

云南生态环境脆弱敏感，许多重要的生态系统处于高山、干热河谷和热带森林等生态脆弱带，水土流失面积占全省国土总面积的27.8%，岩溶面积居全国第二位，有滑坡、泥石流、崩塌等地质灾害隐患2万多处。发展方式粗放，工业结构不合理，过度依赖于矿产、冶金、化工、电力等资源型产业，能耗强度高、资源利用效率低，近2/3的工业品单位产品能耗高于全国平均水平。深度贫困问题突出，目前贫困人口约为1000多万，居全国第二位。生态文明制度不健全，一些重要制度尚需进一步探索实践，特别是生态补偿力度远不能满足发展与保护的需求，对生态文明建设支撑力度不够。

（三）重要意义

通过生态文明先行示范区建设，优化以重化工为主的产业结构，加强资源节约和高效利用，实现生产、消费、流通各环节绿色化、循环化、低碳化，探索自然资源富集地区转变粗放发展方式新路子。通过生态文明先行示范区建设，改善滇池等九大高原湖泊和六大江河流域为主的水环境质量，巩固云南作为我国重要的生物多样性宝库和西南生态安全屏障作用，探索大江大河上游地区构筑生态安全屏障新方式。通过生态文明先行示范区建设，发挥生态环境和自然资源禀赋的后发优势，培育发展新的经济增长点，实现富民强滇的美好夙愿，探索边疆民族贫困地区和谐发展新举措。通过生态文明先行示范区建设，建立健全生态补偿制度、自然资源资产产权和用途管制制度、生态红线管控制度，探索可复制可推广的生态文明制度新模式。

二、总体要求

（一）指导思想

全面落实“五位一体”总体布局，牢固树立尊重自然、顺应自然、保护自然的生态文明理念，坚持以节约优先、保护优先、自然恢复为主的方针，抓住新一轮西部大开发和云南建设绿色经济强省、民族文化强省、中国面向西南开放重要桥头堡的战略机遇，以改革创新为动力，以绿色循环低碳发展为途径，加快形成节约资源和保护环境的空间格局、产业结构、生产方式、生活方式，努力建设成为经济繁荣发展、自然环境优美、人民安居乐业、边疆民族和睦的七彩云南，为全国生态文明建设积累经验、提供示范。

（二）战略定位

生态屏障建设先导区。改善滇池等以高原湖泊为重点的地区的环境质量，提高森林生态效益，巩固云南作为我国重要的生物多样性宝库和西南生态安全屏障的作用。

绿色生态和谐宜居区。推进新型城镇化建设，改善城乡人居环境，发挥云南独特的气候和自然资源优势，打造绿色宜居的美丽家园。

边疆脱贫稳定模范区。推动生态资源科学合理开发利用，发展生态经济，解决边疆少数民族深度贫困问题，帮助群众脱贫致富，与全国同步建成小康社会。

制度改革创新实验区。加快生态文明制度创新，重点在生态补偿制度、自然资源资产产权和用途管制制度、生态红线管控制度方面取得突破，为全国生态文明制度建设提供有益经验。

民族生态文化传承区。保护和弘扬民族优秀传统生态文化，形成国家重要的民族生态文化保护、弘扬和传承阵地。

（三）主要目标

到 2020 年，全面完成生态文明先行示范区各项目标，符合主体功能定位的空间开发格局全面形成，产业结构进一步优化，可再生能源利用率居全国前列，资源利用效率大幅提高，生态环境质量全国领先，民族生态文化丰富多彩，绿色发展、循环发展、低碳发展水平全面提升，生态文明制度体系更加健全，成为全国生态文明建设排头兵。

产业结构进一步优化。第三产业增加值和战略性新兴产业增加值占地区生产总值比重分别达 44% 和 15%，农产品中无公害、绿色、有机农产品种植面积比例达 15%。

资源利用更加高效。单位地区生产总值能源消耗、二氧化碳排放下降率完成国家下达的目标任务，万元工业增加值用水量降低到 65 吨，工业固体废弃物综合利用率达 56%，非化石能源占一次能源消费比重达 34%，形成以大中型矿山为主体的绿色矿山建设新格局。

生态环境质量明显提升。化学需氧量等主要污染物排放总量完成国家下达的目标任务，空气质量指数（AQI）达到优良的天数占比达 95%，水功能区水质达标率达 87%，森林覆盖率和蓄积量分别达 56% 和 18.5 亿立方米，新增水土流失治理面积 2.9 万平方千米。

表 8-1　云南省生态文明先行示范区建设指标体系

类别	指标名称		单位	指标值			
				2012 年	2017 年	变化率(%)	2020 年
经济发展质量	1	人均 GDP	万元	2.22	4.29	94	5.9
	2	城乡居民收入比例	—	3.89	3.46	—	3.22
	3	三次产业增加值比例	—	16∶42.9∶41.1	14.5∶42.4∶43.1	—	13.0∶43.0∶44.0
	4	战略性新兴产业增加值占 GDP 比重	%	7	12	71	15
	5	农产品中无公害、绿色、有机农产品种植面积比例	%	8	12	50	15
资源能源节约利用	6	耕地保有量	万公顷	622.47	≥ 598.00（国家下达值）	—	≥ 598.00（国家下达值）
	7	用水总量	亿立方米	151.8	196.8	30	214.62
	8	水资源开发利用率	%	6.9	8.9	30	9.7
	9	万元工业增加值用水量	吨 / 万元	81	75	— 7	65
	10	农田灌溉水有效利用系数	—	0.411	0.531	29.2	0.55
	11	非常规水源利用率	%	4.21	14.57	246	16
	12	单位 GDP 能耗(2010 年价)	吨标准煤 / 万元	1.088	完成国家下达的目标任务		
	13	单位 GDP 二氧化碳排放降低率（较 2010 年）	%	−8.31	−22.3	−168	−29
	14	非化石能源占一次能源消费比重	%	31.41	33	5	34
	15	能源消费总量	万吨标准煤	10434（含开口数）	14824（含开口数）	42.1	18262（含开口数）
	16	水电、火电装机比例 *	—	72 ∶ 28	81 ∶ 19	—	84 ∶ 16

续表 8-1

类别	指标名称			单 位	指标值			
					2012 年	2017 年	变化率(%)	2020 年
资源能源节约利用	17	矿产资源三率（开采回采、选矿回收、综合利用）	铁	%	81.91 82.92 24.39	82 83 25	0.1 0.09 2.5	82 83 35
			铜	%	83.55 86.13 45.46	84 87 46	0.5 1 1.2	85 87 50
	18	矿山地质环境治理恢复保证金缴存率		%	67	85	27	100
	19	矿山地质环境保护与治理恢复方案编制执行率		%	61	85	39	100
	20	绿色矿山个数		个	9	形成以大中型矿山为主体的绿色矿山建设新格局	—	—
	21	工业固体废物综合利用率		%	49	53	8	56
	22	新建绿色建筑比例		%	2	25	1150	50
	23	农作物秸秆综合利用率		%	60	80	33.3	85
	24	主要再生资源回收利用率		%	40	70	75	85
生态建设与环境保护	25	林地保有量		万公顷	2473.04	2482.8	0.4	2487
		森林面积 *		万公顷	1914.19	1991	4	2142.81
	26	森林覆盖率		%	50.03	52.03	4	56
	27	森林蓄积量		万立方米	169309.19	180809.19	6.8	185309.19
	28	草原综合植被盖度		%	86.26	89.72	4.01	91.85
	29	自然湿地保有量		万公顷	39.2	40	2	42

续表 8-1

<table>
<tr><th rowspan="2">类别</th><th rowspan="2" colspan="2">指标名称</th><th rowspan="2">单位</th><th colspan="4">指标值</th></tr>
<tr><th>2012 年</th><th>2017 年</th><th>变化率(%)</th><th>2020 年</th></tr>
<tr><td rowspan="13">生态建设与环境保护</td><td>30</td><td>禁止开发区域面积</td><td>万平方千米</td><td>7.68</td><td>8</td><td>4</td><td>8</td></tr>
<tr><td>31</td><td>新增水土流失治理面积</td><td>万平方千米</td><td>0.3383</td><td>2</td><td>18</td><td>2.9</td></tr>
<tr><td>32</td><td>湖库水面面积保有率</td><td>—</td><td>全省面积的1.13%</td><td>≥全省面积的1.2%</td><td>—</td><td>≥全省面积的1.29%</td></tr>
<tr><td>33</td><td>人均公园绿地面积</td><td>平方米</td><td>9.15</td><td>10</td><td>9.3</td><td>10</td></tr>
<tr><td rowspan="4">34</td><td rowspan="4">主要污染物排放总量</td><td>二氧化硫排放量</td><td>万吨</td><td>67.23</td><td colspan="2" rowspan="4">完成国家下达的目标任务</td></tr>
<tr><td>氮氧化物排放量</td><td>万吨</td><td>54.43</td></tr>
<tr><td>化学需氧量排放量</td><td>万吨</td><td>54.86</td></tr>
<tr><td>氨氮排放量</td><td>万吨</td><td>5.87</td></tr>
<tr><td>35</td><td>空气质量指数（AQI）达到优良的天数占比</td><td>%</td><td>93</td><td>94</td><td>1</td><td>95</td></tr>
<tr><td>36</td><td>水功能区水质达标率</td><td>%</td><td>65.9</td><td>80</td><td>21.4</td><td>87</td></tr>
<tr><td>37</td><td>城镇（乡）供水水源地水质达标率</td><td>%</td><td>79.2</td><td>92</td><td>16.2</td><td>94</td></tr>
<tr><td>38</td><td>县城以上城镇污水集中处理率</td><td>%</td><td>81</td><td>85</td><td>4.9</td><td>90</td></tr>
<tr><td>39</td><td>县城以上城镇生活垃圾无害化处理率</td><td>%</td><td>81</td><td>85</td><td>4.9</td><td>90</td></tr>
</table>

续表 8-1

类别	指标名称		单位	指标值			
				2012 年	2017 年	变化率(%)	2020 年
生态文化培育	40	生态文明知识普及率	%	70	≥ 95	≥ 35.7	≥ 97
	41	党校干部参加生态文明培训的比例	%	80	100	25	100
	42	公共交通出行比例	%	15	昆明：43 其他城市：37	≥ 147	昆明：50 其他城市：40
	43	二级及以上能效家电产品市场占有率	%	75	90	20	93
	44	节水器具普及率	%	78	90	15.4	92
	45	城区居住小区生活垃圾分类达标率	%	25	40	60	42
	46	有关产品政府绿色采购比例	%	87	98	12.6	99
生态文明制度建设	47	生态文明建设占党政实绩考核的比重	%	22	30	36.4	32
	48	环境信息公开率	%	100	100	—	100

注：1. 变化率是 2012 年和 2017 年指标值之间的变化率。

2.* 代表云南省特色指标。

三、主要任务

科学谋划空间开发格局，积极调整优化产业结构，大力发展清洁能源，促进资源节约集约利用，筑牢生态安全屏障，培育生态文明理念，推进体制机制创新，构建生态文明先行示范区七大体系。

（一）落实主体功能区规划，构建三大空间开发战略体系

落实《全国主体功能区规划》和《云南省主体功能区规划》，按照主体功能定位发展，合理控制开发强度，调整优化空间结构，构建科学合理的城镇化格局、农业发展格局、生态

安全格局。

1. 构建以“一区一带五群七廊”为主体的城镇化空间格局

遵循“强区、富带、兴群、促廊”的空间战略布局，以加快推进滇中城市集聚区一体化建设为核心，优先推动沿边开放城镇带的口岸和重点城镇对外开放，加强滇西、滇东南、滇西北、滇西南和滇东北5大城市群建设，以昆明至瑞丽、昆明至磨憨、昆明至河口、昆明至腾冲连接东南亚的4条对外开放经济走廊，昆明—昭通—成渝和长三角、昆明—文山—北部湾和珠三角、昆明—丽江—迪庆—滇川藏大香格里拉—西藏昌都3条对内融合经济走廊为纽带，努力将“一区一带五群七廊”区域打造成为聚集全省人口、经济和加快工业化、城镇化进程的核心区域。将生态文明理念融入城镇化建设的各方面和全过程，注重以人为本、多规融合、产城融合、特色突出，走集约、智能、绿色、低碳的新型城镇化道路。

2. 构建“六大区域板块”的农业空间格局

按照区域化布局、专业化生产和规模化经营的要求，以农产品主产区为主体、其他功能区为重要组成，充分发挥资源优势，结合地形地貌特点，发展各具特色的农庄经济，构建滇中、滇东北、滇东南、滇西、滇西北、滇西南6大区域板块高原特色农业战略格局。以基本农田为依托，在滇东北、滇西两大粮食主产区，划定集中粮食核心产区，按照亩产吨粮的能力标准，建设生产功能区，保障粮食安全。在滇中、滇东南、滇西北、滇西南四区，大力发展高原特色农业产品，形成区域农业综合园及产业示范区，推进绿色、有机、无公害食品生产基地建设。

3. 构建以“三屏两带”为主体的生态安全空间格局

构建以重点生态功能区为主体，禁止开发区域为支撑的“三屏两带”生态安全战略格局。青藏高原南缘生态屏障，重点保护好独特生态系统和生物多样性，发挥涵养大江大河水源和调节气候的功能；哀牢山—无量山生态屏障，重点保护天然植被和生物多样性，加强水土流失防治，发挥保障滇中国家重点开发区域生态安全的作用；南部边境生态屏障，重点保护好热带雨林和珍稀濒危物种，防止有害物种入侵，发挥保障全省乃至全国生态安全的作用。金沙江干热河谷地带、珠江上游喀斯特地带，重点加强植被恢复、石漠化治理和水土流失防治，发挥维护长江、珠江下游地区生态安全的作用。

专栏1　云南省主体功能区规划

重点开发区域：国家层面重点开发区域——滇中地区昆明、玉溪、曲靖和楚雄4个州（市）的27个县（市、区）和12个乡镇，按行政区统计面积为4.91万平方千米，占全省面积的12.5%。省级层面集中连片重点开发区域——滇西、滇西北、滇西南、滇东南和滇东北地区，共16个县（市、区），按行政区统计面积为3.66万平方千米，占全省面积的9.3%。

限制开发区域：包括农产品主产区和重点生态功能区。

续专栏1

专栏1　云南省主体功能区规划
农产品主产区：分布于滇西德宏和临沧、滇南普洱、滇东曲靖及滇中玉溪等地区。国家层面包括49个县（市、区）。省级层面包括分布在重点开发区域和重点生态功能区的基本农田，以及农垦区、林木良种基地等零星农业用地。按行政区统计面积为15.9万平方千米，占全省面积的40.3%。 重点生态功能区：分布于滇西北、滇东南及滇东地区，包括38个县（市、区）和25个乡镇，国家级包括18个县（市、区），省级包括20个县（市、区）和25个乡镇。按行政区统计面积为14.93万平方千米，占全省面积的37.9%，其中国家级占21.9%、省级占16.0%。 禁止开发区域：包括自然保护区、世界遗产、风景名胜区、森林公园、地质公园、城市饮用水源保护区、湿地公园、水产种质资源保护区、牛栏江流域上游保护区水源保护核心区，总面积为7.68万平方千米，占全省面积的19.5%，呈斑块状或点状镶嵌在重点开发和限制开发区域中。

（二）调整优化产业结构，构建绿色低碳的产业体系

进一步明确产业发展方向和重点，认真落实产业政策，严格节能评估审查、环境影响评价、用地预审、水资源论证和水土保持方案审查等制度，大力发展种养结合的高原生态特色农业，推进新型工业化发展，加快发展现代服务业，促进绿色产业发展，实现经济转型升级。

1. 大力发展高原特色生态农业

重点发展生态种植业，抓好良种选育、高产创建、间作套种、水旱轮作、地膜覆盖、测土配方施肥等科技增粮措施，确保农业综合生产能力稳步提高。大力发展特色经济作物，发展烤烟、蔗糖、茶叶、花卉、水果、干果和无公害蔬菜等特色优势产业，提高农产品附加值。着力发展特色经济林、林下种植业、养殖业、采集业、森林旅游业等绿色富民产业，打造一批集林产品加工、研发、物流、商贸、信息为一体的林业产业园区。积极发展生态山地畜牧业，发展规模养殖和畜产品加工，建设生猪生产基地、常绿草地畜牧业基地、特色家禽生产基地和畜产品加工基地，构建现代畜牧业产业体系。培育发展农业庄园经济，建设高端精品农业庄园，打造集种植示范、产品研发、林业体验为一体的森林庄园。

专栏 2　高原特色生态农业建设重点
示范生产基地建设。建成优质水稻、优质玉米、优质麦类基地 3500 万亩以上，建设 50 个标准化生猪生产基地、30 个肉牛生产基地、20 个肉羊生产基地、15 个奶源基地县、45 个特色家禽基地、20 个水产品原种场和良种场，以及蔬菜、马铃薯、蔗糖、茶叶、蚕桑、水果、干果、橡胶、咖啡、油菜等特色经济作物基地。 农业产业化推进。培育 10 个销售收入超 100 亿元的农产品加工业大县、10 个综合产值超 100 亿元的特色优势产业集群、5 个年销售收入超 50 亿元的农业产业化龙头企业集团，省级农业重点龙头企业达到 500 户。 农业服务体系建设。建立健全良种选繁育体系、农业产业技术服务体系、动植物防疫体系、经营服务体系、农产品质量安全体系、农业防灾减灾体系、农村金融服务体系、土地流转服务体系。

2. 积极推进新型工业化

以生物产业等为主发展战略性新兴产业。大力发展生物产业，全面推进以烟草、畜牧等为重点的 12 类优势生物产业发展，大力培育“云茶”“云花”“云药”“云菜”等品牌，重点发展生物医药、生物化工、生物能源、生物农业和生物林业。培育节能环保和新能源产业，加快节能环保产品的开发、示范、推广和运用，推进太阳能光热光伏、风能开发。积极发展光电子、新材料产业和高端装备制造业，培育光伏、红外及微光夜视产业链，发展以基础金属特种新材料等为主的新材料产业和大型精密数控机床、烟草加工成套设备等高端装备制造业。依托滇中产业集聚区、昆明高新区等国家级开发区，研究推进云南战略性新兴产业集聚发展试点示范，创建高水平国家新型工业化产业示范基地。到 2020 年，战略性新兴产业增加值占 GDP 比重达到 15%。

专栏 3　战略性新兴产业发展重点
生物产业。着力在生物医药、生物育种、生物制造和生物技术服务等领域，实现生物技术与优势生物资源的有机结合，在关键技术和重要产品产业化方面取得突破，成为国家重要生物产业基地。 光电子。着力培育和壮大红外及微光夜视、光机电一体化设备、主动式 OLED、半导体照明及配套产业。加快研发与物联网技术应用相结合的光电子、光机电产品和系统。着力构建从光电子材料到器件、整机、系统和配套加工装备的产业链。

续专栏3

专栏3　战略性新兴产业发展重点
新材料。重点发展基础金属特种新材料、战略金属新材料、新能源材料和化工新材料，大幅度提高新材料研发与制备的自主发展能力，形成以特色资源高技术产品为龙头、以有色金属深加工生产为基础、大型企业集团和产业集群为支撑，上、中、下游配套和竞争优势明显的产业格局。 高端装备制造。大力发展大型重型精密复合数控机床、轨道交通大型成套养护和隧道工程设备、空港自动化物流成套设备、重化矿冶成套装备、高端电力装备、金融电子装备等。 节能环保。以满足云南省工业节能减排、资源循环高效利用、环境污染治理、矿山环境修复等需求为切入点，加快开发、示范、推广和应用一批节能环保新技术、装备和产品，培育骨干企业，做大产业规模。 新能源。大力推进太阳能光伏、风能开发，做强太阳能光热利用产业，加快培育生物质能产业，加强重大应用示范和配套产业发展。切实推进煤层气、页岩气勘探开发利用。

以改造重化工业为主，提升传统产业。运用先进适用节能环保低碳清洁技术，改造提升化工、钢铁、有色、建材、制糖等传统产业。着重发展黄磷和湿法硫酸精细深加工业及资源综合利用产业，延伸磷化工、盐化工产业链；提高钢铁产业集中度，推动钢铁产品产业优化升级；巩固发展铜产业链、提升发展铅锌产业链、优化发展锡产业链、积极发展铝产业链、培育发展钛产业链、加快发展稀贵金属深加工；调整优化水泥产业，积极发展特色天然石材、建筑卫生陶瓷、固体废弃物资源化利用的新型建筑材料；推广应用低硫制糖新工艺、全自动连续煮糖、烟道气余热利用、制糖过程两化融合控制系统技术。

以严格产业政策为主抑制两高行业发展和加快淘汰落后产能。严格产业准入，强化新建项目节能评估审查和环境影响评价，健全项目审批、核准和备案制度，落实部分产能严重过剩行业产能等量或减量置换规定，严格控制高耗能、高排放行业产能过快增长，科学合理承接东部产业转移。加快淘汰焦炭、铁合金、钢铁、有色金属、建材、轻工、纺织和化工等行业落后产能、工艺和技术设备，落实目标责任，完善落后产能退出机制，超额完成国家下达的淘汰落后产能任务。

3. 加快发展现代服务业

发展生态友好型旅游业。充分发挥云南特色民族文化、历史文化、地域文化和自然资源优势，开发民族风情、休闲农业旅游、健身旅游、红色旅游等生态旅游产品。积极推进三江并流（迪庆梅里雪山、丽江老君山）、西双版纳等风景名胜区建设。建设一批休闲度假基地、旅游小镇、休闲农业与乡村旅游特色村、会展商务旅游基地、民族文化旅游示范县和低碳旅游示范区，提升旅游产业竞争力。对生态脆弱的重要旅游景区，实行游客总量控制、景点轮休和环境监测制度，实现旅游产业与资源环境的可持续发展。

专栏 4　生态旅游业重点工程

生态旅游产品建设工程。加快阳宗海生态旅游小镇、澄江抚仙湖太阳山国际生态旅游休闲度假社区、中国元谋东方人类祭祖坛、西双版纳避寒山庄、告庄西双景民族商业步行街、老君山国家公园、泸沽湖女儿国旅游小镇、丽江雪山水城、大港会展中心九个项目建设。

生态旅游示范区建设工程。重点在迪庆梅里雪山、丽江老君山、大理苍山、普洱莱阳河、西双版纳热带雨林、怒江大峡谷、屏边大围山、昭通大山包实施生态旅游示范区建设。

生态旅游能力建设工程。成立云南省生态旅游科学研究联盟，建立以“省林业厅—州市林业局—区县林业局—乡镇林业站—生态旅游区、点、企业”为主要模式的全省生态旅游产业统计体系和生态旅游业信息化体系，建立以地理信息系统（GIS）、遥感（RS）和全球定位系统（GPS）等技术为基础的生态旅游信息管理系统。

发展节能环保服务业。推进市场化节能服务体系建设，推行合同能源管理，扶持壮大一批专业化节能公司，推进重点用能企业能源审计，构建节能技术转移平台。大力推进环境污染第三方治理，完善政策机制，加大支持力度，加强监督管理，鼓励有实力的企业通过竞争方式获得市政污水处理厂、工业园区水处理、脱硫脱硝设施等运营权。推进环境咨询、清洁生产审核咨询评估、环保产品认证等环保服务业发展，加快培育环境监测与检测、风险与损害评价、环境审计等新兴环保服务业。

（三）大力发展清洁能源，构建现代能源体系

发挥云南可再生能源优势，进一步加大水电、风电、太阳能、生物质能开发利用，提高油气资源使用比例，控制煤炭消费总量，促进能源结构不断优化升级，打造国家重要的清洁可再生能源基地和新能源示范基地。

1. 加大可再生能源开发和利用

加快以三江干流为主的水电开发利用。在做好环境保护、水生生物资源保护和移民安置的前提下，积极开发利用金沙江、澜沧江和怒江的水电资源。全面推进云南金沙江中下游、澜沧江中下游水电基地建设，加快调节性能好的龙头水库前期工作和建设，有序启动金沙江上游、澜沧江上游、怒江水电基地建设。统筹协调中小水电开发，提高中小水电电能质量。到 2020 年，全省水电装机 6810 万千瓦，水电、火电装机比例达 84 ： 16。

规范风能资源开发利用。在充分做好与电网、水电等电源规划衔接及保障消纳市场的前

提下，积极开发风电。在大理州北部及楚雄州北部、玉溪市南部至红河州中南部、曲靖市东部等风能开发最佳区域优先布局。到 2020 年，累计装机容量争取达到 1000 万千瓦以上。

推进太阳能光热和光伏利用。大力普及太阳能光热利用，在城市和农村住宅普及太阳能热水器，推广太阳能与建筑一体化的太阳能示范工程，加快太阳能制冷空调研发和太阳能采暖通风综合利用，继续发展太阳能干燥项目。加快发展太阳能光伏利用，在永仁、宾川等 12 个太阳能资源优势县（区）发展光伏发电、试验光热发电，在丽江、大理等区域利用石漠化等未利用土地建设太阳能光伏发电。到 2020 年，太阳能光伏发电总规模超过 30 万千瓦，太阳能热利用与建筑一体化使用面积累计达到 150 万平方米。

加强生物质能开发利用。在以农业为主的区域适当发展秸秆发电，发展农林废弃物气化供热、供气，用于民用炊事、农产品烘干或发电等。在昆明市、曲靖市等畜牧业规模化发展区域发展沼气发电，在市级以上城市布局地沟油生产生物柴油项目，继续推进非粮燃料乙醇生产能力建设，加强生物质能源林建设。大力推广生物质成型燃料锅炉供热在工业供热中的应用。到 2020 年，生物质发电装机容量达到 20 万千瓦以上。

2. 提高油气资源使用比例

推进中缅石油天然气管道项目和昆明大型石油炼化一体化基地建设，实施天然气替代燃煤工程。中缅天然气管道及支线沿线州、市实现天然气管网供气，其他州、市实现压缩天然气、液化天然气供气。结合天然气管道建设，在昆明市、曲靖市等城市开展天然气分布式能源项目建设。到 2020 年，全省供气能力达到 50 亿立方米 / 年，基本形成我国西南油气进口通道，建设成为新兴石油炼化产业一体化发展综合性石化基地。

3. 促进煤炭清洁高效开发利用

积极推进煤炭绿色开采，推广煤矿充填开采、保水开采等技术。大力发展煤炭洗选加工，在大型现代化煤矿配套建设大型选煤厂，在小型煤矿集中矿区建设群矿型选煤厂，提高原煤入选比例。推进煤炭深加工，支持大型企业开展煤制天然气示范，加快先进技术产业化应用。加快更新改造燃煤锅炉，实施燃煤锅炉节能环保综合提升工程，淘汰落后锅炉。加快煤层气开发利用，以曲靖市富源县、宣威市等煤炭主产区为重点，实施煤矿瓦斯抽采回收利用，发展瓦斯发电；开展煤层气综合利用，利用煤层气生产甲醇、化肥等化工产品。到 2020 年，全省煤矿瓦斯利用率达到 50% 以上。

4. 加强电网建设

加快云南省内骨干电网建设，以昆明、滇东、滇南为中心，建设覆盖全省的 500 千伏主架网，加快 220 千伏区域电网建设，满足省内电力发展和西电东送主网架建设需求。加强跨区域电力交换枢纽建设，在滇中、滇东北、滇西北和滇南 4 个区域均建成 1 ~ 2 个输电通道向外区送电，基本实现网对网送电。加强城乡电网建设，优化城市电网结构，提高供电可靠性和供电质量；升级改造县城及农村电网，提高农村用电水平。积极推进边境地区和无电地区电网建设，通过延伸电网和建设小水电独立电网、小型离网光伏发电站、风光互补系统，解决无电地区用电问题。

专栏 5　能源结构优化重点工程
三江干流水电工程。在金沙江中游、下游，澜沧江上游、中下游和怒江干流建设水电站，到 2020 年，装机规模累计达 4146 万千瓦。 天然气分布式能源开发工程。在昆明市、曲靖市、玉溪市、丽江市、楚雄州、西双版纳州、大理州 7 州（市）建设 27 个天然气分布式能源开发项目，供热（冷）能力为 3574.3 吉焦 / 小时，发电装机总容量 1461.88 兆瓦，年耗气量约 17.38 亿标方。 新能源发电工程。在红河州、丽江市中部和东部、大理州东部、楚雄州北部等区域以及全省其他适宜区域建设风电、太阳能并网发电、生物质能等新能源。到 2020 年，新能源发电装机 1300 万千瓦以上，生物质发电装机容量达到 20 万千瓦以上。 中缅油气管道建设工程。建设中缅原油管道，云南段长 658 千米，经德宏、保山、大理、楚雄、昆明 5 个州（市），管道一期设计输送能力 1000 万吨 / 年；二期设计输送能力达到 2000 万吨 / 年，依据国家炼油产业布局适时建设。建设中缅天然气管道，云南段长 914 千米，与中缅原油管道并行，管道设计输送能力 100 亿立方米 / 年。

（四）促进资源节约集约利用，构建资源可持续利用体系

加强生产、流通、消费全过程资源节约，推动资源利用方式根本转变。控制能耗强度和能源消费总量，全面加强节能管理，推进水、土地和矿产资源节约集约利用，壮大循环经济，加快发展绿色矿山，积极应对气候变化，构建资源可持续利用体系。

1. 强化重点领域节能和能效提高

加强工业节能增效。加强重点用能单位节能管理，强化节能目标责任考核，推动能效水平对标活动，落实能源利用状况报告制度，加快能耗在线监测系统建设。利用先进适用节能低碳、清洁生产技术改造提升钢铁、化工、有色、建材、电力五大高耗能行业的工业企业。实施燃煤工业锅炉（窑炉）改造工程、余热余压利用工程等重点工业节能工程。开展工业园区能源梯级利用试点示范。推行能耗限额管理，对单位产品能耗超过国家能耗限额标准的用能企业，严格进行限期整改。到 2020 年，重点行业主要产品单位能耗指标优于国内平均水平，部分产品达到国内先进水平。

强化建筑节能。开展绿色建筑行动，提高新建建筑节能标准，推动保障性住房及大型公共建筑率先执行绿色建筑标准。大力发展绿色建材，推广应用新型墙体材料以及优质环保节能的绝热隔音材料、防水材料和密封材料，提高高性能混凝土的应用比重。推动既有公共建筑的节能改造，开展节能省地型住宅和公共建筑示范。加强公共建筑节能监管体系建设，完善能源审计、能效公示，开展建筑能效测评标识工作。加强建筑废弃物资源化利用，严格建筑拆除管理。到 2020 年，新建绿色建筑比例达 50%。

推动交通运输节能。优化交通布局，加强运输大通道和综合交通枢纽建设，实现客运“零

换乘”和货运“无缝衔接”。加大公路隧道、服务区、收费站等交通基础设施的节能技术改造力度。建立物流公共信息平台，优化货运组织。推广高速公路不停车自动收费系统（ETC）和城市公交智能调度管理系统。大力推行公交优先战略，建立以公共交通为骨干的绿色出行系统，在昆明实施“公交都市”建设示范工程，加快推进昆明城市轨道交通和快速公交系统（BRT）建设。加强加气、充电等配套设施的规划与建设，推广应用节能和新能源汽车。加快淘汰高能耗、低效率的老旧车船。加强机场用能管理，推动民用机场实施桥载设备替代航空器辅助动力装置改造。

推进公共机构和商业节能。建立健全公共机构能耗定额、能源审计等节能管理制度，开展节约水、电、气、油、办公用品“五节”活动。加快公共机构照明、空调、燃气灶具和老旧电梯改造，推动公务用车改革，提高节能与新能源汽车在公务用车中的比例。建立并完善商业、旅游业、餐饮等行业能源管理制度，加快用能设施节能改造。在宾馆、饭店、商厦、写字楼、超市等场所推广高效照明灯具，严格执行公共建筑空调温度控制标准。积极开展绿色饭店创建活动。

专栏6　节能重点工程

余热余压利用工程。在全省钢铁、建材、黄磷、电石、合成氨、有色金属等行业实施干法熄焦、高炉炉顶压差发电、全高炉煤气发电改造以及转炉煤气回收利用等余热余压利用工程50项。

燃煤工业锅炉（窨炉）改造工程。采用分层燃烧、新型循环流化锅炉、燃气（油）锅炉等技术，改造250台工业锅炉窑炉。

煤层气发电工程。开发地面煤层气，抽采地下采空区、废弃矿井和井下瓦斯，实施一批瓦斯发电工程。全省煤层气和煤矿瓦斯抽采量约4.1亿立方米/年，利用量约3亿立方米/年，瓦斯发电装机容量达到12.4万千瓦。

建筑物太阳能光热利用工程。实施太阳能光热建筑一体化应用、太阳能采暖及太阳能光热空气源热泵应用等。建筑物太阳能光热利用示范工程，鼓励城市房地产开发使用太阳能空调、太阳能热水器技术。

绿色照明工程。对城市道路照明和公共景观照明进行节能改造，推进城市道路太阳能路灯照明、风光互补路灯照明和半导体照明等试点工程。

合同能源管理推广工程。在工业、建筑、交通、公共机构等领域，每年实施160项合同能源管理项目。

节能产品惠民工程。按照国家补助标准，选择能效等级1级或2级以上的10大类高效节能产品进行推广。在城市及农村积极推广符合国家财政补贴标准的节能汽车。

2. 加强水资源节约利用

落实最严格的水资源管理制度，严格用水总量控制，坚持节水优先，深入推进水生态文明建设，充分发挥普洱、玉溪、丽江等水生态文明试点的示范带头作用。加强农业节水，推进灌区续建配套与节水改造，开展山区农业节水灌溉，积极发展旱作节水。加强工业节水，推进火力发电、化工、造纸、冶金、食品加工、采（洗选）矿业等高耗水行业节水技术改造。加强生活节水，加快城镇供水管网节水改造，降低供水管网漏损率，积极推广城市再生水利用技术，全面推广节水器具。加强再生水利用、雨水集蓄利用、矿井水利用等非常规水源的利用，鼓励社会资本参与再生水利用项目建设。深入推进曲靖市、玉溪市等节水型社会建设试点示范，创建节水型城市。加快建设水资源监控与用水计量设施。到 2020 年，水资源开发利用率达 9.7%，万元工业增加值用水量下降至 65 吨。

专栏 7　重点节水工程
农业节水工程。灌区续建配套与节水改造工程、小型农田水利设施工程、高效节水灌溉示范工程、抗旱应急水源工程，以及牧区节水工程。 工业节水工程。火电、化工、食品加工、冶金、采矿、建材、造纸、制糖行业工业节水重点工程。 城镇生活节水工程。昆明、曲靖、玉溪、楚雄等 16 个重点城市及部分缺水县城供水管网改造工程。学校、医院、小区等生活用水集中区节水示范工程。 非常规水源利用工程。20 座城市再生水厂建设工程，红河、临沧等州（市）实施 3 ~ 4 个工矿企业矿井水利用项目。 节水型社会建设试点示范工程。曲靖市和玉溪市节水型社会建设试点示范工程，在工业、农业、机关、学校、小区等开展节水示范，建设再生水厂，开展非常规水利用。安宁、嵩明、会泽、陆良省级节水型社会建设试点工程。

3. 加强土地资源节约集约利用

优化新增建设用地管理，严格用地预审制度，根据产业政策和供地政策加强项目落地审查，限制产能过剩行业、高能耗、高污染项目用地需求，严格控制林地转为建设用地总量，深入推进城乡建设用地增减挂钩试点，缓解用地供需矛盾。盘活存量建设用地，综合采取协商收回、鼓励流转、搬迁改造、收购储备、改造开发等途径，挖掘各类闲置土地、低效土地和废弃土地的利用潜力，推进低效利用土地二次开发。推进土地整治重大工程，推动乌蒙地区农用地整治、岩溶石漠化地区农用地整治、西部生态建设区云南省中低产田改造、滇中粮仓高标准基本农田建设、矿区土地复垦工程和城乡统筹区域农村建设用地整治。保护好基本农田，稳定耕地和基本农田的数量和质量，确保耕地占补平衡。到 2020 年耕地保有量不低于 598 万公顷。

4. 加强矿产资源合理开发和综合利用

提高矿产资源开发利用水平。编制实施第三轮矿产资源规划，强化规划准入管理，优化勘查开发布局，严格控制资源开发范围和强度，集约、高效、绿色开发矿产资源。提高大宗、短缺、稀贵金属等重要矿产资源综合开发利用水平，加强金属及非金属共伴生、低品位、难选冶矿产资源综合利用和深加工，加大煤伴生矿产资源、煤泥、煤矸石综合利用力度。依托云磷、云锡矿产资源综合利用示范基地建设，提升采、选、冶水平，提高开采回采率、选矿回收率，降低采矿贫化率。积极推进矿产资源深加工，延长产品链。到 2020 年，矿产资源综合利用率达到 40% 以上。

推动绿色矿山建设。以大型矿山为重点，全面推进绿色矿山建设，推动资源高效利用、环境保护、节能减排和矿地和谐，切实转变矿产资源利用方式，引领传统矿业转型升级。完善绿色矿山建设标准和激励约束机制，新建矿山要按照绿色矿山标准进行规划、设计和建设，生产矿山要着力改进开发利用方式，达到绿色矿山建设要求。在资源相对富集、矿山分布相对集中的地区，建设一批绿色矿业发展示范区，进一步提高矿业开发集中度、延长产业链。到 2020 年，建成以大中型矿山为主体的全省绿色矿山格局，矿业经济沿着绿色低碳循环发展的新方式持续增长。

5. 发展壮大循环经济

构建企业、园区、产业三级循环型工业体系。全面实施企业清洁生产，推进冶金、电力、化工（磷、煤）、建材、造纸、制糖等重点行业企业循环化改造，推广循环经济典型模式，促进废弃资源循环利用。推动园区循环化改造，促进土地集约利用、能源梯级利用、废物交换利用、废水循环利用、污染集中处理，支持昆明嵩明杨林工业园区创建循环经济改造示范园、昆明国家高新技术产业开发区创建生态工业示范园区。发挥个旧市工业固体废物综合利用基地和资源综合利用“双百工程”示范基地的引领作用，推动矿产资源和工业“三废”综合利用，推进尾矿、有色冶炼渣及工业石膏等大宗固体废弃物综合利用。到 2020 年，工业固体废物综合利用率达到 56%，50% 以上的国家级园区和省级园区实施循环化改造。

构建循环型农业体系。提高土地资源、水资源、化肥、农药的利用效率，减少农业资源的投入和浪费。推行农业清洁生产，实施农业测土配方施肥，减少农业面源污染。延伸甘蔗、橡胶等优势农产品产业链。加强秸秆、畜禽粪污及其他农林废弃物综合利用，发展农村沼气。大力发展无公害农产品、绿色食品和有机产品，积极开展有机产品认证示范区创建工作。重点培育推广畜（禽）—沼—果（菜、林、果）复合型模式、农林牧渔复合型模式、工农业复合型模式等农业循环经济模式。到 2020 年，农作物秸秆综合利用率达 85%，农产品中无公害、绿色、有机农产品种植面积比例达 15%。

推动社会层面循环经济发展。加快完善再生资源和垃圾分类回收体系，建立社区回收、再生资源集散交易市场、再生资源集中加工利用的三级回收利用体系。发展以废旧金属、废橡胶、废塑料、废纸、废玻璃、废旧汽车、废弃油品等为主的再生资源回收利用产业。扩大城市生活、建筑垃圾资源化利用。加快昆明市、丽江市和大理市国家餐厨废弃物资源化利用和无害化处理试点城市建设，推进普洱市和易门县国家循环经济示范城市（县）建设。

专栏 8　循环经济重点工程

农业循环经济建设工程。推进规模化高效节水灌溉、旱作节水农业技术推广示范等七大工程。新建养殖业大中型沼气工程 200 处，加快秸秆养畜、秸秆发电等秸秆综合利用工程进度。建设“三位一体”“四位一体”“八个一”工程等循环经济模式生态家园 15 万户。

工业循环经济建设工程。以冶金、电力、化工、建材、造纸等产业为重点，实施共伴生矿产资源综合利用、工业废渣资源化利用、木材节约代用等工业资源综合利用工程。以省级工业园区为重点，引入园区循环化改造关键补链项目和公共服务设施建设项目，开展工业园区循环化改造。

再生资源利用建设工程。依托各州（市）已有再生资源交易市场，建设 50 个再生资源交易中心，建设云南省废旧汽车回收拆解利用基地，建设废纸、废塑料、废油脂加工利用基地。实施工业及生物废油生产能源、城市垃圾分选、建筑废弃物资源化、污水厂污泥综合利用、中水回用等资源综合利用项目。培育昆明静脉产业园、安宁工业园、曲靖煤化工工业园、通海五金产业园等再生资源加工园区。

循环经济试点示范工程。全省实施 20 个再生资源回收利用试点项目，建设 200 个再生资源示范回收站。建设金属再生利用加工示范基地，加快再生金属产业化建设项目，建设再生铜、再生铝、再生铅示范企业。推进昆明市、丽江市和大理市国家餐厨废弃物资源化利用和无害化处理试点城市建设、普洱市和易门县国家循环经济示范城市（县）建设、个旧市资源综合利用“双百工程”示范基地建设等示范试点项目。

6. 积极应对气候变化

有效控制能源活动、工业生产过程、农业和废弃物处理领域温室气体排放，增加森林碳汇。建立云南省温室气体排放统计核算考核体系、企业温室气体排放报告制度。提高水资源、农业、生物多样性保护等领域适应气候变化水平。扎实推进国家低碳试点省市建设，积极开展低碳产业园区、低碳社区、低碳旅游景区、低碳城镇、低碳学校建设等试点工作。研究制定云南省适应气候变化方案，开展农村灾害应急系统建设适应试点示范工作。

（五）强化生态保护和环境污染治理，构建西南生态安全体系

加强生态保护与建设，防治重点区域领域环境污染，预防自然灾害，建设优美人居环境，提高经济社会发展的环境承载能力，进一步巩固云南作为国家西南生态安全屏障的作用。

1. 加强生态保护与建设

加强重点生态功能区保护。重点加强滇西北（横断山）、西双版纳、金沙江干热河谷（川滇干热河谷）、滇东南喀斯特（西南喀斯特地区）等国家重要生态功能区、重要江河源头及分水岭地带的保护与管理，严格控制各类开发利用活动，减少对自然生态系统的干扰，推动生态系统自我修复。实施生态修复工程，加强天然林保护和植被恢复，增强水源涵养、水土保持、生物多样性保护等生态功能。加强生态监测、生态质量评估。

深入推动"森林云南"建设。启动实施云南生态文明建设林业十大行动计划，提升森林生态系统服务功能。推进实施退耕还林、防护林建设、天然林保护和石漠化治理等"森林云南"建设工程。优化公益林地布局，加大公益林管护力度，提高公益林质量和生态功能。以六大水系、九大高原湖泊、大中型水库面山等为重点，实施生态治理和植被恢复，建立以保持水土、护坡护岸、涵养水源为主要目的的防护林体系。科学实施营造林工程，改进造林模式，加强森林抚育，强化林业有害生物防控，培育健康森林，大力推进森林可持续经营，构建稳定的森林生态系统。到 2020 年，森林覆盖率和蓄积量分别达 56% 和 18.5 亿立方米，森林面积达 2.14 千万公顷。

专栏 9　"森林云南"建设重点工程

退耕还林工程。进一步巩固退耕还林成果，继续推进基本粮田、农村能源、生态移民、后续产业发展、补植补造等专项建设，完成退耕还林巩固成果种植业 500 万亩、补植补造 72.8 万亩。结合国家新一轮退耕还林还草工程，对符合退耕条件的 25 度以上坡耕地、重要水源地 15~25 度坡耕地，逐步实施退耕还林还草。

天然林保护工程。加强森林资源管护、公益林建设和森林抚育，对工程区内的 15232 万亩森林实施全面有效管护，营造公益林 400 万亩，中幼林抚育 600 万亩。

防护林体系建设工程。以六大江河流域、九大高原湖泊为重点，全面推进防护林体系建设和水土保持综合治理。

石漠化治理工程。在重点实施好当前 65 个县（市、区）石漠化综合治理试点建设的基础上，组织开展云南另外 53 个有岩溶（石漠化）分布县的石漠化监测，为争取将其列入国家石漠化综合治理重点县打好基础。

森林灾害防治工程。开展森林火灾、有害生物和野生动物疫源疫病预警防控体系建设。力争使森林火灾受害率控制在 1‰，林业有害生物成灾率控制在 6.8‰以下，无公害防治率达到 85% 以上。

城乡绿化工程。将城乡绿化工程纳入城市、乡镇、村庄和风景名胜区规划。深入开展"园林城市"创建活动。

加强草原生态保护建设。加大退牧还草和岩溶地区草地治理工程实施力度，对重度退化草原进行保护和恢复。建立基本草原保护制度，通过建设草原围栏、退化草原补播、改良草原等措施，对退化草原实施禁牧、休牧和划区轮牧，促进草原植被的休养生息，达到恢复草原生态系统的目的。通过人工饲草地、舍饲棚圈、青贮窖和储草棚等草原基础设施建设，转变草原畜牧业生产方式，提升畜牧业集约化、现代化水平，减少天然草原的放牧压力。实施生态修复工作，推进草山草坡生态保护建设。到 2020 年，实施草原生态保护建设 1.334 千万公顷，治理重度退化草原面积 0.2 千万公顷。

加强高原湿地保护与修复。加强自然湿地和重要人工湿地生态系统保护，对退化湿地进行科学修复，建立湿地保护管理体系，基本遏制高原湿地的萎缩和退化。进一步加强对苍山洱海、会泽黑颈鹤等国家级湿地自然保护区管理和建设。全面提高大山包、碧塔海、拉市海、纳帕海 4 处国际重要湿地保护管理水平，提升九大高原湖泊湿地及普者黑、北海、剑湖、海峰等国家重要湿地质量。建立和完善湿地保护的协调、监督管理机制，加强湿地科研平台建设，增强各级湿地管理机构保护管理能力，形成全省湿地监测体系。到 2020 年，国家湿地公园数量不少于 12 处，自然湿地保有量不低于 42 万公顷，保护和恢复湿地面积 15 万亩。

加强生物多样性保护。加大滇西北高山峡谷区、南部边缘热带雨林区、滇东南喀斯特区、滇东北乌蒙山区、澜沧江中游—哀牢山中山及云南高原湿地六个一级优先区、十八个二级优先区生物多样性保护力度。加强边境动植物检疫和物种资源出入境管控，防止和杜绝珍稀、濒危及特有特种资源流失。加强极小种群及濒危物种保护，建设珍稀濒危植物繁育基地，对难以实现迁地保护的珍稀濒危物种加强近地保护。加强有害生物防控，重点加强外来入侵物种的预警与防控，进一步推广针对松材线虫病、薇甘菊、紫茎泽兰等入侵物种的防除技术。

专栏 10　生物多样性保护重点工程

野生动植物保护工程。开展国家和省级重点野生动植物资源调查和补充调查，建立资源档案和数据库，加强保护管理体系建设。到 2020 年，建立极小种群及珍稀濒危特有物种保护小区（点）15 处，完成 16 个近地保护基地、10~15 类物种 100 个迁地保护种群建设、5~7 个极小种群物种回归基地建设，使国家重点保护野生动植物受保护率达到 85%。

自然保护区建设工程。建立涵盖全省绝大多数自然生态系统和动植物物种，布局合理、类型全面、面积适宜、保护效果显著的自然保护区网络。到 2020 年，使全省保护区面积达到 290 万公顷，国家级保护区数量达到 21 个，形成完善的自然保护区网络和自然保护区巡护监测体系。

森林公园建设工程。建立一批示范国家森林公园，为公众提供良好的森林游憩服务，发挥科普和生态文化教育等功能。到 2020 年，全省森林公园数量增至 42 个，建设 3 处示范国家森林公园，配备必要的保护管理设施设备，充分发挥保护、环境教育和旅游三大功能。

加强水土流失综合防治。重点做好坡耕地综合整治和以坡面水系工程为主的小流域综合治理，加强防灾减灾工程建设，抢救性保护岩溶区耕地资源，优化配置农业产业结构；积极推进西南诸河、三江流域上中游水土保持综合治理项目实施；加强水电及矿产资源开发水土保持监督管理，对九大高原湖泊、三江流域等水土流失重点预防保护区实施有效保护。

2. 全面推进污染防治

加强九大高原湖泊及流域水污染综合防治。加强水功能区管理，以限制排污总量为重点，严格入河（湖）排污口监督管理和入河（湖）排污总量控制，有效削减入湖主要污染物。加大滇池、洱海等九大高原湖泊以及南盘江、金沙江、牛栏江和沘江等流域水污染防治，全面提高流域水环境质量。从严核定水域纳污能力，加强工业污染排放监管，严格落实化工、食品制造、农副产品加工、焦化等行业企业减排任务。加大出境跨界河流环境安全监管，制定实施重点流域水体跨界断面水量水质监测方案，逐步推行最小生态流量及主要河流州市县跨界断面考核工作，确保省界、国界断面水量达到最小下泄流量、水质达到功能要求。严格饮用水水源地保护，大力开展重要饮用水水源地安全保障达标建设，加强水源地水质定期监测及监测信息发布，进一步强化饮用水水源应急管理，确保饮用水安全。

加强土壤和重金属污染防治。编制实施全省土壤污染防治规划，推进重点地区污染土壤修复，对于重污染农用土地，推进土地利用调整，切实防范环境危害。加强对有色金属采选、冶炼及压延加工，黑色金属采选、冶炼及压延加工，化学原料及化学制品制造业等重点行业和重点企业重金属污染源的监督管理。加强危险废物污染防治，以砷渣、铬渣等为重点，加强历史遗留危险废物安全处置。

全面开展大气污染防治。在昆明、玉溪、曲靖等州（市）开展细颗粒物（PM2.5）及臭氧监测，逐步建立滇中经济区大气污染联防联控机制。继续推进电力行业大气污染物减排，加快非电力行业脱硫脱硝进程，加强冶金行业氮氧化物（NO_x）控制技术研发和产业化，强化机动车氮氧化物控制，逐步淘汰黄标柴油车。

专栏 11　环境污染治理重点工程
滇池水污染治理工程。城镇污水处理及配套设施建设工程、饮用水水源地污染防治工程、工业污染防治项目、区域水环境综合整治工程、畜禽养殖污染防治工程、调水置换工程。 滇池以外高原湖泊水污染综合防治工程。阳宗海、洱海、抚仙湖、星云湖、杞麓湖、程海、泸沽湖、异龙湖八个高原湖泊水污染综合防治工程，包括环湖截污与交通、外流域补水及节水、入湖河道综合整治、农业农村面源污染治理、生态修复与建设、生态清淤等工程。

续专栏 11

专栏 11　环境污染治理重点工程
重点江河流域水污染综合防治工程。三峡库区及其上游、南盘江、牛栏江、沘江水污染综合防治工程，包括流域内工业水污染防治、区域水环境综合整治、城镇生活污水和垃圾处理及配套设施建设、农业面源污染治理工程、畜禽养殖污染防治、饮用水水源地污染防治、内污染源治理工程、矿区污染治理与生态恢复工程、历史遗留矿区土壤重金属污染综合整治、黑臭型城镇河道污染综合整治等。 主要污染物减排工程。工业企业、农业面源等水污染物（化学需氧量、氨氮等）减排工程，电力行业烟气脱硝，冶金、建材、有色、焦化等非电力行业脱硫、脱硝等大气污染物（二氧化硫、氧化亚氮等）减排工程。

3. 加强自然灾害防治

防治地质灾害，开展滑坡、崩塌、泥石流等主要地质灾害的风险评估和风险划分，建立符合云南本地特点的地质灾害风险管理模式，从源头上防灾避险，保护人民生命财产安全。按照生态文明建设要求，全面做好鲁甸等地震灾后恢复工作，重建受灾地区美好家园。防治山洪灾害，实施重点中小河流治理工程，加大病险水库加固和治理力度，加强水库特别是病险水库、小型水库的安全度汛工作。防治农业灾害，加强动植物防疫系统、监测预警系统、应急反应系统和农产品质量安全监督检疫系统建设，完善农田林网建设，构建生物、物理、人工等无公害病虫害防治体系。防治森林灾害，重点加强森林火灾、有害生物和野生动物疫源疫病预警防控体系建设。到 2020 年，森林火灾受害率控制在 1‰，林业有害生物成灾率控制在 6.8‰以下，无公害防治率达到 85% 以上。

4. 建设优美人居环境

加强城乡环境综合整治。实施重点片区集中连片整治和试点示范工程，推进环境保护公共服务均等化。加快推进生态清洁型小流域建设，加强生态河道建设和农村沟塘综合整治，加大规模化畜禽养殖场污染防治力度。统筹环境基础公共服务设施，因地制宜地推进城乡污水、垃圾处理处置。到 2020 年，县城以上城镇生活污水集中处理率达到 90%，生活垃圾无害化处理率达到 90%。

营造生态型居住环境。强化城市噪声、恶臭、机动车尾气、餐饮油烟以及施工和道路扬尘的污染防治。新建住宅小区逐步推广中水回用、垃圾分类收集、太阳能利用与节能管理。推进城乡绿化建设和管理，切实提高城镇绿化覆盖率。加强城市防护带、生态廊道、绿化隔离带建设，构建自然景观与人文景观相融合的城市生态景观系统。

（六）培育生态文明理念，构建民族生态文化体系

倡导尊重自然、顺应自然、保护自然的生态文明理念，并培育为社会主流价值观；加快

推动生活方式和消费模式向简约适度、绿色低碳、文明健康的方式转变；充分挖掘、有效保护云南各少数民族长期与自然相依相存中形成的优秀传统生态文化，提高云南民族特色生态文化的影响力。

1. 加强生态文明宣传教育

构建全民生态文明教育体系。将生态文明教育纳入云南大中小学教育体系，编制生态文明教育教材，加强生态文明基础教育。将生态文明建设纳入党政干部培训计划，提高领导干部生态文明意识和素养。推动企业将生态文明建设内容纳入员工培训计划，增强企业社会责任。到2020年，创建20所生态文明教育示范学校、示范基地。

积极开展生态体验教育。广泛开展环保志愿者行动、义务植树造林等环保公益活动，积极开展生态农业、生态旅游等实践活动，充分发挥各类保护地的生态教育和生态体验功能。建设生态公园体验区和生态退化警示区，增强感受教育和警示教育作用。以各类自然保护区、森林公园、湿地公园、地质公园、世界自然遗产地及博物馆为平台，探索建立云南生态文明宣传教育示范基地。

广泛开展生态文明宣传。依托"七彩云南保护行动"、全国植树节、世界水日、世界地球日、世界环境日、国际生物多样性日、全国节能宣传周、全国低碳日、节能减排全民行动等活动和载体，开展主题宣传活动。通过电视、报纸专栏、互联网站等媒介，深入开展保护生态、爱护环境、节约资源的宣传教育和知识普及活动，使各族人民更加自觉地积极实践，不断提高生态文明素质，在全社会牢固树立生态文明观念。

2. 倡导绿色低碳生活方式和行为习惯

倡导绿色消费。树立绿色消费理念，倡导绿色消费和适度消费。鼓励购买和使用环境友好型产品，推广普及节水、节能产品和器具。倡导住房适度消费，鼓励使用环保装修材料。拒绝过度包装，提倡购买简装和大包装商品。深入推进禁塑工作，大力提倡使用布袋、菜篮。开展绿色学校、绿色社区、绿色家庭创建活动。到2020年，全省10%以上的社区创建绿色社区。

推进低碳办公。发挥政府的引领、示范和表率作用，开展以节约、节能为主题的"低碳办公"活动，建设节约型机关。制定政府低碳采购产品目录，推行政府低碳采购。率先购买使用低碳节能型办公设备和办公用品。高效利用办公用品，减少一次性杯子的使用。减少纸张等一次性办公耗材用量。完善公务车辆配备配置标准和管理制度，优先选用节能和新能源车辆，减少公务用车数量。大力推进电子政务建设，推行无纸化、网络化办公，推广视频会议、电话会议。

3. 保护弘扬少数民族独特生态文化

建设省级传统文化生态保护区。推进66个少数民族聚居村镇省级民族传统文化生态保护区建设，保护好得天独厚的原生态民族传统文化资源。开展少数民族特色村寨保护与发展工作，注重少数民族生态旅游文化资源以及宗教文化资源的整理和保护，发掘传统民族生态文化特征，树立生态文化品牌，提高文化活动品位，提升云南各少数民族特色生态文化的影响力。

建设迪庆（国家级）民族文化生态保护实验区。建设以迪庆州境内藏族文化为主体，包括傈僳、纳西、白、彝、普米、回、苗等多民族民间传统文化在内，集自然遗产、文化遗产于一体的文化生态保护区，充分保护好迪庆独具特色的文化遗产，展示迪庆文化魅力。

建设大理（国家级）文化生态保护实验区。建设以大理、巍山为中心的南诏、大理国历史文化保护区，以大理洱海为中心的坝区白族民俗文化保护区，以云龙为代表的山地白族民俗文化保护区，以巍山、南涧、漾濞为中心的彝族文化保护区，以大理、宾川鸡足山为代表的佛教文化保护区，以大理喜洲为代表的白族建筑文化保护区，以白族本主文化为代表的民间宗教文化保护区，以各种文化艺术之乡为代表的民间艺术保护区。

专栏 12　民族生态文化保护重点工程

民族文化遗产保护工程。实施红河哈尼梯田、茶马古道、滇越铁路和西南联大保护工程；建设江川李家山、晋宁石寨山、澄江金莲山、剑川海门口、龙陵松山抗战遗址、大理太和城等遗址公园；继续做好大理、丽江等古城保护工作；实施明代以前文物建筑维修工程和濒危文物建筑抢救维修工程；建设非物质文化遗产传习馆（所）；文化遗产数据库等建设。

大理（国家级）文化生态保护实验区建设工程。苍洱田园风光保护工程、大理白族民间传统文化传习所建设工程、文化产业开发工程、传统节庆保护工程、“文化遗产之都”创建工程、大理白族非物质文化遗产数据库工程、民族生态博物馆建设工程、“人文苍山”建设工程、代表性白族本主庙保护工程等。

迪庆（国家级）民族文化生态保护实验区建设工程。文化遗产基础性研究工程、民族传统文化保护区地方建设工程、非物质文化遗产数据库及建档建设工程、迪庆藏族非物质文化遗产传习馆建设工程、民族宗教文化及村落环境保护工程、迪庆藏族非物质文化遗产专题展示馆建设工程、迪庆藏族非物质文化遗产乡村展示馆建设工程和民族民间文化人才扶持工程。

（七）加强制度创新，构建生态文明制度体系

针对云南实际及薄弱环节，深化改革创新，大胆探索实践，破解体制机制障碍，加快生态文明制度体系建设。

1. 建立健全生态补偿制度

完善重点生态功能区生态补偿机制。建立包括生态补偿性转移支付、生态保护性转移支付、区域引导性转移支付、政策性补助在内的云南生态功能区财政转移支付制度。建立生态补偿性转移支付制度，以全省各地生态能值为基础，生态环境破坏度越低，生态外溢价值越高，

补偿的程度和力度越大。建立生态保护性转移支付制度，对各地通过自身财力安排的生态保护支出进行适当补助。建立区域引导性转移支付制度，引导提高所辖生态功能区基本公共服务水平，实施跨区生态补偿及保护，重点解决禁止开发区各类保护和发展问题。建立政策性补助制度，在高原湖泊所在地、国家禁止开发区面积占比较高、辖有跨区大型水库等生态外溢性较大的地区，以及资源枯竭城市，对生态恢复和地质灾害治理给予补助。

探索建立重点跨界水域和湿地生态补偿机制。研究制定《云南省跨界河流、高原湖泊水质生态补偿试点方案》，选择牛栏江上游、沘江流域开展跨界河流水质补偿试点，选择洱海和抚仙湖开展高原湖泊水质补偿试点。以河流、湖泊考核断面的水质状况和改善程度为依据，以跨界河流、湖泊所在州（市）政府为补偿对象，以省级财政转移支付为补偿方式，按水质类别进行补偿。补偿及扣缴资金主要用于试点流域水环境保护和水污染防治等方面的支出。积极开展国家重要湿地和国家湿地公园生态效益补偿试点，探索高原湿地生态补偿机制。

探索建立市场化补偿机制。积极推进森林碳汇交易试点，研究建立具有云南主要树种的碳汇计量参数与模型，研究开发相关林业碳汇项目方法学。探索开展森林碳汇补偿试点，建立森林碳汇补偿市场形成机制，培育森林碳汇补偿市场需求机制。推动保护地与周边社区共建共管，开展异地就业补偿试点。

2. 建立健全自然资源资产产权和用途管制制度

健全自然资源资产管理体制，研究制定全省不动产登记实施办法，编制《云南省不动产统一登记条例》，对全省行政区域内的土地、房屋、草原、林地等不动产进行统一确权登记；建立健全自然资源资产评估制度，完善自然资源产权交易平台和交易规则；探索建立活化使用权、保障收益权、激活转让权的资源管理机制。完善自然资源监管体制，建立空间规划体系，划定生产、生活、生态空间开发管制界限，落实用途管制。开展河流、湖泊管理和保护范围划定及水利工程确权划界工作，积极推进河流水域岸线统一登记。理顺森林资源管理和经营体制。

3. 建立生态红线管控制度

落实主体功能区规划，建立国土空间开发保护制度和资源环境承载能力监测预警机制，开展以县级行政区为单位的资源环境承载能力评价，严守划定的林地、森林、湿地、物种等生态红线，加大对越线行为的惩戒。建立健全有利于以滇池为代表的九大高原湖泊保护与开发相协调的体制机制。

4. 探索国家公园管理体制

整合现有各类自然保护区域，研究建立国家公园体制，解决自然保护区域交叉重叠、政策规范和技术标准不统一等问题。编制《云南省国家公园管理条例（草案）》，推动国家公园管理立法；编制《国家公园管理评估规范》，推进国家公园相关标准制定；编制《国家公园标识系统指南》，加强国家公园宣传及管理。积极探索国家公园法规、政策、措施和制度，实现自然资源有效保护与合理利用。

5. 探索建立差别化考核机制

建立体现生态文明要求的考核目标体系、考核办法和奖惩机制，加强资源环境统计和核算。实施差别化考核制度，取消对限制开发区和生态脆弱的国家级贫困县地区生产总值考核，执行以生态保护、环境要素质量等指标为主的政绩考核，纳入地方人民政府绩效考核。考核结果作为领导班子和领导干部综合考核评价的重要内容和干部选拔任用的重要依据。探索编制自然资源资产负债表，对领导干部实行自然资源资产离任审计，建立生态环境损害责任终身追究制。

四、保障措施

（一）加强组织领导

云南省各级党委政府要把生态文明建设放在突出的战略位置，切实加强组织领导，统筹协调解决先行示范区建设中的重大问题。有关部门要明确任务分工，落实目标责任，加强协调配合，形成工作合力。各州（市）要组织编制本地区生态文明建设实施方案，切实抓好工作落实。有关地方和部门要适时组织监督检查，强化对生态文明建设工作情况的跟踪检查和问责问效。

（二）加大政策支持

加大对云南省生态文明先行示范区建设的支持。对可再生能源开发利用、生态环境保护、节能减排、低碳发展、民族文化遗产保护、能力建设等给予支持，继续加大对滇池流域水环境治理项目支持力度。支持在云南省开展电力体制改革综合试点和电力价格改革试点。云南各级政府要把生态文明先行示范区建设作为重点，整合省级各部门生态环保、节能减排、可再生能源等方面的资金，不断加大投入力度。鼓励和引导金融机构加大对产业转型升级、资源节约、环境保护、生态建设和科技创新等项目的信贷投放力度。支持符合条件企业通过发行债券或股票进行融资，创新保险产品，利用保险机制服务生态保护和建设。

（三）强化能力建设

加强生态文明监测与统计能力建设，建立健全云南生态文明先行示范区建设指标体系。加大科技支撑力度，重点突破节能减排、高原湖泊污染防治、重金属污染土壤修复、石漠化治理等领域的技术瓶颈，组织实施国家水体污染控制与治理科技重大专项。加强创新平台建设，培育省级重点试验室、省级工程技术研究中心。加强各级环境执法、节能监察等机构监管能力建设，运用遥感等技术手段，加强对耕地和生态红线的监测监管。加大对国家“千人计划”和云南“云岭牌”人才培养计划的支持力度。

（四）扩大交流合作

发挥区位优势，促进云南与南亚、东南亚国家在生态文明建设领域的交流合作，推进孟中印缅经济走廊合作建设。依托滇中产业集聚区、沿边金融综合改革试验区、瑞丽重点开发开放试验区和跨境经济合作区建设，深入推进兴边富民行动，提升沿边开放经济水平。以长江流域建设中国经济新支撑带为契机，积极拓展云南省合作发展空间。

中共云南省委 云南省人民政府关于贯彻落实生态文明体制改革总体方案的实施意见

（云发〔2016〕22 号）

为贯彻落实《中共中央、国务院关于印发〈生态文明体制改革总体方案〉的通知》（中发〔2015〕25 号）精神，建立健全系统完整的生态文明制度体系，增强全省生态文明体制改革的系统性、整体性、协同性，加快生态文明排头兵建设，结合我省实际，提出如下实施意见。

一、总体要求

（一）指导思想

全面贯彻党的十八大和十八届三中、四中、五中全会精神，以邓小平理论、“三个代表”重要思想、科学发展观为指导，深入贯彻落实习近平总书记系列重要讲话和考察云南重要讲话精神，牢固树立和切实贯彻创新、协调、绿色、开放、共享的发展理念，坚持节约资源和保护环境基本国策，坚持节约优先、保护优先、自然恢复为主方针，立足省情和新的阶段性特征，以努力成为生态文明建设排头兵、建设美丽云南为目标，以正确处理人与自然关系为核心，以解决生态环境领域突出问题为导向，筑牢国家西南生态安全屏障，改善环境质量，提高资源利用效率，推动形成人与自然和谐发展的现代化建设新格局。

（二）改革理念

树立尊重自然、顺应自然、保护自然的理念，生态文明建设不仅影响经济持续健康发展，也关系政治和社会建设，必须放在突出地位，融入经济建设、政治建设、文化建设、社会建设各方面和全过程。

树立发展和保护相统一的理念。坚持发展是硬道理的战略思想，发展必须是绿色发展、循环发展、低碳发展，平衡好发展和保护的关系，按照主体功能定位控制开发强度，调整空间结构，为子孙后代留下可持续发展的“绿色银行”，实现发展与保护的内在统一、相互促进。

树立绿水青山就是金山银山的理念。清新空气、清洁水源、美丽山川、肥沃土地、生物多样性是人类生存必需的生态环境，坚持发展是第一要务，必须保护森林、草原、河流、湖泊、湿地等自然生态，使云南的天更蓝、水更清、山更绿、空气更清新。

树立自然价值和自然资本的理念。自然生态是有价值的，保护自然就是增值自然价值和自然资本的过程，就是保护和发展生产力，就应得到合理回报和经济补偿。

树立空间均衡的理念。把握人口、经济、资源环境的平衡点推动发展，人口规模、产业结构、增长速度不能超出当地水土资源承载能力和环境容量。

树立山水林田湖是一个生命共同体的理念。按照生态系统的整体性、系统性及其内在规律，统筹考虑自然生态各要素、山上山下、地上地下以及流域上下游，进行整体保护、系统修复、综合治理，增强生态系统循环能力，维护生态平衡。

（三）基本原则

坚持正确改革方向，健全市场机制，更好发挥政府的主导和监管作用，发挥企业的积极性和自我约束作用，发挥社会组织和公众的参与、监督作用。

坚持自然资源资产的公有性质，创新产权制度，落实所有权，区分自然资源资产所有者权利和管理者权力，合理划分各级政府事权和监管职责，保障全体人民分享全民所有自然资源资产收益。

坚持城乡环境治理体系统一，继续加强城市环境保护和工业污染防治，加大生态环境保护工作对农村地区的覆盖，建立健全农村环境治理体制机制，加大对农村污染防治设施建设和资金投入力度。

坚持激励和约束并举，既要形成支持绿色发展、循环发展、低碳发展的利益导向机制，又要坚持源头严防、过程严管、损害严惩、责任追究，形成对各类市场主体的有效约束，逐步实现市场化、法治化、制度化。

坚持主动作为和对外合作相结合，发挥区位优势，包容互鉴、合作共赢，在主动加强生态环境保护的同时，深化对外交流和务实合作，充分借鉴国内外的先进技术和体制机制建设的有益经验。

坚持鼓励试点先行和整体协调推进相结合，紧紧围绕破解生态文明建设的瓶颈制约，在探索符合省情的生态文明体制改革模式上大胆探索，先易后难、分步推进，成熟一项推出一项。支持各地区根据本意见确定的基本方向，因地制宜，大胆探索、大胆试验。

（四）改革目标

到 2020 年，构建由自然资源资产产权制度、国土空间开发保护制度、空间规划体系、资源总量管理和全面节约制度、资源有偿使用和生态补偿制度、环境治理体系、生态环境保护市场体系、生态文明绩效评价考核和责任追究制度八项制度构成的产权清晰、多元参与、激励约束并重、系统完整的生态文明制度体系，努力成为生态文明制度改革创新先行区。

二、健全自然资源资产产权制度

构建归属清晰、权责明确、监管有效的自然资源资产产权制度，着力解决自然资源所有者不到位、所有权边界模糊等问题。

（五）建立统一的确权登记系统

坚持资源公有、物权法定，清晰界定全部国土空间各类自然资源资产的产权主体。按照国家统一部署，研究制定我省自然资源统一确权登记办法，开展水流、森林、湿地、山岭、草原、荒地、滩涂等所有自然生态空间统一确权登记，明确国土空间的自然资源资产所有者、监管者及其责任，逐步划清全民所有和集体所有之间的边界，划清全民所有、省及省以下不同层级政府行使所有权的边界，划清不同集体所有者的边界。按照国家部门要求推进确权登记法治化。（牵头部门：省国土资源厅）

（六）建立权责明确的自然资源产权体系

研究制定权利清单，明确各类自然资源产权主体权利。处理好所有权与使用权的关系，创新自然资源全民所有权和集体所有权的实现形式，除生态功能重要的外，研究推动所有权和使用权相分离，明确占有、使用、收益、处分等权利归属关系和权责，适度扩大使用权的出让、转让、出租、抵押、担保、入股等权能。明确国有农场、林场和牧场土地所有者与使用者权能。按照国家统一部署，2016 年研究制定我省全民所有自然资源资产有偿出让制度工作方案，全面落实覆盖各类全民所有自然资源的有偿出让制度，严禁无偿或低价出让。2018 年建立自然资源资产评估制度，完善自然资源产权交易平台和交易规则。（牵头部门：省国土资源厅）

（七）健全自然资源资产管理体制

按照所有者和监管者分开和一件事情由一个部门负责的原则，探索对分散的全民所有自然资源资产所有者职责进行整合。根据国家统一部署，研究制定我省自然资源资产管理机构改革方案，研究组建对全民所有的矿藏、水流、森林、湿地、山岭、草原、荒地等各类自然资源统一行使所有权的机构，负责全民所有自然资源的出让等。（牵头部门：省委编办）

（八）探索建立分级行使所有权的体制

按照国家统一部署，对全民所有的自然资源资产，除中央政府直接行使所有权的自然资源外，按照不同资源种类和在生态、经济、国防等方面的重要程度，研究制定省及省以下各级政府分级代理行使所有权的资源清单和空间范围。及时研究制定我省全民所有省及省以下政府行使所有权的资源清单。（牵头部门：省国土资源厅、省农业厅、省林业厅、省水利厅）

（九）开展水流和湿地产权确权试点

探索建立水权制度，按国家规定和要求开展水域、岸线等水生态空间确权试点。2017 年开展水生态空间确权试点，积极争取国家湿地产权确权试点。（牵头部门：省水利厅、省林业厅）

三、建立国土空间开发保护制度

构建以空间规划为基础、以用途管制为主要手段的国土空间开发保护制度，着力解决因无序开发、过度开发、分散开发导致的优质耕地和生态空间占用过多、生态破坏、环境污染等问题。

（十）完善主体功能区制度

认真落实《云南省主体功能区规划》，着力构建以“一区一带五群七廊”为主体的城镇化空间格局、“六大区域板块”的高原特色农业发展格局、“三屏两带”为主体的生态安全格局。健全基于主体功能区的区域政策，对不同主体功能区的产业项目实行差别化市场准入政策。根据城市化地区、农产品主产区、重点生态功能区的不同定位，加快完善财政、产业、投资、人口流动、建设用地、资源开发和环境保护等配套政策。（牵头部门：省发展改革委、省工业和信息化委、省财政厅、省人力资源社会保障厅、省国土资源厅、省环境保护厅、省住房城乡建设厅、省农业厅、省水利厅、省林业厅）

（十一）健全国土空间用途管制制度

按照国家用地指标控制分配办法，将开发强度指标分解到各县级行政区，作为约束性指标，控制建设用地总量。建立国土空间开发保护制度，推动覆盖全省国土空间的监测系统建设，动态监测国土空间变化。根据国家统一部署，研究制定我省自然生态空间用途管制实施办法。（牵头部门：省国土资源厅）

划定并严守生态红线，严禁任意改变用途，防止不合理开发建设活动对生态红线的破坏。2017 年前完成我省生态保护红线划定工作。（牵头部门：省环境保护厅、省林业厅）

（十二）推进国家公园体制建设

严格执行《云南省国家公园管理条例》。整合自然保护区、森林公园、湿地公园、风景名胜区以及具有重大保护价值的天然林生态系统等各类自然区域的管理体制，探索建立符合生态文明要求的国家公园管理体制。稳步推进国家公园体制试点和建设，并与自然保护区管理体制改革等工作相协调、相促进。国家公园实行更严格保护，除不损害生态系统的原住民生活生产设施改造和自然观光科研教育旅游外，禁止其他开发建设，保护自然生态和自然文化遗产原真性、完整性。构建保护珍稀野生动植物的长效机制。2016 年研究制定《国家公园公共标识设置指南》，积极争取扩大国家公园试点范围，做好香格里拉普达措国家公园体制试点工作。（牵头部门：省林业厅）

（十三）完善自然资源监管体制

将分散在各部门的有关用途管制职责，逐步统一到一个部门，统一行使所有国土空间的用途管制职责。根据国家统一部署，研究制定我省自然资源监管机构改革方案。（牵头部门：省委编办）

四、建立空间规划体系

构建以空间治理和空间结构优化为主要内容，全国统一、相互衔接、分级管理的空间规划体系，着力解决空间性规划重叠冲突、部门职责交叉重复、地方规划朝令夕改等问题。

（十四）编制空间规划

按照国家统一部署，整合目前各部门分头编制的各类空间性规划，逐步编制统一的空间规划，将空间规划作为我省空间发展的指南、可持续发展的空间蓝图和各类开发建设活动的基本依据。2016年探索开展省级空间规划试点，研究建立统一规范的空间规划编制机制。（牵头部门：省发展改革委、国土资源厅、环境保护厅、住房城乡建设厅）

（十五）推进市县“多规合一”

支持州（市）、县（市、区）推进“多规合一”，统一编制州（市）、县（市、区）空间规划。各地空间规划要根据主体功能定位和省级空间规划要求，划定生产空间、生活空间、生态空间，明确城镇建设区、工业区、农村居民点等开发边界，以及耕地、林地、草原、河流、湖泊、湿地等保护边界。加强对城市地下空间的统筹规划。创新市、县空间规划编制方法，省直有关部门要加强对州（市）、县（市、区）“多规合一”试点的指导，研究州（市）、县（市、区）空间规划编制指南和技术规范。2016年，研究制定我省“多规合一”试点实施方案。（牵头部门：省住房城乡建设厅）

五、完善资源总量管理和全面节约制度

构建覆盖全面、科学规范、管理严格的资源总量管理和全面节约制度，着力解决资源使用浪费严重、利用效率不高等问题。

（十六）落实最严格的耕地保护制度和土地节约集约利用制度

落实《节约集约利用土地规定》，规范编制和修编土地利用总体规划。健全基本农田保护制度，划定永久基本农田红线，按照面积不减少、质量不下降、用途不改变的要求，将基本农田落地到户、上图入库，实行严格保护，除法律规定的国家重点建设项目选址确实无法避让外，其他任何建设不得占用。完善耕地占补平衡制度，对新增建设用地占用耕地规模实行总量控制，严格实行耕地占一补一、先补后占、占优补优。深化国有建设用地有偿使用制度改革，实施建设用地总量控制和减量化管理，建立节约集约用地激励和约束机制。合理安排土地利用年度计划，规范推进城乡建设用地增减挂钩试点工作。按照国家统一部署，制定我省耕地占补平衡制度工作方案，制定我省建设用地总量控制和减量化管理方案。（牵头部门：省国土资源厅）

加强耕地质量监测与耕地地力等级评定，2017年制定耕地地力等级评定办法和耕地质量保护办法。（牵头部门：省农业厅）

（十七）落实最严格的水资源管理制度

按照节水优先、空间均衡、系统治理、两手发力的方针，健全用水总量控制和用水效率控制制度，保障水安全。加快制定主要江河流域水量分配方案，加强省级统筹，完善省、市、县三级取用水总量控制指标体系。深入推进节水型社会建设试点示范，推广高效节水技术和产品。建立健全节约集约用水机制，促进水资源使用结构调整，以水资源有效需求和用水效率优化水资源配置。完善规划和建设项目水资源论证制度。主要运用价格和税收手段，逐步建立农业灌溉用水量控制和定额管理、高耗水工业企业计划用水和定额管理制度。在严重缺水地区建立用水定额准入门槛，严格控制高耗水项目建设。加强水产品产地保护和环境修复，控制水产养殖，构建水生动植物保护机制。完善水功能区监督管理，建立促进再生水、雨水、矿井水等非常规水源利用制度。推动全省水务一体化改革。整合州（市）、县（市、区）涉水管理职能，强化水资源的统一管理。建立完善最严格的水资源管理制度考核办法。2016 年出台关于加强节水型社会建设工作的意见。（牵头单位：省水利厅）

（十八）健全能源消费总量管理和节约制度

坚持节约优先，强化能耗强度控制，健全节能目标责任制和奖励制。进一步完善能源统计制度。健全重点用能单位节能管理制度，探索实行节能自愿承诺机制。完善节能标准体系，及时更新用能产品能效、高耗能行业能耗限额、建筑物能效等标准。健全节能低碳产品和技术装备推广机制，鼓励具有自主知识产权、示范带动作用强的节能低碳技术申请国家技术目录。强化节能监察。2016 年制定我省节能标准体系建设方案。（牵头部门：省工业和信息化委）

按照国家下达我省能源消费总量控制目标，综合考虑各地经济社会发展、产业结构调整、能源消费需求等因素，2016 年，编制我省“十三五”能源消费总量目标分解方案，把能源消费总量控制目标分解落实到各州（市）。加强对清洁低碳能源发展的扶持。（牵头部门：省能源局）

按照国家统一部署，逐步建立全省碳排放总量控制制度和分解落实机制，加强应对气候变化对外合作交流。强化固定资产投资项目节能评估审查。2016 年，制定出台我省逐步建立碳排放总量控制制度和分解落实机制的意见。（牵头部门：省发展改革委）

（十九）完善天然林保护制度

将所有天然林纳入保护范围。落实国家用材林储备制度，推进国家储备林基地建设。完善森林资源经营管理体制。逐步推进国有林区政企分开，全面启动国有林场、国有林区改革。深化集体林权制度改革，稳定承包权，拓展经营权能。健全林权抵押贷款和流转制度，推进林木权证核发及抵押贷款工作，探索建立林业综合保险制度。2016 年，创新和完善林权制度抵押贷款机制，扩大林木权证发证及抵押贷款试点范围。（牵头部门：省林业厅）

（二十）建立草原保护制度

稳定和完善草原承包经营制度，实现草原承包地块、面积、合同、证书“四到户”，规范草原经营权流转。严格实行基本草原保护制度，健全草原生态保护补奖机制，严格实施禁牧休牧、划区轮牧和草畜平衡等制度。加大退牧还草和岩溶地区草地治理力度，建立对重度退化草原进行保护和恢复机制。加强对草原征用使用审核审批的监管。2017 年，制定我省草原保护制度方案和重度退化草原保护和恢复工作方案。（牵头部门：省农业厅）

（二十一）建立湿地保护制度

将所有湿地纳入保护范围，禁止擅自征用占用国际、国家和省级重要湿地。进一步加强湿地类型自然保护区和国家湿地公园的建设和管理，维护湿地生态功能，规范保护和利用行为。2016 年，建立湿地生态修复机制，实行严格的用途管制、湿地项目审批制度。（牵头部门：省林业厅、省发展改革委）

（二十二）健全矿产资源开发利用管理制度

建立矿产资源开发利用水平调查评估制度，加强矿产资源查明登记和有偿计时占用登记管理。建立矿产资源集约开发机制，提高矿区企业集中度，鼓励规模化开发。推进绿色矿山建设，提高开采回采率、选矿回收率和综合利用率，积极推进矿产资源深加工，延长产品链。认真落实鼓励提高矿产资源利用水平的经济政策。建立矿山企业高效和综合利用信息公示制度，建立矿业权人“黑名单”制度，完善矿山地质环境保护和土地复垦制度，完善重要矿产资源回收利用的产业化扶持机制。2016 年，研究制定矿山企业高效和综合利用信息公示、矿业权人“黑名单”制度方案。2017 年，制定矿产资源开发利用水平调查评估制度方案、矿山地质环境保护和土地复垦制度方案。（牵头部门：省国土资源厅）

（二十三）完善资源循环利用制度

建立健全资源产出率统计体系。实行生产者责任延伸制度，推动生产者落实废弃产品回收处理等责任。建立种养业废弃物资源化利用制度，实现种养业有机结合、循环发展。在昆明市等城市进行垃圾分类回收试点建设，加快建立垃圾强制分类制度。严格执行国家对复合包装物、电池、农膜等低值废弃物实行强制回收的政策。加快制定资源分类回收利用标准。建立资源再生产品和原料推广使用制度，相关原材料消耗企业要使用一定比例的资源再生产品。完善限制一次性用品使用制度。落实资源综合利用和促进循环经济发展的税收政策。按照国家循环经济技术目录，推动落实政府优先采购、贷款贴息等政策。2017 年制订出台循环发展引领计划；研究制定种养业废弃物资源化利用制度和种养结合循环农业制度工作方案。（牵头部门：省发展改革委、省工业和信息化委、省环境保护厅、省农业厅、省国税局、省地税局）

六、健全资源有偿使用和生态补偿制度

构建反映市场供求和资源稀缺程度、体现自然价值和代际补偿的资源有偿使用和生态补偿制度，着力解决自然资源及其产品价格偏低、生产开发成本低于社会成本、保护生态得不到合理回报等问题。

（二十四）加快自然资源及其产品价格改革

建立完善反映市场供求状况、资源稀缺程度和环境损害成本的资源性产品价格形成机制。加强对自然垄断环节的价格监管，建立定价成本监审制度和价格调整机制，完善价格决策程序和信息公开制度。推进农业水价综合改革，全面实行非居民用水超计划、超定额累进加价制度，全面推进城镇居民用水阶梯价格制度。2016 年研究制定云南电网输配电价标准。（牵头部门：省物价局）

（二十五）完善土地有偿使用制度

划定国有土地有偿使用范围，扩大招拍挂出让比例，减少非公益性用地划拨，国有土地出让收支纳入预算管理。完善工业用地供应方式，探索实行弹性出让年限以及长期租赁、先租后让、租让结合供应。完善地价形成机制和评估制度，健全土地等级价体系，理顺与土地相关的出让金、租金和税费关系。研究有效调节工业用地和居住用地合理比价机制，调整工业用地出让地价水平和工业用地比例。探索通过土地承包经营、出租等方式，健全国有农用地有偿使用制度。根据国家统一部署，2016 年制定我省扩大国有土地有偿使用范围的实施方案。（牵头部门：省国土资源厅）

（二十六）完善矿产资源有偿使用制度

完善矿业权出让制度，探索建立符合市场经济要求和矿业规律的探矿权采矿权出让方式，原则上实行市场化出让，国有矿产资源出让收支纳入预算管理。加快推进统一的矿业权交易平台建设，加大矿业权出让转让信息公开力度。2017 年，研究制定我省矿业权出让制度方案。（牵头部门：省国土资源厅）

（二十七）加快资源环境税费改革

按照国家统一部署，加快推进资源税从价计征改革，做好环境保护税征收准备工作。根据国家统一要求和部署，做好我省资源税改革工作。（牵头部门：省财政厅、地税局）

（二十八）完善生态补偿机制

按照生态损害者赔偿、受益者付费、保护者得到合理补偿的原则，探索建立多元化生态补偿运行机制。结合深化财税体制改革，完善转移支付制度，归并和规范现有生态保护补偿渠道，逐步加大对重点生态功能区的转移支付力度，逐步提高其基本公共服务水平，完善生态保护成效与资金分配挂钩的激励约束机制。争取国家加快建立下游对上游、生态受益地区对生态保护地区、重点流域跨界断面水质的横向生态补偿机制，通过资金补助、产业转移、人才培训、共建园区等方式实施补偿。进一步落实、建立和完善自然保护区、森林公园、国家公园、湿地公园等保护地的生态补偿机制。开展高原湿地生态补偿试点，探索湿地资源保护和建设的有偿使用机制。待国家出台横向生态补偿机制办法后，制定我省贯彻执行意见。（牵头部门：省财政厅、省环境保护厅、省林业厅）

（二十九）完善生态保护修复资金使用机制

按照山水林田湖系统治理的要求，完善相关资金使用管理办法，整合现有政策和渠道，在深入推进国土江河综合整治的同时，更多用于我省国家生态安全屏障的保护修复。（牵头部门：省财政厅）

（三十）建立耕地草原河湖休养生息制度

编制耕地、草原、河湖休养生息规划，调整严重污染和地下水严重超采地区的耕地用途，争取国家在支持25度以上非基本农田退耕还林还草的同时，调整我省25度以上不适宜耕种且有损生态的陡坡地退出非基本农田。建立巩固退耕还林还草、退牧还草成果长效机制。（牵头部门：省国土资源厅、省环境保护厅、省农业厅、省林业厅、省发展改革委）

七、建立健全环境治理体系

构建以改善环境质量为导向，监管统一、执法严明、多方参与的环境治理体系，着力解决污染防治能力弱、监管职能交叉、权责不一致、违法成本过低等问题。

（三十一）完善污染物排放许可制

在全省范围内建立健全统一公平、覆盖所有固定污染源的企业排放许可制度，依法核发排污许可证，排污者必须持证排污并按照排污许可规范排污行为。强化排污许可证的管控作用，健全与企（事）业单位污染物排放总量控制挂钩的排污许可证管理体系，建立排污许可证动态监控制度。适时调整省级发证范围，将重点国有控股企业纳入省级管理范围，合理划分省、州（市）和县（市、区）三级排污许可证管理权限和职责。及时修订我省排污许可证制度技术指南，研究制定我省污染物排放许可制实施办法。（牵头部门：省环境保护厅）

（三十二）建立污染防治区域联动机制

积极争取开展国家环境保护管理体制创新试点，统一规划、统一标准、统一环评、统一监测、统一执法。结合地理特征、污染程度、城市空间分布以及污染物传输规律，逐步建立滇中城市经济圈大气污染联防联控协作机制。在九大高原湖泊率先构建以流域为环境功能单元的水污染控制、水生态修复和风险预警防控等协作机制。建立土壤环境保护和综合治理制度，划定土壤环境保护优先区域，强化污染土壤的环境风险控制，加强土壤重金属污染修复治理。完善突发环境事件应急机制，提高与环境风险程度、污染物种类等相匹配的应急处理能力。2016年，制定滇中城市经济圈大气污染联防联控协作方案和重金属污染恢复治理方案，2017年研究制定我省环境保护管理体制创新方案。（牵头部门：省环境保护厅）

（三十三）建立农村环境治理体制机制

按照国家规定，探索建立以绿色生态为导向的农业补贴制度，财政支农资金的使用要统筹考虑增强农业综合生产能力和防治农村污染。加快推进化肥、农药、农膜减量化以及农作物秸秆、畜禽养殖废弃物综合利用，鼓励生产使用可降解农膜，健全化肥农药包装物、农膜回收贮运加工网络。采取政府购买服务等扶持措施，以及财政和村集体补贴、住户付费、社会资本参与的投入运营机制，培育发展多种形式的农业面源污染治理、农村污水垃圾处理市场主体。研究制定我省农业发展绿色化实施意见和培育发展农业面源污染治理、农村污水垃圾处理市场主体实施方案。（牵头部门：省环境保护厅、农业厅）

（三十四）健全环境信息公开制度

强化大气和水等环境信息公开、排污单位环境信息公开、监管部门环境信息公开，完成政府环境信息公开目录升级建设，完善环境保护网络举报平台。健全环境新闻发言人制度。完善公众参与制度，强化公众生态环境知情权，完善公众监督举报制度、听证制度、舆论监督制度，保障人民群众依法有序行使环境监督权。健全建设项目环境影响评价信息公开机制方案。（牵头部门：省环境保护厅）

（三十五）严格实行生态环境损害赔偿制度

开展环境污染损害赔偿评估方法、实施机制，环境损害成本的合理负担机制、配套标准和规范支持、生态环境损害赔偿额度标准等方面的研究，强化生产者环境保护法律责任，大幅提高违法成本，努力实现污染者全面承担责任、受害者获得足额赔偿、生态环境依法得到保护。2016 年，开展我省生态环境损害赔偿制度试点研究工作。（牵头部门：省环境保护厅）

（三十六）完善环境保护管理制度

建立和完善严格监管所有污染物排放的环境保护管理制度，将分散在各部门的环境保护职责调整到一个部门，逐步实行城乡环境保护工作由一个部门进行统一监管和行政执法的体制。根据国家统一部署，研究制定我省环境监管职能整合方案，有序整合不同领域、不同部门、不同层次的监管力量，落实省以下环保机构监测监察执法垂直管理制度，充实执法队伍。（牵头部门：省委编办、省环境保护厅）

（三十七）健全生态环境监测网络

建立健全覆盖所有资源生态环境要素及重点污染源，布局合理、功能完善的生态环境监测网络，提升生态环境监测立体化、自动化、智能化水平，初步实现生态环境监测的预报预警能力。（牵头部门：省环境保护厅）

八、健全环境治理和生态保护市场体系

构建更多运用经济杠杆进行生态环境保护和治理的市场体系，着力解决市场主体和市场体系发育滞后、社会参与度不高等问题。

（三十八）培育环境治理和生态保护市场主体

鼓励发展节能环保产业的政策措施。废止妨碍形成全国统一市场和公平竞争的规定和做法，鼓励各类投资进入节能环保市场。鼓励政府和社会资本合作开展环境治理和生态保护事

务。政府通过购买服务等方式，加大对环境污染第三方治理的支持力度。加快推进污水垃圾处理设施运营管理单位向独立核算、自主经营的企业转变。研究组建或改组设立国有资本投资运营公司，推动国有资本加大对环境治理和生态保护等方面的投入。支持生态环境保护领域国有企业实行混合所有制改革。（牵头部门：省环境保护厅）

（三十九）推行用能权和碳排放权交易制度

结合重点用能单位节能行动和新建项目能评审查，开展项目节能量交易，并按照国家统一部署逐步改为基于能源消费总量管理下的用能权交易。开展用能权交易测量与核准体系建设。推广合同能源管理。积极研究探索我省用能权初始分配及交易制度。按照国家统一部署，以落实全国碳排放权交易市场建设为重点，建立工作机制，研究制定云南省碳排放权交易相关配套政策，开展钢铁、电力、化工、建材、造纸和有色金属等重点行业企业温室气体排放核算与报告工作，强化能力建设，为确保顺利参与2017年全国统一碳排放权交易体系建设奠定基础。2016年，制定我省建立碳排放权交易市场建设实施方案。（牵头部门：省发展改革委、省工业和信息化委）

（四十）推行排污权交易制度

在认真评估昆明市排污权交易试点的基础上，完善排污权交易制度，扩大涵盖的污染物和排污单位范围。根据行业先进排污水平，逐步强化以企业为单元进行总量控制、通过排污权交易获得减排收益的机制。设定适应云南省情的排污权初始分配方案，搭建污染物监测、报告与核查框架。扩大排污权有偿使用和交易试点，将更多条件成熟地区纳入试点，完善排污权交易平台建设。2016年，制定我省排污权交易试点工作方案。（牵头部门：省环境保护厅、省财政厅）

（四十一）推行水权交易制度

按照国家统一部署，探索地区间、流域间、流域上下游、行业间、用水户间等水权交易方式，明确可交易水权的范围和类型、交易主体和期限、交易价格形成机制、交易平台运作规则等。2018年，研究制定水权交易管理办法。（牵头部门：省水利厅）

（四十二）建立绿色金融体系

发展绿色信贷，探索发展环保金融和碳金融，研究发展排污权抵押融资、绿色中间信贷等创新产品。推进绿色保险，鼓励保险资金以股权、基金、债权、资产支持计划等形式投向生态文明建设项目；拓展绿色资本，支持和鼓励各类股权投资机构扩大绿色投资规模，探索发展绿色债券。2016年研究制定我省绿色金融债券发行实施方案，2017年研究建立绿色金融制度体系方案。（牵头部门：省金融办、人民银行昆明市中心支行）

（四十三）建立统一的绿色产品体系

按照国家关于把分头设立的环保、节能、节水、循环、低碳、再生、有机等产品统一整合为绿色产品的有关要求，制定实施方案，建立统一的绿色产品标准、认证、标识的监管体系。（牵头部门：省质监局）

九、完善生态文明绩效评价考核和责任追究制度

构建充分反映资源消耗、环境损害和生态效益的生态文明绩效评价考核和责任追究制度，着力解决发展绩效评价不全面、责任落实不到位、损害责任追究缺失等问题。

（四十四）建立生态文明目标体系

研究制定可操作、可视化的绿色发展指标体系。2016年研究制定我省绿色发展指标体系。（牵头部门：省统计局）

2016年，制定我省生态文明建设目标评价考核办法。（牵头部门：省发展改革委、省环境保护厅）

健全政绩考核制度，把资源消耗、环境损害、生态效益纳入经济社会发展评价体系，按照不同区域的主体功能定位，实行各有侧重的绩效评价考核。对生态脆弱的国家扶贫开发工作重点县，取消地区生产总值考核；对限制开发区域的农产品主产区和重点生态功能区，分别实行农业优先和生态保护优先的绩效评价，不考核地区生产总值等指标；对禁止开发区域，按照保护对象确定评价内容，强化对自然文化资源原真性和完整性情况的评价，不考核旅游收入等经济指标。（牵头部门：省委组织部、省考评办）

（四十五）建立资源环境承载能力监测预警机制

根据国家确定的资源环境承载能力监测预警指标体系和技术方案，对资源消耗和环境容量超过或接近承载能力的地区，实行预警提醒和限制性措施。（牵头部门：省发展改革委、省环境保护厅、省林业厅、省国土资源厅、省农业厅、省水利厅等）

（四十六）探索编制自然资源资产负债表

根据国家制定的自然资源资产负债表编制试点方案，结合我省实施、探索建立云南特点的自然资源资产负债表指标体系，开展森林（含公益林）、湿地、水、土地等自然资源实物量资产负债表的试编工作，定期评估自然资源资产变化状况。2016年继续扩大试点县范围开展自然资源资产负债表的试编工作。（牵头部门：省统计局）

（四十七）对领导干部实行自然资源资产离任审计

开展领导干部自然资源资产离任审计的目标、内容、方法和评价指标体系的研究，坚持任中审计和离任审计相结合，积极探索开展领导干部自然资源资产离任审计。2018年全面开展领导干部自然资源资产离任审计。（牵头部门：省审计厅）

（四十八）建立生态环境损害责任终身追究制

实行各级党委和政府领导成员生态文明建设一岗双责制。按照《党政领导干部生态环境损害责任追究办法（暂行）》，以自然资源资产离任审计结果和生态环境损害情况为依据，明确对党委和政府领导班子主要负责人、有关领导人员、部门负责人的追责情形和认定程序。区分情节轻重，对造成生态环境损害的，予以诫勉、责令公开道歉、组织处理或党纪政纪处分，

对构成犯罪的依法追究刑事责任。对领导干部离任后出现重大生态环境损害并认定其需要承担责任的，实行终身追责。（牵头部门：省委组织部、省监察厅）

（四十九）建立环境保护督察制度

按照国家环境保护督察工作要求，加大对环境质量差、环境隐患多、生态受损重的州（市）、县（市、区）的环境保护督察力度，对存在环境突出问题的地方，开展不定期专项督察。（牵头部门：省环境保护厅）

十、加强生态文明体制改革实施保障

（五十）强化生态文明体制改革的组织领导

各级党委和政府、有关部门和单位要认真学习领会中央和省关于生态文明建设和体制改革的精神，深刻认识生态文明体制改革的重大意义，进一步增强责任感、紧迫感和自信心，认真贯彻党中央、国务院和省委、省政府决策部署，确保本方案确定的各项改革任务加快落实，努力在全国生态文明体制改革中走前列、探新路。（牵头单位：省生态文明体制改革专项小组办公室）

（五十一）积极开展先行先试

省直有关部门要按照本方案要求抓紧制定部门单项改革方案，明确责任主体和时间进度，密切协调配合，形成改革合力。各州（市）要发挥积极性，按照本方案的改革方向，从本地实际出发，以解决突出生态环境问题为重点，发挥主动性，积极探索和推动生态文明体制改革，省直有关部门根据职责予以指导和推动，其中需要法律授权的按法定程序办理。将省直有关部门自行开展的综合性生态文明试点统一为省试点试验。省直有关部门要于2016年上半年前将试点情况报省生态文明体制改革专项小组。（牵头单位：省生态文明体制改革专项小组办公室）

（五十二）健全法规规章

加强地方立法的调查研究，制定完善自然资源资产产权、国土空间开发保护、国家公园、空间规划、节能评估审查、循环经济发展、节水和地下水管理、耕地质量保护、应对气候变化、生态补偿、湿地保护、土壤环境保护、排污许可、生物多样性保护和生态环境损害赔偿等方面的法规规章。加快制定、修订一批能耗、水耗、地耗、污染物排放、环境质量等方面更加严格的地方标准，为生态文明体制改革提供法治保障。（牵头部门：省人大常委会办公厅、省政府法制办、省质监局、省工业信息化委、省水利厅、省国土资源厅、省环境保护厅）

（五十三）加强舆论引导

加大宣传力度，统筹安排、正确解读生态文明各项制度的内涵和改革方向，培育普及生态文化，提高全民生态文明意识，倡导绿色低碳的生活方式和行为习惯，形成人人、事事、时时崇尚生态文明、推进生态文明建设和体制改革的良好社会氛围。（牵头部门：省委宣传部）

（五十四）加强督促落实

省委全面深化改革领导小组办公室、生态文明体制改革专项小组要加强统筹协调，对本方案落实情况进行跟踪分析和督促检查，及时协调解决实施中遇到的问题，重大问题要及时向省委、省政府请示报告。（牵头部门：省委深化改革领导小组办公室、生态文明体制改革专项小组办公室）

云南省生态文明建设排头兵规划（2016—2020年）

2016年10月

前　言

建设生态文明，关系人民福祉，关乎民族未来。云南作为西南生态安全屏障，承担着维护区域、国家乃至国际生态安全的战略任务。以习近平同志为核心的党中央十分关心云南生态文明建设，要求云南努力成为我国生态文明建设排头兵，指明了云南生态文明建设的努力方向，提出了云南生态文明建设更高的工作要求。编制《云南省生态文明建设排头兵规划（2016—2020年）》（以下简称本规划），是贯彻中央关于加快推进生态文明建设决策部署、落实努力成为生态文明建设排头兵战略定位要求的重要举措，对云南加快转变经济发展方式、提高发展质量和效益、筑牢国家生态安全屏障、建设美丽云南具有重要意义。

本规划依据《中共云南省委 云南省人民政府关于努力成为生态文明建设排头兵的实施意见》（云发〔2015〕23号）、《中共云南省委 云南省人民政府关于贯彻落实生态文明体制改革总体方案的实施意见》（云发〔2016〕22号）、《云南省国民经济和社会发展第十三个五年规划纲要》，结合国家发展改革委等6部委批复的《云南省生态文明先行示范区建设实施方案》（发改环资〔2014〕2752号）编制，主要阐明了云南成为全国生态文明建设排头兵的指导思想、基本原则、建设目标、主要任务和重点工程，对“十三五”时期生态文明建设进行具体部署，是加快成为全国生态文明建设排头兵的指导性文件。

一、建设基础和形势

（一）建设基础

1. 生态立省战略不断强化

历届省委、省政府高度重视生态文明建设，党的十八大以来，省委、省政府按照“五位一体”战略布局要求，坚持把生态文明建设摆在突出位置，实施“生态立省、环境优先”战略，先后出台《关于争当全国生态文明建设排头兵的决定》（云发〔2013〕11 号）、《关于努力成为生态文明建设排头兵的实施意见》（云发〔2015〕23 号）和《关于贯彻落实生态文明体制改革总体方案的实施意见》，深入推进七彩云南保护行动和生物多样性保护战略行动，加大自然生态系统和环境保护力度，生态文明建设扎实有效推进。

2. 空间开发格局逐步形成

编制实施了《云南省主体功能区规划》，在我省“十三五”规划纲要中确定了“一核一圈两廊三带六群”经济社会发展空间格局。积极争取国家主体功能区建设试点示范，西双版纳州、丽江市玉龙县国家主体功能区建设试点示范方案获国家批复。开展了国家重点生态功能区产业准入负面清单制定工作。创新城乡规划管理体制机制，建立云南省空间体系大数据平台，制定“多规合一”管理办法，成立城乡规划委员会，以省、州（市）、县三级城乡规划委员会统一协调“多规合一”工作、统一空间数据标准。强化国土空间管理，划定了 7892 万亩基本农田，初步完成《云南省环境功能区划研究》编制工作，启动了生态保护红线划定工作。

3. 转型升级取得积极进展

推动产业结构向开放型、创新型和高端化、信息化、绿色化转变，大力培育新兴产业，巩固提升优势产业，“云上云”“互联网 +”等信息化和信息产业加快发展，玉溪市、保山市、大理市列入国家促进信息消费试点城市，普洱市列为国家绿色经济试验示范区。2015 年，全省三次产业结构比例调整为 15.0 ∶ 40.0 ∶ 45.0，战略性新兴产业占 GDP 比重达到 8%。加快淘汰落后产能，提前一年完成“十二五”淘汰落后产能目标任务。节能降耗成效显著，“十二五”期间，全省单位 GDP 能耗累计下降 20.65%，碳强度累计下降 39%，均超额完成国家下达的目标任务。能源结构不断优化，非化石能源占一次能源消费比重达 42.8%，居全国前列。土地、矿产资源节约利用水平明显提高，资源利用效率进一步提升，每万元地区生产总值用水量下降至 123 立方米，工业固体废弃物综合利用率达 51.0%。

4. 生态安全屏障加快建设

持续推进“森林云南”建设。2015 年，全省森林覆盖率达 55.7%，森林蓄积量达 17.68 亿立方米。自然保护地建设不断加强，全省建立国家公园 8 个、国家森林公园 27 个、国家湿地公园 12 个、国家级自然保护区 20 个，保护面积占全省国土总面积的 8.5%，90% 的典型生态系统和 85% 的重要物种得到有效保护；自然湿地保护率达 43.3%，其中大山包、碧塔海、纳帕海、拉市海被列为国际重要湿地。石漠化综合治理力度不断加大，全省石漠化面积较 2005 年第一次监测时减少近 6.2 万公顷。生物多样性保护扎实开展，亚洲象等 37 个珍稀濒危物种得到拯救保护，在全国率先开展了极小种群物种保护和野生动物公众责任保险。

5. 环境治理力度不断加大

区域水环境质量稳中趋好，珠江、三峡库区上游、滇池流域化学需氧量、氨氮排放总量持续削减，各重点区域水质达标率大幅度提高。九大高原湖泊水生态持续改善，水质趋稳向好，全省水质优良湖库比例从 2010 年的 67.2% 提高到 2015 年的 85.0%，洱海保护成为全国湖泊治理典范。大气环境质量保持良好，2015 年全省 16 个州（市）人民政府所在地空气质量平均优良天数比例达 97.3%，环境空气质量保持全国前列。2015 年全省化学需氧量排放量比 2010 年下降 9.47%，氨氮排放量下降 8.45%，二氧化硫排放量下降 17.06%，氮氧化物排放量下降 13.54%，圆满完成国家下达的主要污染物总量减排任务。农业污染治理逐步加强，城乡人居环境质量不断改善。2015 年，全省县城及以上城市污水集中处理率和生活垃圾无害化处理率均达到 85.0%。

6. 基础支撑条件更加扎实

生态文明建设工作推进机制逐步健全，党政领导、部门主抓、横向协作、上下联动的工作格局基本形成。生态文明制度建设有序推进，党政领导干部生态环境损害责任追究、领导干部自然资源资产离任审计试点、环境污染第三方治理等制度建设取得积极进展。生态文明先行示范区建设稳步推进，低碳试点省成效显著，公共机构节能示范引领作用逐步显现，国家公园试点建设形成典型经验。截至 2015 年，全省有国家级生态示范区 10 个、国家级生态乡镇 85 个、国家级生态村 3 个、国家节水型社会建设示范区 2 个、国家节水型城市 3 个、国家循环经济示范城市（县）4 个、国家森林城市 2 个、国家园林城市（县）19 个、国家园林城镇 3 个、国家节约型公共机构示范单位 56 个。

（二）面临形势

1. 有利条件

（1）生态文明建设排头兵战略定位凝聚共识。习近平总书记关于云南努力成为全国生态文明建设排头兵的战略定位要求，确立了云南生态文明建设的新坐标、新定位，赋予了云南生态文明建设的新使命、新任务，进一步唤起全省上下对资源环境问题的重视，凝聚了全省上下节约资源、保护环境的共识，为“十三五”加快推进生态文明建设注入了不竭动力。

（2）绿色发展成为治国理政的重要理念。党的十八大把生态文明建设摆在更加突出位置，纳入中国特色社会主义事业“五位一体”总体布局。党的十八届五中全会提出创新、协调、绿色、开放、共享五大发展理念，绿色发展上升为国家发展战略，成为治国理政的重要理念。同时，人民群众关于节能环保的意识不断增强，对良好生态环境的期待不断增强，有利于生态文明建设的氛围正在形成。

（3）经济发展新常态、供给侧结构性改革带来机遇。经济发展进入新常态，经济增长速度由高速转向中高速，产业结构由低端迈向中高端，结构调整、转型升级，有利于提高资源利用效率、降低单位产值污染物排放强度。推进供给侧结构性改革，处置“僵尸企业”、淘汰落后产能，化解过剩产能，有利于去掉粗放式发展“尾巴”，提高资源利用效率，转变发展方式。

（4）实行最严格的环境保护制度，提供新的动力和保障。中央实施环境保护督察，实行最严格的环境保护制度，全面推进水、土壤、大气污染防治，建立健全生态文明考核评价体系，将环境质量改善作为对各级党委、政府的硬约束、硬指标，严格考核问责。云南加快生态文明制度建设，统筹运用结构优化、节能减排、污染治理、达标排放、生态保护等多种手段，加快推进生态环境治理体系和治理能力现代化，为推进绿色发展、建设美丽云南提供了新的动力和保障。

2. 不利因素

（1）贯彻绿色发展认识上有差距。个别地区对坚持生态优先、绿色发展认识不到位，主观上还存在不重视、不到位、不落实等问题，造成对生态建设和环境保护工作上的不到位，甚至出现破坏生态环境的违法行为。

（2）生态保护与建设任务繁重。我省生态系统脆弱敏感，山区面积占全省面积的96.4%，水土流失面积达27.8%，岩溶面积达28.1%，石漠化面积达4320万亩，16个州（市）121个县（市、区）有岩溶分布。许多重要的生态系统处于高山、亚高山、干热河谷和热带森林等生态脆弱带，自然湿地面积萎缩，生物多样性下降的趋势尚未得到根本遏制。生态环境质量监测网络不健全，能力不足，与生态环境保护任务不相适应。

（3）区域环境污染问题不容忽视。我省环境质量总体较好，但局部环境问题依然突出，治理任务依然繁重。九大高原湖泊处于V类或劣V类水质的仍有4个。城市环境基础设施建设滞后于城市发展，农村农业发展造成的环境污染问题日益突出，土壤污染尤其是重金属问题不容忽视。

（4）资源利用效率仍然偏低。我省尚处在新型工业化、信息化、城镇化、农业现代化和绿色化快速发展阶段，经济发展方式尚未根本改变，结构性矛盾依然突出，资源利用方式粗放，单位GDP能耗远高于全国平均水平，一般工业固体废物综合利用率低于全国平均水平。节能、节水、节约土地资源等任务繁重，减排压力仍然较大。各类园区产业集聚度较低，循环化改造任务繁重。

（5）制度建设亟待加强。生态文明制度体系尚未完整建立，自然资源资产产权制度、国土空间开发保护制度、资源有偿使用和生态补偿制度等尚不健全，环境保护责任追究和环境损害赔偿制度亟待完善。循环经济、生态修复等地方法规尚未出台。

二、总体要求

（一）指导思想

以邓小平理论、“三个代表”重要思想、科学发展观为指导，全面贯彻党的十八大和十八届三中、四中、五中全会精神，深入贯彻习近平总书记系列重要讲话和考察云南重要讲话精神，紧紧围绕“五位一体”总体布局和“四个全面”战略布局，牢固树立创新、协调、绿色、开放、共享的发展理念，坚持节约资源和保护环境的基本国策，坚持生态优先、绿色发展，以建设生态文明先行示范区为抓手，以正确处理人与自然的关系为核心，以解决生态环境领域突出问题为导向，以绿色循环低碳发展为途径，以制度创新为动力，以重点工程为依托，加快形成节约资源和保护环境的空间格局、产业结构、生产方式、生活方式和价值理念，努力建设天更蓝、地更绿、水更净、空气更清新的美丽云南，努力成为全国生态文明建设排头兵。

（二）基本原则

——尊重自然、保护优先。牢固树立尊重自然、顺应自然、保护自然的生态文明理论，把人类活动控制在自然环境能够承载的限度内，有度有序开发和利用自然。坚持节约优先、保护优先，平衡好发展和保护的关系，在发展中保护、在保护中发展，实现发展与保护的内在统一、相互促进。

——绿色引领、永续发展。牢固树立“绿水青山就是金山银山”的理念，把绿色发展作为推进现代化建设的重要引领，发挥资源环境优势，坚定走绿色发展、生态富民之路，营造绿色山川，发展绿色经济，建设绿色城镇，倡导绿色生活，打造绿色窗口，为子孙后代留下永续发展的“绿色银行”。

——改革创新、完善制度。坚持把建立系统完整的生态文明制度体系作为生态文明建设的首要任务，充分发挥市场配置资源的决定性作用和更好地发挥政府作用，加快建立系统完整的生态文明制度体系。不断强化科技创新引领作用，为生态文明建设注入强大动力。

——立足当前、着眼长远。围绕资源环境最紧迫的任务，着力解决对经济社会可持续发展制约性强、群众反映强烈的突出问题，打好生态文明建设攻坚战。同时，加强系统谋划和总体设计，更加注重转方式、调结构，加快形成绿色生产方式和消费模式，持之以恒全面推进生态文明建设。

——因地制宜，彰显特色。综合考虑各地自然资源禀赋和生态环境优势，以及空间布局、产业结构、要素聚集等因素，鼓励各地开展各类试点示范，因地制宜加快生态文明建设，积极探索有效模式。

（三）建设目标

到 2020 年，发展方式实现重大转变，资源节约型和环境友好型社会建设取得重大进展，符合主体功能定位的空间开发格局全面形成，生态环境质量保持优良，生态文明建设制度体系逐步健全，生态文明主流价值观更加深入人心，生态文明先行示范区建设取得显著成效。

——国土空间开发格局更加优化。与主体功能定位相适应的生产空间、生活空间、生态空间更加优化，经济、人口布局向均衡、和谐、可持续方向发展，“一核一圈两廊三带六群”经济社会发展空间格局推进形成，空间治理体系基本建立。

——发展质量和效益明显提升。人均GDP地区生产总值达到6.5万元，产业结构更趋合理，战略性新兴产业增加值占GDP比重达到15%。资源利用效率进一步提升，能源和水资源消耗、建设用地、碳排放强度持续下降，总量控制在国家要求范围内，可再生能源利用率居全国前列。

——国家生态安全屏障更加牢固。森林覆盖率和蓄积量持续保持全国前列，生物多样丰度保持稳定，湿地面积不断增加，湿地功能增强，长江、珠江等江河流域水土保持和石漠化治理取得成效，生态系统功能全面提升，国家生态安全屏障进一步巩固，划定并严守生态保护红线，筑牢生态安全屏障。

——环境质量总体保持优良。城市空气质量优良率保持全国领先，以六大水系和九大高原湖泊为主的水环境质量得到明显改善，土壤环境质量总体保持稳定，主要污染物排放总量持续减少，环境风险得到有效管控，多元共治的现代环境治理体系建设取得重大进展。

——生态文明制度体系逐步健全。将生态文明建设纳入制度化、法治化轨道，体现云南生态文明建设特点的自然资源资产产权制度、国土空间开发保护制度、资源有偿使用和生态补偿制度、生态环境保护管理体制、生态文明绩效评价考核和责任追究制度等取得重要成果。

表 8-2　云南省“十三五”时期生态文明建设排头兵主要指标

序号	分类	指标名称	单位	2015 年	2020 年	指标属性
1	经济发展	服务业增加值占 GDP 比重	%	45	50	预期性
2		战略性新兴产业增加值占 GDP 比重	%	8.0	15	预期性
3		农产品中无公害、绿色、有机农产品种植面积比例	%	10	15	预期性
4	资源节约	耕地保有量	万亩①	9308.25	8768	约束性
5		新增建设用地规模	万公顷	—	10.6	约束性
6		单位生产总值建设用地面积	公顷 / 万元	0.0077	0.0062	预期性
7		用水总量控制	亿立方米	—	215	约束性
8		单位生产总值用水量下降	%	48	25	约束性
9		农田灌溉水有效利用系数	—	0.52	0.55	预期性
10		能源消费总量	万吨标准煤	10357	控制在国家下达指标内	约束性

①亩：土地面积单位，1 亩≈ 666.67 平方米，全书统一说明。

续表 8-2

11		单位生产总值能源消耗降低		%	8.83	按国家下达目标	约束性
序号	分类	指标名称		单 位	2015 年	2020 年	指标属性
12		☆单位生产总值二氧化碳排放量降低		%	39	按国家下达目标	约束性
13		☆非化石能源占一次能源消费比重		%	42.8	按国家下达目标	约束性
14		农作物秸秆综合利用率		%	80.9	85	预期性
15	生态建设	☆森林覆盖率	—	%	55.7	60	约束性
16		☆森林蓄积量	—	亿立方米	17.68	19.01	约束性
17		草原综合植被覆盖度	—	%	—	96.22	预期性
18		自然湿地保有量	—	万公顷	40	42	预期性
19		林地保有量	—	万公顷	2501	＞2487	预期性
20		森林面积	—	万公顷	1992.4	2142.8	预期性
21	环境保护	空气质量	☆地级及以上城市空气质量优良天数比率	%	90	92	约束性
			细颗粒物（PM2.5）未达标地级及以上城市浓度下降	%	—	按国家下达目标	—
22		地表水质量	达到或好于Ⅲ类水体比例	%	65	73	约束性
			劣Ⅴ类水体比例	%	12	6	—
23		主要污染物排放总量减少	二氧化硫	%	—	控制在国家下达指标内	约束性
			化学需氧量	%	—	—	—
			氨氮	%	—	—	—
			氮氧化物	%	—	—	—

注：指标名称前加“☆”表示的是云南的优势指标。

三、主要任务

（一）优化国土空间开发格局

发挥主体功能区作为国土空间开发保护基础制度的作用，以主体功能区规划统筹各类空间性规划，建立健全空间治理体系，科学合理布局和整治生产空间、生活空间、生态空间，提高空间利用效率，加快形成人与自然和谐共生的空间格局。

1. 加快建设主体功能区

推动各地严格依据主体功能定位发展。按照人口资源环境相均衡、经济社会生态效益相统一原则，认真落实国家和省主体功能区规划，科学布局集约高效的生产空间、宜居宜业的生活空间、山清水秀的生态空间。根据重点开发区、农产品主产区、重点生态功能区、禁止开发区的不同定位，加快完善财政、投资、产业、土地、农业、人口、民族、环境、应对气候变化、绩效评价等差别化的政策体系。重点开发区适度扩大区域中心城市规模，发展壮大与中心城市具有紧密联系的中小城市，在提高经济增长质量和效益、节约资源、保护环境的基础上，加快推进工业化和城镇化，促进人口、产业和经济聚集，建成全省工业化和城镇化的核心区。农产品主产区以发展高原特色农业为重点，不断完善农业支撑体系，努力提升农产品供给能力，打造全省的农业生产优势区域。重点生态功能区以水源涵养、水土保持、水污染防治、生物多样性保护为重点，因地制宜发展不影响主体功能定位的适宜产业，制定和实施国家重点生态功能区产业准入负面清单，建立有利于生态环境保护的生态补偿机制。禁止开发区重点建立健全鼓励发展绿色产业的政策，引导不符合主体功能定位要求的产业外迁，实施稳妥的人口退出政策。

专栏 1　云南省主体功能区划

重点开发区	集中连片重点开发区域	国家级包括昆明、玉溪、曲靖、楚雄 4 个州（市）的 27 个县（市、区）和 12 个乡镇，省级包括滇西、滇西北、滇西南、滇东南和滇东北地区，共涉及 16 个县（市、区）。按行政区统计面积为 8.57 万平方千米，占全省面积的 21.8%，其中国家级占 12.5%、省级占 9.3%
	其他重点开发城镇	指点状分布于农产品主产区和重点生态功能区中城镇的中心区域，包括重点县城 41 个，重点小镇 24 个，重点口岸 15 个

续专栏 1

专栏 1　云南省主体功能区划		
限制开发区	农产品主产区	分布于滇西德宏和临沧、滇南普洱、滇东曲靖及滇中玉溪等地区，国家级包括 49 个县（市、区），省级包括分布在重点开发区域和重点生态功能区的基本农田，以及农垦区、林木良种基地等零星农业用地。按行政区统计面积为 15.9 万平方千米，占全省面积的 40.3%
	重点生态功能区	分布于滇西北、滇东南及滇东地区，国家级包括 18 个县（市、区），省级包括 20 个县（市、区）和 25 个乡镇。按行政区统计面积为 14.93 万平方千米，占全省面积的 37.9%，其中国家级占 21.9%、省级占 16.0%
禁止开发区	包括自然保护区、世界遗产、风景名胜区、森林公园、地质公园、城市饮用水源保护区、湿地公园、水产种质资源保护区、牛栏江流域上游保护区水源保护核心区。总面积为 7.68 万平方千米，占全省面积的 19.5%，呈斑块状或点状镶嵌在重点开发和限制开发区域中	

构建空间治理体系。以市县级行政区为单元，建立由空间规划、用途管制、差异化绩效考核等构成的空间治理体系。以主体功能区规划为基础，加快编制实施省级空间规划，统一编制州（市）、县（市、区）空间规划。完善“多规合一”体制机制，支持州（市）、县（市、区）推进“多规合一”。强化空间管控，科学划定基本农田保护红线、生态保护红线和城镇开发边界“三线”。实施国土资源调查评价和检测工程。提升测绘地理信息服务保障能力，开展地理省情常态化监测，健全覆盖全省国土空间的监测系统。

2. 推进绿色城镇化

构建绿色城镇体系。认真落实《云南省新型城镇化规划（2014—2020 年）》和《云南省城镇体系规划（2015—2030 年）》，根据资源环境承载能力，加快构建以大城市为引领、以中小城市为重点、以特色城镇为基础的绿色城镇体系。全面提高城镇规划建设与管理水平，加快修编完善区域性城镇群规划，抓紧编制沿边城镇布局规划。修编州（市）、县（市、区）城市总体规划，修编完善县（市）域乡村建设规划，加快编制城镇控制性详细规划。延续城镇历史文脉，注重城市形象设计，编制城市色彩、生态廊道、建筑立面、景观照明等专项规划。编制城市地下管廊专项规划。强化规划管控，依法加强城镇禁建区、限建区、适建区“三区”和建设用地红线、水体蓝线、绿地绿线、市政公用设施黄线、历史文化保护紫线“五线”的空间管制，杜绝大拆大建。实施“十城百镇”规划示范工程。

专栏 2　云南省城镇体系	
推动城镇群协调发展	将滇中城市群建成全国城镇化格局中的重点城市群
	将滇西城镇群建成国际著名休闲旅游目的地
	将滇东南城镇群建成我省面向北部湾和越南开放合作的前沿
	将滇东北城镇群建成长江上游生态屏障示范区
	将滇西南城镇群建成为全国绿色经济试验示范区
	将滇西北城镇群建成为国家重要生态安全屏障区
发展大中小城市	将昆明打造成面向南亚东南亚的区域性国际中心城市，将滇中新区建成西部新型城镇化综合试验区
	发挥区域性中心城市在吸纳人口、产业发展中的重要作用，逐步将曲靖、玉溪、楚雄、红河、大理、昭通等培育成大城市
	逐步将安宁、宣威、祥云、景洪、芒市等州（市）中心城市培育成中等城市
	发挥县城中心城镇在沟通城乡中的桥梁和纽带作用，推动县城扩容提质，促进发展为中小城市
建设特色小镇	重点发展现代农业型、工业型、旅游型、商贸型、边境口岸型、生态园林型六类特色城镇

提高城镇发展质量。坚持以人为本、绿色低碳，推动城镇绿色发展，建设环境优美的宜居城镇。科学确定城镇开发强度，提高城镇土地利用效率、建成区人口密度。严格新城、新区审批，从严供给城市建设用地，推动城镇化发展由外延扩张式向内涵提升式转变。注重自然山水、文化遗产、历史传承、民族风情等因素，引导城镇多样化发展，推动城镇风貌从千城一面向魅力特色转变。积极推进产城融合发展，推进建设滇中新区等一批产城融合示范区，争取将玉溪市、普洱市、楚雄市产城融合示范区纳入国家支持范畴。推进曲靖市、红河州、大理市、隆阳区板桥镇国家新型城镇化综合试点。大力开展森林城市、园林城市、人文城市、智慧城市、创新型城市、海绵城市建设。到 2020 年，全省建成 210 个特色小城镇，力争国家森林城市达到 5 个，城市建成区面积绿地率达到 32%、人均公园绿地面积达到 10 平方米。

提升城镇人居环境。强化城镇化过程中的节能理念，大力发展绿色建筑和低碳、便捷的交通体系，优先发展公共交通，提升公共交通分担率。加强城镇基础设施建设，提高城镇供排水、防涝、雨水收集利用、综合管廊、市容环卫等基础设施建设水平，建设绿色生态城区。推进城镇天然气输配管网建设，提高城市气化率。全面实施城市“四治三改一拆一增”行动，着力抓好城市管理和服务，持续提升城镇人居环境。开展城市环境综合治理，加大城市黑臭水体治理力度，提高城镇污水和垃圾处理设施运营管理水平和处理率。到 2020 年，全省大城市公共交通占机动化出行比例达 60% 以上，城市和建制镇集中供水普及率达到 95% 和 85%，城市污水集中处理率达 95%，县城以上城镇污水集中处理率达 85%。

专栏 3　城市“四治三改一拆一增”行动	
四治	治乱，重点整治社会治安秩序，建设安全城市，保障市民安全，加大力度整治乱摆乱设、乱贴乱画、乱吐乱扔、乱排乱倒、乱搭乱建、乱停乱行等市容环境乱象
	治脏，重点治理车站广场脏、公共厕所脏、饮食摊点脏、集贸市场脏、街巷院落脏等
	治污，重点治理大气污染、水污染、噪声污染、废渣污染等
	治堵，重点治理城市交通拥堵，解决行车难、停车难、行路难问题
三改	以点带面推进旧住宅区改造，因地制宜推进旧厂区改造，积极稳妥推进城中村改造
一拆	依法拆除违法违章建筑
一增	大面积增加城市绿化

3. 建设美丽宜居乡村

科学编制乡村规划。坚持以县（市）域乡村建设规划为依据和指导的镇、乡和村庄规划编制体系，调整完善县域美丽乡村、传统村落以及延边地区、重要交通沿线、重点旅游区及风景名胜区域村庄规划。按照因势就形、突出特色、一村一景的要求，合理确定各类村庄规模，以产村融合、村庄风貌控制、村庄特色彰显、基础设施布局和项目科学落地指导为重点，在强化村庄功能布局的基础上充分体现农田保护、生态涵养、基础设施、产业发展等村庄功能布局。加快历史文化名村和传统村落保护，科学建设和改造提升一批中心村、传统村和特色村。实施第二轮“十县百乡千村万户”示范创建工程。到 2020 年，力争在全省的中心村、特色村和传统村落建成 6500 个富有云南特色的“新房新村、生态文化、宜居宜业”的社会主义新农村。

改善农村基础设施。实施美丽宜居乡村建设“七大行动”（产业提升、村寨建设、环境整治、脱贫攻坚、公共服务、素质提升、乡村治理行动），不断夯实农村发展的基础条件。

推进产村融合发展，培育致富产业，实现产业强村、产村相融。实施农村危房改造和抗震安居工程、异地扶贫搬迁工程，落实灾后重建、库区移民、矿山环境治理等工程项目，加快农村综合文体设施建设，改善农村教育、医疗卫生等公共服务条件。加强农民素质教育和能力提升，推进乡村治理机制建设，不断提升农村社会管理水平。推进“五个一批”脱贫攻坚工程，确保到2020年全省贫困人口如期脱贫。

推进农村环境整治。加快推进农村环境集中连片整治，实施“改路、改房、改水、改电、改圈、改厕、改灶”和“清洁水源、清洁田园、清洁家园”的“七改三清”环境整治综合行动，切实改善农村人居环境。实施“千村示范、万村整治”工程，逐步实现村村有安全饮用水、通电、通路，广电网、电信网、互联网通村到户。推进农村亮化工程。加强农村生态建设，实施村庄绿化工程，组织开展清水城镇、清水乡村、清水湖库、清水河道试点建设。开展农村两污专项治理，探索符合各地实际的村庄垃圾、生活污水处理方式。到2020年，美丽宜居乡村村内生活垃圾定点存放清运率达到90%，生活污水处理农户覆盖率不低于70%。

专栏4　农村环境整治行动	
“七改三清”	实施“改路、改房、改水、改电、改圈、改厕、改灶”综合行动，实行人畜分离、厨卫入户，清洁水源、清洁田园、清洁家园
农村亮化	以电灯、太阳能路灯、风能路灯等多种照明形式互为补充，加快乡村路灯建设，全面提升农村亮化水平
村庄绿化	利用乡土树种、本地花木对村庄路、渠、塘、院等进行绿化，注重保护湿地和古树名木，推进湿地保护小区和乡村多用途湿地示范区建设，形成道路河道乔木林、房前屋后果木林、公园绿地休憩林、村庄周围护村林的村庄绿化格局
两污治理	探索符合各地实际的垃圾分类、收集、转运、处理方式，逐步实现村庄垃圾源头分类、就地减量、提高资源化利用与无害化处理水平
	采取集中处理和分散处理相结合的方式，因地制宜地选用氧化塘、生态沟、人工湿地等工艺，处理农村生活污水

（二）加快产业绿色转型发展

贯彻落实“中国制造2025”云南行动计划，加快构建科技含量高、资源消耗低、环境污染少的产业结构，积极构建循环型产业体系，加快推动生产方式绿色化、生产过程清洁化，大幅提高经济绿色化程度，不断提高发展的质量和效益，实现经济发展和生态文明的相辅相成、相得益彰。

1. 调整优化产业结构

积极化解过剩产能。坚持市场倒逼与政府支持相结合的原则。充分发挥市场机制作用和更好地发挥政府引导作用，用法制化和市场化手段化解过剩产能。从严控制新增钢铁、煤矿产能项目，控制超能力生产，对超能力生产的煤矿，一律责令停产整改。落实产能等量或减量置换措施，严控铜、铅、锌、锡冶炼，电石、焦炭、黄磷新增产能。加大落后产能排查，严格执行环境保护、能耗、质量、安全、技术等法律法规和产业政策，对环保、能耗、安全生产达不到标准和淘汰类的煤炭、钢铁、有色、水泥、铁合金、焦炭等行业产能要依法依规有序退出，全面清理违法违规产能。鼓励支持钢铁、水泥等行业龙头企业围绕主业和优势集聚，开展跨地区、跨所有制兼并重组，进一步提高产业集中度。积极推动国际产能合作，鼓励有条件的企业结合面向南亚东南亚辐射中心建设，通过开展国际产能合作搬迁转移部分产能，实现互利共赢。

改造提升传统产业。围绕创新能力建设、技术装备升级、品牌质量提升、降低资源能源消耗、减少污染排放、提高规模效益等，重点支持冶金、化工、建材、轻纺等领域重大技术升级改造，增强产业竞争力。深度融合智能制造，加快冶金、化工、食品等行业的智能化改造，加快煤炭、危险化学品、食品、农药等重点行业智能检测监管，提高企业精益生产和管理水平，促进企业生产效率和效益的提升。推进钢铁、有色、化工等传统制造业质量和能效提升、清洁生产、循环利用等专项技术改造。推进多元化制造资源有效协同，提高产业链资源的整合能力，提升传统优势产业的质量水平和持续发展能力。

加快培育重点产业。贯彻落实《中共云南省委　云南省人民政府关于着力推进重点产业发展的若干意见》（云发〔2016〕11 号）文件精神，着力推进生物医药和大健康、旅游文化、信息、现代物流、高原特色现代农业、新材料、先进装备制造、食品与消费品制造 8 大重点产业。以现代生物、电子信息和新一代信息技术、新材料、先进装备制造等战略性新兴产业为突破口，加快培育新的经济增长点。强化重点产业的企业主体培育，加快在各产业领域形成一批龙头骨干企业、一批专业化小企业、一批规模化企业集群。强化重点产业的项目储备实施，对列入重点产业项目培育工程包的项目，在同等条件下优先办理相应审批手续，实施三级联动推进。强化重点产业的园区集聚发展，按照绿色生态、创新引领的要求，优化园区布局和功能定位，完善园区基础设施，健全务实高效的管理机制，使园区成为产业集聚发展的主阵地。

专栏 5　八大产业培育重点	
生物医药和大健康产业	加快新药研发，建设优质中药材和健康产品原料基地，发展中药（民族药）、生物技术药，发展多样化健康产品和服务，构建集健康、养老、养生、医疗、康体等为一体的大健康产业体系。到 2020 年，主营业务收入达到 3800 亿元左右，年均增长 20% 左右

续专栏 5

专栏 5　八大产业培育重点	
旅游文化产业	实施全省旅游产业转型升级三年行动计划，拓展旅游发展空间，优化旅游发展环境，推进文化创意和设计服务与相关产业融合发展，推进旅游与文化深度融合。到 2020 年，旅游业总收入达到 9000 亿元左右，年均增长 21% 左右
信息产业	实施“云上云”行动计划，加快信息基础设施建设，着力发展新一代信息技术产业、电子信息产品制造业和信息服务业，提升信息化应用水平。到 2020 年，主营业务收入达到 1600 亿元以上，年均增长 20% 左右
现代物流产业	结合城市功能定位和产业布局，统筹规划建设物流基地、物流中心、物流示范园区，推进物流基础设施有效衔接，提高物流信息化、物流装备现代化和标准化水平，完善城乡物流配送体系。到 2020 年，增加值达到 2000 亿元左右，年均增长 13% 左右
高原特色现代农业产业	突出“高原粮仓、特色经作、山地牧业、淡水渔业、高效林业、开放农业”，打响高产、优质、高效、生态、特色的高原特色现代农业品牌，促进农村一、二、三产业融合发展，打造一批特色农业产业强县。到 2020 年，全省农林牧渔业增加值达到 3000 亿元以上，农村一、二、三产业综合产值达到 10000 亿元以上
新材料产业	以科技创新为先导发展前沿新材料，重点发展稀贵金属合金、液态金属、石墨烯、3D 打印材料、纳米材料等前沿新材料产业；以新一代信息技术产业用材料、航空航天装备用材料、节能与新能源汽车用材料、节能环保材料等重点领域应用为方向发展关键战略材料，重点发展合金、光电子信息、化工、新能源等关键战略新材料产业；以市场需求为引领发展先进基础材料，全面推进有色金属、黑色金属、化工、建筑等新材料产业壮大发展。到 2020 年，主营业务收入达到 1700 亿元左右，年均增长 15% 左右
先进装备制造业	以信息化、智能化、自动化为重点，加快新能源汽车和乘用车发展，加快发展数控机床、电力和新能源装备、节能环保装备、通用航空装备等先进装备，培育发展机器人、3D 打印等智能装备，大力发展面向南亚东南亚市场的特色机电产品制造。到 2020 年，主营业务收入达到 1700 亿元左右，年均增长 20% 左右
食品与消费品制造业	加快“云品”特色食品加工业发展，打造茶、酒、糖、油、核桃、咖啡、果蔬 7 类过百亿元的云南特色食品加工业，打造面向南亚东南亚的轻工纺织品产业平台和加工贸易平台，推动花卉、珠宝玉石、天然香料等特色消费品制造业转型升级。到 2020 年，主营业务收入达到 3000 亿元左右，年均增长 16% 左右

2. 大力发展绿色产业

发展节能环保产业。建立节能环保重点推广目录，推动高效锅炉、节能炉灶、高效电机、高效配电变压器、大气治理、垃圾处理、环境监测等技术装备规模化发展。引进有实力的节能环保企业落户云南，支持有条件的企业立足省内、面向全国、辐射南亚东南亚，开拓和服务周边环保市场。加快发展生态环境修复、环境风险与损害评价、排污权交易、绿色认证、环境污染责任保险等新兴环保服务业。整合政府、企业、金融机构、高校及科研机构、中介机构等资源，积极吸引国内外企业、科研机构入驻，加快节能环保技术研发、成果转化、产品推广应用，建设一批具有特色优势的节能环保产业基地。自 2016 年起，全省节能环保产业产值年均增长 15% 以上。

专栏 6　节能环保产业培育重点	
培育龙头企业	重点在新能源装备、高效燃烧器、节能机电、环保装备、资源综合利用装备等领域，培育 10 户生产经营规模大、市场竞争力强、产业辐射带动作用明显的龙头企业
	加快发展新兴环保服务业，培育节能环保服务行业和再制造服务产业龙头企业
打造节能环保产业基地	依托各级高新技术开发区、经济技术开发区和特色产业园区，建设 1~3 个技术先进、配套健全、发展规范的节能环保产业示范基地
研发和推广节能环保产品	推广高效锅炉及换热装置，开发多种燃料密闭式节能炉灶系列产品，加大电机技术引进和新产品研发，加快高效配电变压器开发和推广应用、太阳能光伏产业上下游全产业链配套协同发展，以及新能源汽车示范推广，支持发展半导体照明产业
发展环境治理技术装备	开发大气治理技术及产品，推广垃圾处理先进技术和装备，加强大气、水、重金属监测仪器设备开发运用，加快大气、水等环境质量在线实时监测站点及网络建设

发展清洁能源产业。调整优化能源结构和布局，有序发展风电，推进太阳能多元化利用，因地制宜地利用生物质能，合理开发利用地热能，推动分布式能源发展，建设智能电网。到 2020 年，实现以水电为主的清洁电力在一次能源生产的比重提高到 50% 以上。促进清洁、低碳能源开放合作。实施云南太阳能走出去战略，推进太阳能光伏发电、光热利用、风电等新材料、新装备的研发和推广，加快太阳能光伏产业上下游全产业链配套协同发展。大力发展节能与新能源汽车，推进公共服务领域和公务用车新能源汽车示范，引导鼓励新能源汽车进入个人消费领域。在昆明、丽江、玉溪、大理等城市示范推广应用新能源汽车，积极发展

天然气汽车，加快在城镇、公路沿线建设加气站等基础设施。

鼓励发展绿色产品。大力发展无公害农产品、绿色食品和有机产品，开展有机产品认证示范区创建工作。建立工业品生态设计标准体系，支持企业开发绿色产品，推行生态设计，在产品设计中考虑重金属等有毒有害物质的减量与替代，实现可拆解设计、可回收设计和可再生材料选用。建立健全绿色标准，开展绿色评价，建设绿色制造服务平台，支持企业实施绿色战略、绿色标准、绿色管理和绿色生产。开展电器电子产品生产企业生态设计试点示范，建设绿色示范工厂和绿色示范园区。到 2020 年，农产品中无公害、绿色、有机农产品种植面积比例达 15%；建成 5 家绿色园区、25 家绿色工厂，认定 50 种绿色产品。

3. 促进产业循环发展

推进工业循环发展。以园区循环化改造为重点，在工业领域全面推行循环型生产方式，构建循环型工业体系。按照“布局优化、企业集群、产业成链、物质循环、集约发展”的思路，推动各类产业园区实施循环化改造，实现园区内项目、企业、产业有效组合和循环链接。重化工业实现园区化发展，形成园区企业之间原料（产品）互供、资源共享的一体化；专业性产业园区纵向延伸产业链；综合性产业园区“补链”招商，促进产业横向耦合；工农业复合型产业园区推进农产品深加工利用。在冶金、化工、建材等行业，推动上下游关联企业采取参股或合资的方式，形成循环发展共同体。引入专业服务企业，为工业企业循环发展提供点对点服务，鼓励第三方外包式服务企业为工业企业提供废弃物回收、再生加工和循环利用的整体解决方案。建立政策引导与市场推动相结合的煤炭清洁高效利用推进机制。到 2020 年，75% 的国家级园区、50% 的省级园区完成循环化改造。

推进农业循环发展。按照生态环境承载容量，因地制宜利用耕地资源、山地资源、林地资源，采取“种养 +”“林养 +”结合，推进农业循环发展。支持生态型复合种植，培育构建“种植业—秸秆—畜禽养殖—粪便—沼肥还田”“养殖业—畜禽粪便—沼渣 / 沼液—种植业”等循环利用模式。积极开展种养结合循环农业试点示范，开展稻田综合种养技术示范。延伸甘蔗、橡胶等优势农产品产业链。构建林业循环经济产业链，推广林上、林间、林下立体开发产业模式，鼓励利用木、竹、藤在采伐、抚育、造材、加工过程中产生的废弃物和次小薪材，生产人造板、纸、活性炭、木炭、酒精等产品和生物质能源，鼓励对废弃的食用菌培养基进行再利用。

推进服务业循环发展。加快构建循环型服务业体系，促进服务业与其他产业融合发展。在旅游领域，推进全域旅游，大力发展旅游循环经济，建设一批休闲度假基地、休闲农业与特色乡村旅游。推进旅游景区建设和管理绿色化，支持旅游景区使用节能环保交通工具，引导低碳旅游，开发绿色旅游产品。在商贸流通领域，开展绿色流通试点，推进餐饮住宿业绿色化，倡导绿色服务，创建绿色饭店；加快绿色仓储建设，发展绿色物流，提高物流运行效率。

（三）促进资源节约集约利用

实施全民节能行动、全民节水行动，深入推动全社会节能减排，推进水、土地和矿产等资源节约集约利用，加强生产、流通、消费全过程资源节约，推动资源利用方式向集约高效转变，构建资源可持续利用体系。

1. 协同推进节能减排

加强工业节能增效。深化重点用能单位节能管理，完善指标体系和评价方法，支持年综合能耗5000吨标准煤以上企业建立健全能源管理体系。全面实施工业企业能效“领跑者”行动，推动企业节能管理规范化、制度化、信息化建设，逐步提高终端用能产品能效标准和重点行业单位产品能耗限额标准。实施重点工业节能工程、工业能量系统优化工程。到2020年，完成节能项目投资90亿元，实现节能量200万吨标准煤，全省万元工业增加值能耗比2015年下降16%。

强化建筑节能。综合实施城市节能示范工程和建筑行业节能示范工程。实施全能耗建筑节能评价制度。大力发展低能耗和绿色建筑，推进既有建筑节能改造，加强新建建筑节能全过程监管，大力推行太阳能光热建筑一体化，推进绿色建筑规模化发展。到2020年，全省建筑业低能耗建筑占新建建筑的比重提高到80%以上，绿色建筑占新建建筑比例超过50%。

推动交通运输节能。加快构建客运“零距离换乘”、货运“无缝衔接”的现代化综合交通运输体系，优先发展城市公共交通，推进以水电等可再生能源和天然气等清洁能源为能源的运输装备的应用。到2020年，营运车辆单位运输周转量能耗下降4.5%，营运船舶单位运输周转量能耗下降5.5%。

推动公共机构节能。实施能源和水资源总量与强度双控行动，健全公共机构节约能源资源管理体系，建立起比较完善成熟的节能组织管理体系、制度标准体系、技术推广体系、统计监测体系、监督考核体系、教育培训体系。实施公共机构节能工程：改造燃煤锅炉提升环保综合水平，大力推广太阳能光伏、光热、地源和空气源热泵等可再生能源利用，加强公共机构重点用能单位能源审计和节能监管，推进公共机构能源资源消费系统管理平台建设，广泛开展节约型、节水型公共机构示范单位创建活动，实施能效、水效领跑者制度。到2020年，创建150个节约型公共机构、20个省级节约型公共机构示范县，全部省直机关和50%以上的省属事业单位建成节水型单位，从中评选10个省级能效领跑者、10个水效领跑者。

推动商业节能。组织实施宾馆、饭店和大型商场等能耗调查，鼓励商贸行业节能改造，深化“绿色饭店”“绿色商场”“绿色旅游”等创建活动。到2020年，创建180家绿色饭店。

推进主要污染物减排。继续落实污染减排目标责任制，在实施化学需氧量、氨氮、二氧化硫、氮氧化物达标排放和总量控制的基础上，积极制定适合云南的重点行业挥发性有机物（VOCs）排放和总量指标，实施区域性、流域性、行业性差别化总量控制指标。强化对火电、钢铁、水泥、平板玻璃、制糖橡胶、畜禽养殖、污水处理厂、机动车“七厂（场）一车”污染减排力度。深挖制糖、橡胶行业废水处理水平以及畜禽养殖减排潜力。在水污染严重、问题突出的区域实行总氮或总磷区域排放量总量控制。在石化、有机化工、表面涂装、包装印刷等行业实施挥发性有机物综合整治，实施乡镇生活污水处理厂技术改造。到 2020 年，主要污染物排放总量达到国家考核要求。

2. 节约利用水、土地、矿产资源

加强水资源节约利用。健全用水总量控制和用水效率控制制度，保障水安全；加快制定主要江河流域水量分配方案，加强省级统筹，完善省、市、县三级取用水总量控制指标体系。深入推进节水型社会建设试点示范，创建节水型城市；推进普洱、玉溪、丽江等国家水生态文明试点建设。推广高效节水技术和产品，加强农业高效节水灌溉，加快灌区续建配套与节水改造；推进工业领域水效“领跑者”引领行动，加快火力发电、化工、造纸、冶金、食品加工、采（洗选）矿业等高耗水行业节水技术改造；加快城镇供水管网节水改造，加强再生水、雨水、矿井水等非常规水源的开发利用，积极开展昆明市和滇中新区再生水利用示范工程。到 2020 年，全省用水总量控制在 215 亿立方米以内；万元工业增加值用水量降低到 65 立方米以下，规模以上工业企业重复用水率达到 90% 以上；城镇节水器具普及率达到 90%以上；主要城市再生水利用率达到 25%。

加强土地节约集约利用。开展各级土地利用总体规划调整完善工作。对建设用地规模和新增建设用地占用耕地规模实行总量控制，落实耕地占补平衡。推进建设用地多功能开发、地上地下立体综合开发利用。推进低效利用土地二次开发，推动乌蒙山片区土地整治重大工程、岩溶石漠化地区农用地整治、西部生态建设区云南省中低产田改造、滇中粮仓高标准基本农田建设重大工程、矿区土地复垦工程和城乡统筹区域农村建设用地整治。划定永久基本农田，实施严格保护。推广应用节地技术和模式，继续开展低丘缓坡土地综合开发利用试点。深入推进城乡建设用地增减挂钩。到 2020 年，耕地保有量不低于国家下达任务量，单位国内生产总值建设用地使用面积下降 20%。

加强矿产资源综合开发利用。严格控制矿产资源开发范围和强度，集约、高效、绿色开发矿产资源。提高大宗、短缺、稀贵金属等重要矿产资源综合开发利用水平，加强金属及非金属共伴生、低品位、难选冶矿产资源综合利用和深加工，加大煤伴生矿产资源、煤泥、煤矸石综合利用力度。通过云磷、云锡矿产资源综合利用示范基地建设，提高开采回采率、选矿回收率和综合利用率。积极推进云南矿产资源整合，依托云锡、云铜、云冶等龙头企业，提高锡、铜、铅、锌等矿产资源行业集中度，推进矿产资源深加工，延长产品链。全面推进绿色矿山建设，在资源相对富集、矿山分布相对集中的地区，建设一批绿色矿业发展示范区。到 2020 年，建成以大中型矿山为主体的全省绿色矿山格局，矿产资源综合利用率达到 40% 以上。

3. 促进再利用和资源化

推进农林废弃物再利用和资源化。推行农业清洁生产，实施农业测土配方施肥。促进农村生活废弃物资源化，鼓励因地制宜建设人畜粪便、生活污水、垃圾等有机废弃物分类回收、利用和无害化处理体系。促进秸秆综合利用，进一步推进秸秆肥料化、饮料化、燃料化、基料化和原料化利用。促进畜禽粪便资源化利用，推广工厂化肥堆肥处理、商品化有机肥生产技术；利用畜禽粪便因地制宜发展集中供沼气工程，鼓励利用畜禽粪便、秸秆等多种原料发展规模化大型沼气，推进沼渣沼液深加工生产适合种植的有机肥。推进废旧农膜、灌溉器材、农药包装物回收利用，推广使用“厚地膜”、可降解地膜，提高残膜回收及加工利用。推进林业三剩物资源化利用，推动建立废旧木质家具、废纸、木质包装、园林废弃物的回收利用体系；鼓励利用森林经营、采伐、造林、加工等过程中的剩余物，建设热、电、油、药等生物质联产项目。到2020年，农业秸秆综合利用率达到85%。

开发利用“城市矿产”。完善城镇再生资源回收利用体系建设，加快回收站点、分拣中心、集散市场“三位一体”的回收网络体系建设，利用“互联网+”技术，构建“互联网+资源回收”新模式，强化废弃电子产品、废铅酸电池、报废机动车等“城市矿产”资源回收利用。推进建筑废弃物综合利用。推进餐厨废弃物资源化利用，发展地沟油制生物柴油，完善回收体系建设，优化餐厨废弃物资源化利用技术，加强相关法规制度建设和监管力度，推进昆明市、大理市、丽江市国家餐厨废弃物资源化利用和无害化处理试点城市建设。开展厨余垃圾、废旧纺织品、园林废弃物等低值城市矿产资源化利用和无害化处理。

推进大宗固体废弃物综合利用。发挥个旧市工业固体废弃物综合利用基地和资源综合利用“双百工程”示范基地和引领作用，推动尾矿、煤矸石、磷石膏、冶炼渣等大宗固体废物综合利用，培育一批大宗固体废弃物综合利用示范基地和骨干企业。建设金属再生利用加工示范基地，加快再生金属产业化建设项目，建设再生铜、再生铝、再生铅示范企业。培育昆明静脉产业园、安宁工业园区、曲靖煤化工工业园、通海五金产业园等再生资源加工园区。到2020年，工业固体废弃物综合利用率达到56%。

专栏7　资源节约集约利用行动	
全民节能行动	推进节能产品和服务进企业、进家庭，以钢铁、化工、有色、建材、电力等高耗能行业为重点，实施工业能效赶超计划，支持重点用能单位开展能效综合提升示范。组织能量系统优化、电机系统节能改造、节能技术产业化示范、煤炭消费减量替代、绿色照明等重点工程
全民节水行动	开展城市分区计量、损漏节水改造，鼓励中水替代、废水深度处理和回用，推进高耗水行业和园区节水改造，实施合同节水示范试点，推广节水器具。推进国家、省、州（市）、县级节水型社会示范区建设，分批启动建设50个节水型社会县（市、区）、10个节水型工业园区、50户节水型企业、200所节水型学校、200个节水型小区
建设用地节约集约利用行动	建立调查评价技术体系，建立涵盖城市、开发区、高校、村镇的建设用地节约集约利用评价省级数据库，推广应用节地技术和节地模式
绿色矿山与绿色矿业发展示范行动	加快推进绿色矿山建设，着力推进技术、产业和管理模式创新，引领传统矿业转型升级。在资源富集、管理创新能力强的地区开展绿色矿业发展示范区建设

（四）筑牢国家生态安全屏障

建设以青藏高原东南缘生态屏障、哀牢山—无量山生态屏障、南部边境生态屏障、滇东—滇东南喀斯特地带、干热河谷地带、高原湖泊区和其他点块状分布的重要生态区域为核心的“三屏两带一区多点”生态安全屏障，划定并严守生态保护红线。全面提升森林、湿地、草原、农田、水域等自然生态系统功能，加大生物多样性保护力度，推进重点地区生态治理，加强防灾减灾体系建设，积极应对气候变化。

1. 划定并严守生态保护红线

在重要生态功能区、生态环境敏感区和脆弱区等区域划定生态保护红线，实行严格保护，加大对越线行为的惩戒。划定并严守森林、林地、湿地、物种等生态红线。按照确保生态功能不降低、面积不减少、性质不改变的基本要求，不断扩大生态保护红线范围，逐步完善生态保护红线空间布局。强化各级政府划定和严守生态保护红线的责任，制定生态保护红线相关管控办法，建立健全严守生态保护红线的管控体系，筑牢生态安全屏障。

专栏8　云南省生态保护红线划定范围	
一级管控区（红线区）	自然保护区的核心区和缓冲区、国家公园严格保护区和生态保育区、43个重点城市主要集中式饮用水水源地保护区一级保护区、牛栏江流域水源保护核心区、九大高原湖泊一级保护区、珍稀濒危、特有和极小种群等物种分布的栖息地等，以及其他需要纳入一级管控区的区域
二级管控区（黄线区）	自然保护区实验区、风景名胜区、国家公园游憩展示区、省级以上森林公园、饮用水水源保护区二级保护区、牛栏江流域水源保护区的重点污染源控制区和重点水源涵养区、九大高原湖泊一级管控区外的其他生态保护红线区域，以及其他需要纳入二级管控区的区域

2. 全面提升生态系统功能

深入推进“森林云南”建设。全力实施云南省生态文明建设林业“十大行动”计划。大力开展植树造林，在生态脆弱区继续实施退耕还林还草，推动陡坡地生态治理，以六大水系、九大高原湖泊、大中型水库面山等为重点，加速推进防护林体系建设，开展石漠化、干热河谷、高寒山区、五采区等困难立地造林。保护和培育森林生态系统，继续推进天然林保护和公益林管护，对原始林、热带雨林等独特天然林实行重点保护。增强森林生态系统服务功能，加强新造林地管理和森林抚育，完善森林资源经营管理体制，深化集体林权制度改革，积极推进森林认证和森林可持续经营体系建设，提高森林质量和健康水平。到2020年，全省森林覆盖率达到60%，森林蓄积量达到19.01亿立方米，林地面积不低于2487万公顷，森林面积不低于2143万公顷。

专栏9　生态文明建设林业十大行动	
生态红线保护行动	健全完善相应法规体系和政策措施，强化森林和湿地资源管理，引导全社会树立集约、节约使用森林和湿地资源的意识，严守生态红线
陡坡地生态治理行动	结合国家新一轮退耕还林工程，以增加林地面积、减少水土流失、恢复森林植被、改善生态环境调整为目标，对全省1000万亩陡坡地实施生态治理
生态公益林保护行动	进一步完善森林生态补偿机制，逐步提高省级财政对省级公益林的生态补偿标准，实现国家级、省级公益林补偿和管护同标准、全覆盖。进一步拓宽生态效益补偿投入渠道，逐步建立政府补偿、市场补偿和社会补偿相结合的补偿资金筹集体系
重点区域生态保护与修复行动	加大城镇面山，铁路、公路沿线，江河两岸，湖库周边及水源涵养区的防护林建设力度，逐步完善防护林体系。加快推进石漠化地区、干热河谷地区、高寒山区等困难立地条件造林工程，努力恢复生态植被，提升生态功能
物种零灭绝行动	全面实施《云南省生物多样性保护工程规划》，加强自然保护区建设，推进极小种群物种拯救与保护，建立和完善国家公园体制，强化森林公园、湿地公园建设管理，形成较为完备的就地、近地、迁地保护体系
高原湿地保护与恢复行动	以国际重要湿地、国家重要湿地、国家湿地公园为重点，加大投入力度、健全法规体系、完善体制机制，强化湿地保护管理。开展退耕还湿、湿地生物群落恢复与重建等工作，对退化湿地生态系统进行科学修复，逐步扩大湿地面积，恢复湿地生态结构与功能
森林生态服务功能提升行动	深入推进石漠化综合治理，遏制石漠化区域扩张趋势，逐步改善石漠化地区生态环境状况；积极开展碳汇造林项目试点，调整优化森林结构，切实提高森林质量，增强森林固碳能力
林业产业振兴行动	大力发展木本油料、林下养殖、竹藤、速生珍贵用材和观赏苗木基地，加快推进森林、湿地生态旅游。集中打造一批林业产业园区和林业特色庄园
森林灾害防控行动	加强森林火灾、有害生物和野生动物疫源疫病预警防控体系建设，健全完善林业综合保险制度，提升林业灾害防控水平
森林生态文化建设行动	加快推进生态文明教育基地建设，积极创建森林城市、森林县城、森林城镇，开展生态文明宣传教育，普及生态文化知识，建设生态人才队伍，全面提升全民生态文明意识

提高湿地生态保护水平。以国际重要湿地、湿地类型自然保护区、国家重要湿地、省级重要湿地、国家湿地公园为重点，加强自然湿地和重要人工湿地保护力度，对退化湿地生态系统进行科学修复，逐步扩大湿地面积，恢复湿地生态结构和功能，建立湿地保护、监测和监管体系，全面维护湿地生态系统的结构和生态功能；积极探索高原湖泊退耕还湿占用基本农田的动态调整机制。加强湿地科研平台建设，增强各级湿地管理机构保护管理能力，形成全省湿地监测体系。到 2020 年，恢复和修复退化湿地 3 万公顷，新建国家湿地公园 4 处，国家湿地公园数量达到 15 处，全省自然湿地保有量达到 42 万公顷，自然湿地保护率达到 45%。

加强草原生态保护。实施生态修复工作，加大退牧还草和岩溶地区草地治理工程实施力度，对重度退化草原进行保护和恢复。开展草原围栏建设、退化草原补播、改良草原等，对退化草原实施禁牧、休牧和划区轮牧，促进草原植被的休养生息。推进人工饲草地、舍饲棚圈、青贮窖和储草棚等草原基础设施建设，转变草原畜牧业生产方式，提升畜牧业集约化、现代化水平，减少天然草原放牧压力。到 2020 年，草原综合植被覆盖度达 96.22%。

加强农田和水域生态保护。强化农田生态保护，实施耕地质量保护与提升行动，加强耕地质量调查监测与评价，加大退化、污染、损毁农田改良和修复力度。加强水生态保护，以六大水系、九大高原湖泊等为重点，加速推进以保持水土、护坡护岸、涵养水源为主的生态保护；加大生态清洁型小流域建设，实施河道生态治理；建立抚仙湖、洱海、泸沽湖、万峰湖和小湾电站库区等良好水质湖泊生态环境保护长效机制；因地制宜实施地下水开发利用和保护修复措施。

3. 推进重点地区生态治理

加强水土流失综合防治。积极推进长江、珠江等江河流域水土保持综合治理项目，重点做好坡耕地综合整治和以坡面水系工程为主的小流域综合治理。加强水土流失预防监督，从严控制重要生态保护区、水源涵养区、江河源头和山地灾害易发区等区域的开发建设项目，限制或者禁止可能造成水土流失的生产建设活动。到 2020 年，巩固提高水土保持治理成果，治理程度达到 75% 以上。

抓好石漠化综合治理。继续实施纳入国家规划治理范围的重点县（市、区）石漠化综合治理，通过人工造林、封山育林、推进退耕还林还草，恢复和增加林草植被覆盖，减缓岩溶石质山地水土流失和石漠化土地面积扩大，改善区域生态状况。组织开展石漠化监测治理。

4. 加大生物多样性保护力度

实施《云南省生物多样性保护战略与行动计划（2010—2030 年）》，加强生物多样性保护优先区域、重点领域、重要生态系统的保护。建立以就地保护为主、迁地保护和离体保护为辅的生物多样性保护体系。加强野生动植物保护管理，重点做好国家重点保护物种、极小种群物种和地方特有物种的拯救、保护、恢复和利用，完善中国西南野生生物种质资源库。

强化自然保护区和森林公园的建设与管理，改善野生动植物栖息地条件，加大热带雨林等典型生态系统、物种基因和景观多样性保护；推进国家公园建设，加强资源整合，扩大国家公园试点范围。严防外来有害物种入侵和物种资源丧失，严格野生动植物进出口管理。开展生物多样性观测站点建设，实施生物多样性保护、恢复与减贫示范，加强生物多样性监管基础能力建设。力争到 2020 年，全省自然保护区面积达到 300 万公顷，国家公园数量达到 15 个，森林公园数量达到 43 处，国家重点保护野生动植物物种保护率达 90%。

5. 加强防灾减灾体系建设

提高各类自然灾害的防御能力，推动防灾减灾从应急救灾模式向灾害风险管理模式转变，从分部门防灾减灾向综合防灾减灾转变。加强应急处置能力建设，打造适合云南山地特点快速救援机制。防治地质灾害，围绕地质灾害调查评价、监测预警、搬迁与治理、应急“四大体系”建设，不断健全完善我省地质灾害综合防治体系，加快推进实施地质灾害防治重大措施。防治地震灾害，重点推进防震减灾社会治理、拓展防震减灾公共服务和夯实防震减灾基础能力三大主体任务，加强符合云南自然与经济社会发展实际、适应云南震情形势与减灾需求的地震监测预测、预警、抗震设防、地震灾害应急处置和地震信息网络等领域应用技术研究和产品开发；加快完成农村危房改造，开展农村灾害应急系统建设适应试点示范，做好应急避难体系和救灾物资储备体系建设。防治山洪灾害，实施重点中小河流治理工程，加大病险水库加固和治理力度，加强水库特别是病险水库、小型水库的安全度汛工作。防治农业灾害，加强动植物防疫系统、监测预警系统、应急反应系统和农产品质量安全监督检疫系统建设，完善农田林网建设，构建生物、物理、人工等无公害病虫害防治体系。防御气象灾害，重点加强气象灾害监测、预警体系建设，健全完善生态服务型人工影响天气作业体系。防治森林灾害，重点加强森林火灾、有害生物和野生动物疫源疫病监测体系建设。到 2020 年，力争使森林火灾受害率控制在 1‰以内，林业有害生物成灾率控制在 4‰以内。

6. 积极应对气候变化

有效减缓温室气体排放。全面控制能源活动、工业生产过程、农业和废弃物处理领域温室气体排放，增加森林、草原、湿地碳汇，开展森林碳汇造林经营试点，有效减缓二氧化碳等温室气体排放。建立全省温室气体排放统计核算考核体系、重点企（事）业温室气体排放报告制度、碳排放总量控制制度和分解落实机制。建立云南省碳排放权交易体系，积极参与 2017 年全国统一碳排放权交易。扎实推进国家低碳试点省、市、城镇建设，积极开展低碳产业园区、低碳社区、低碳旅游景区、低碳城镇、低碳学校建设等试点工作。到 2020 年，全省控制温室气体排放取得明显成效，低碳试点工作取得重大进展。

提高气候变化适应能力。夯实农业基础设施，采取调整种植制度、选育抗逆品种、开发生物技术等适应性措施，开展农业气象灾害风险普查和农作物气候适宜性区划，推进农业适应气候变化能力建设。加强森林资源经营管理和灾害防控能力，提高森林、湿地生态系统和生物多样性保护领域适应气候变化能力。开展城市适应气候变化行动，全面提升城市适应气候变化能力，在城市规划和建设中开展气候可行性论证，减轻内涝、干旱缺水、高温热浪、冰冻灾害等对城市的负面影响。到 2020 年，全省适应气候变化能力不断提高，气候变化领域的能力建设和体制机制建设得到进一步加强。

7. 加强生态监测评估体系建设

建设全省完备的生态定位网络体系，提高对生态系统的观测研究能力，争取实现在更大的时空尺度和更高的层次上，开展生态系统长期定位观测和生态过程关键技术的研究；建立健全云南省生态系统监测、评估、预警考核体系，力争将云南省森林、湿地等生态系统服务功能评估工作常态化，定期形成评估报告。到 2020 年，按照分阶段、分层次建设的目标，建成布局合理、类型齐全、条件完备、机制完善的生态系统定位研究站 43 个，各类补充监测点 100 个。

（五）推动环境质量全面改善

以改善环境质量为主线，以保障生态环境安全为底线，统筹污染治理、总量减排和环境风险管控，打好水、土壤、大气污染防治三大战役，构建环境安全防控体系，提高环境安全水平。

1. 加强水污染防治

全面落实水污染防治行动计划。全面落实《云南省水污染防治工作方案》。统筹推进水污染防治和水生态保护，不断提升水生态环境质量。实施以控制单元为基础的水环境管理，建立流域、水生态控制区、水环境控制单元三级分区体系。对水环境质量较差的单元，全面实施排污许可证制度，加强许可证明管理，以改善水质防范环境风险为目标，将污染物排放种类、浓度、总量、排放去向等纳入许可证管理范围。统一规划设置水环境监测断面（点位），不断提高监测能力。到 2020 年，水环境质量得到阶段性改善，纳入《云南省水污染防治工作方案》实施情况省级考核的地表水断面达到或优于Ⅲ类的比例不低于 92% 且消除劣Ⅴ类水体断面，逐步建成全省统一的水环境监测网。

深化重点流域水污染防治。编制实施长江、珠江和西南诸河重点流域水污染防治规划。对环境容量较小、生态环境脆弱、环境风险高的南盘江、元江、盘龙河、泚江、南北河等重点流域，适时执行水污染物特别排放限值。加强水质优良水体保护。开展提升良好水体水质工作。实施劣Ⅴ类水体综合整治。到 2020 年，六大水系优良水体稳中向好，纳入国家考核的珠江、长江和西南诸河流域水质优良（达到或优于Ⅲ类）比例分别达到 68%、50% 和 91% 以上，丧失使用功能（劣于Ⅴ类）的水体断面比例控制在 6% 以内。

强化九大高原湖泊水环境保护治理。编制实施九湖保护治理规划，强化“一湖一策”。对水质优良的抚仙湖和泸沽湖，始终坚持生态优先、保护优先原则，通过划定生态保护红线，实施分区管理，明确禁止开发管理区，严格限制开发，实行源头严控、过程严管、违法严惩和湖泊保护一票否决，有效控制开发区利用对湖泊生态环境及水质的影响。对水质良好的洱海、程海、阳宗海，以突出保护为主的原则，通过产业结构调整、农业农村面源治理及村落环境整治、控污治污、生态修复及建设等措施进行综合治理，主要入湖污染物总量基本得到控制。对滇池、星云湖、杞麓湖、异龙湖等重度污染湖泊，通过全面控源截污、入湖河道整治、农业农村面源治理、生态修复及建设、污染底泥清淤等强化综合治污措施，遏制水质恶化趋势。

保障饮用水安全。加强饮用水水源环境保护，科学划定集中式饮用水水源保护区。开展饮用水水源规范化建设，依法清理饮用水水源保护区内违法建筑和排污口，强化饮用水水源水质监测、饮用水供水全过程监管。到2020年，昭通、红河、文山、西双版纳、德宏、临沧6个单一水源供水州（市）级城市基本完成备用水源或应急水源建设；县、州市级集中式饮用水水源水质达到或优于Ⅲ类的比例分别为95%、97%以上。

2. 稳定并提升大气环境质量

实施大气污染防治行动计划。落实《云南省大气污染防治行动实施方案》，着力解决个别区域大气污染问题，稳定保持环境空气质量总体优良。加强工业、机动车、扬尘等多污染源综合防控，强化二氧化硫、氮氧化物、颗粒物、挥发性有机污染物等多污染物排放的协同控制。加快环境空气监测网络建设，2020年底前建成覆盖州（市）和县级政府所在地城市环境空气质量自动监测系统。全面实施城市空气质量达标管理。到2017年年底前，全省环境空气质量总体继续保持优良，部分地区持续改善，州（市）级城市空气质量优良率达到92%，州（市）级城市细颗粒物达标率100%；昆明、曲靖等创建国家环保模范城市的城市应满足国家环保模范城市创建对空气质量的要求。

强化重点区域大气污染联防联控。逐步建立滇中城市经济圈大气污染联防联控协作机制，实行协同的环境准入、落后产能淘汰、机动车环境管理政策和考核评估体系。实施重点区域大气污染分策治理，重点治理昆明市城市扬尘污染、降低个旧市酸雨频率、实施西双版纳州景洪市可吸入颗粒物治理、强化红河州开远市二氧化硫治理、研究怒江州兰坪县采矿区扬尘与居民健康响应关系。将重点区域的细颗粒物指标、非重点地区的可吸入颗粒物指标作为经济社会发展的约束性指标。

加强城市面源大气污染治理。完善建筑工地扬尘管理措施，加强渣土运输车辆管理，深化城市扬尘污染治理。全面整治燃煤小锅炉，加快推进“煤改气”“煤改电”工程建设，基本淘汰每小时10蒸吨及以下的燃煤锅炉。加强机动车污染防治，严格执行国家燃油质量标准，加强油品质量监督检查。加强机动车环保管理、新生产车辆环保监管，严格执行机动车强制报废制度，加快淘汰黄标车和老旧车辆。到2017年年底前，实现全省行政区域内黄标车全部淘汰。

专栏 10　滇中城市经济圈大气污染防治重点	
电力行业大气污染减排	昆明市、曲靖市、红河州境内火电厂采用低氮燃烧技术、循环流化床技术，提升脱硫除硝能力
非电力行业大气污染减排	在昆明市、曲靖市、楚雄州、玉溪市和红河州 7 县、市的重点企业、重点行业（钢铁、冶金、建材、有色、焦化等）、重点污染源和工业园区实施脱硫、脱硝治理工程，增强二氧化硫和氮氧化物削减能力
化工行业污染防治	加强化工行业监管，强化对挥发性有机污染物等大气污染物的治理
机动车尾气综合治理	推行环保车型，推广清洁能源汽车，强化燃油成品抽检，禁止非标油销售。实行新车准入制度，逐步建立和完善在用机动车检测 / 维护 (I/M) 制度
城市烟尘减排	改造燃煤、燃油炉灶，改烧天然气或液化石油气

3. 改善土壤环境质量

落实土壤污染防治行动计划。深入开展土壤环境质量调查，建设土壤环境质量监测网络，提升土壤环境信息化管理水平。划定土壤环境保护优先区域，开展土壤环境保护优先区内及周边区域的污染源排查，建设和完善优先保护区各类环境保护及污染防护设施，推行土壤环境保护试点示范，防止新增土壤污染，确定土壤污染高风险行业的环境准入条件，禁止在主要耕地及以集中式饮用水源地为主的土壤环境保护优先区域内和周边新建可能造成土壤污染的建设项目。

实施重点区域土壤污染治理与修复。以工业园区周边重污染工矿企业、重金属污染防治重点企业、集中污染治理设施周边、废弃物堆存场地、历史遗留重污染工矿场地、关停搬迁重污染工矿企业废弃地等为重点，明确土壤污染治理与修复主体，制订治理与修复规划，实施土壤修复与治理。开展土壤环境保护与修复治理示范，优先实施历史遗留工业企业场地修复治理省级试点示范项目。

深化农业面源污染综合防治。实施农用地分类管理，划定农用地土壤环境质量类别。加强畜禽养殖禁养分类分区管理，划定畜禽养殖“禁养区、限养区”。推行农作物病虫害绿色防控、增施有机肥、废农膜和农药包装废弃物回收利用等措施，避免过度施肥、滥用农药，确保永久基本农田土壤环境质量不下降。到 2020 年，亩均化肥施用量下降 5%，亩均农药施用量下降 5%；规模畜禽养殖场废弃物综合利用率达到 75% 以上，当季农膜回收率达到 80% 以上，秸秆饲料综合利用率达到 50% 以上。

4. 强化环境风险防范

提高涉重、涉危污染物风险防范能力。建立健全化学品、持久性有机污染物、危险废物等环境风险防范与应急管理工作机制，强化危险化学品风险管控，严格执行危险废物管控政策。以红河州、曲靖市、昆明市、大理州、文山州等地为重点区域，实施重金属企业专项检查，重点防控汞、铅、镉、铬和类金属砷。以砷渣、铬渣等为重点，强化危险废物安全处置。

完善环境应急与风险防控。开展云南省环境风险区划、环境风险隐患排查，制定环境风险管理方案，完善环境应急预案，完善跨行政区、跨部门的数据报送和信息共享渠道，建立区域性环境突发事件统一指挥、协同作战、快速响应的机制。完善环境应急监测预警系统，开展饮用水生物毒性、化工园区企业污染、澜沧江—湄公河等跨国界河流、历史遗留污染场地风险等重点区域和重点领域的环境监测预警。

（六）培育生态文明良好风尚

倡导尊重自然、顺应自然、保护自然的生态文明理念，提高全民生态文明意识，弘扬云南各少数民族长期与自然相依相存中形成的优秀传统生态文化，鼓励公众积极参与，实现生活方式绿色化。

1. 提高全民生态文明意识

加强生态文明教育。积极培育生态文化、生态道德，使生态文明成为社会主流价值观，成为社会主义核心价值观的重要内容。把生态文明教育作为素质教育的重要内容，纳入国民教育体系、干部教育培训体系和企业培训体系，引导全社会树立生态文明意识。在各级政府部门开展生态文明基础知识的培训，提高领导干部生态文明意识和素养。鼓励和推动企业将生态文明建设纳入员工培训计划，督促企业将生态文明理念融入企业的生产和管理中。到2020年，党校培训干部接受生态文明培训的比例达到100%。

开展生态文明示范创建活动。统筹推进生态文明县（市、区）创建、环境保护模范城市创建等生态文明建设行动。积极开展生态文明县（市、区）创建，推进昆明市、玉溪市、丽江市、景洪市等国家环保模范城市创建工作。到2020年，力争50%的乡镇创建为省级生态文明乡镇，累计创建40个省级生态文明县（市、区），创建2~3个省级生态文明州（市）；力争实现全省国家级环保模范城市“零突破”。

加大生态文明宣传力度。充分发挥新闻媒体作用，利用广播电视、互联网等宣传手段，加大生态文明宣传力度，提高公众节约意识、环保意识、生态意识，形成人人、事事、时时崇尚生态文明良好社会氛围。积极开展生态文明体验教育，以自然保护区、风景名胜区、国家公园、森林公园、湿地公园、地质公园、世界自然遗产地及博物馆为平台，探索建立云南生态文明宣传教育示范基地。组织好世界地球日、世界环境日、世界森林日、世界湿地日、世界水日、国际生物多样性日、全国节能宣传周和全国低碳日等主题宣传活动。

专栏 11　国家级文化生态保护实验区建设	
迪庆（国家级）民族文化生态保护实验区	开展文化遗产基础性研究，建设民族传统文化保护区、迪庆藏族非物质文化遗产传习馆、迪庆藏族非物质文化遗产专题展示馆、迪庆藏族非物质文化遗产乡村展示馆以及非物质文化遗产数据库，保护民族宗教文化及村落环境，扶持民族民间文化人才
大理（国家级）文化生态保护实验区	保护苍洱田园风光、民族传统节庆、代表性白族本主庙，开发文化产业，建设大理白族民间传统文化传习所、民族生态博物馆、大理白族非物质文化遗产数据库，创建“文化遗产之都”，打造“人文苍山”

建设省级传统文化生态保护区。探索民族传统文化保护区整体性保护与发展方式，充分挖掘、有效保护云南各少数民族长期与自然相依相存中形成的优秀传统生态文化。实施民族文化遗产保护工程，保护民族传统生态文化，打造生态文化品牌，提升云南民族特色生态文化的影响力。推进迪庆州、大理州国家级文化生态保护实验区建设。到 2020 年，建成 100 个省级民族传统文化生态保护区。

2. 倡导绿色生活方式

强化绿色消费意识，在衣、食、游、住、行等各个领域加快向绿色转变。推广绿色居住，鼓励步行、自行车和公共交通等低碳出行。鼓励居民选购节水龙头、节水马桶、节水洗衣机等节水产品，鼓励居民使用节能、环保、高效的节能产品。星级宾馆、连锁酒店逐步减少“六小件”等一次性用品的免费提供，商场、超市等商品零售场所严格执行“限塑令”等。全面推行绿色办公，推进电子政务建设。引导各级公共机构及干部职工开展绿色建设、办公、出行、食堂、数据中心、文化等节能行动，推动工作方式向科技含量高、资源消耗低、环境污染少的方向转变，推动生活方式向勤俭节约、绿色低碳、文明健康的方向转变。完善政府绿色采购相关规定，制定政府采购绿色产品目录，倡导非政府机构、企业实行绿色采购。建立绿色包装标准体系，鼓励包装材料回收再利用。到 2020 年，二级以上能效家电产品市场占有率达到 93%，节水器具普及率达到 92%，有关产品政府绿色采购比例达到 99%。

3. 鼓励公众积极参与

建立公众参与生态文明建设决策的有效渠道和合理机制，鼓励公众对政府生态文明建设工作、企业排污行为进行监督。完善公众监督举报制度、听证制度、舆论监督制度，增强公众在建设项目立项、实施、后评价等环节的参与度，构建全民参与的社会行动体系。引导生态文明建设领域各类社会组织健康有序发展、有序维权，发挥民间组织和志愿者的积极作用，搭建志愿服务记录平台，形成全社会积极参与生态文明建设的良好氛围。

（七）建立生态文明制度体系

贯彻落实《中共云南省委　云南省人民政府关于贯彻落实生态文明体制改革总体方案的实施意见》（云发〔2016〕22号），积极探索建立有利于实现生态文明领域国家治理体系和治理能力现代化的制度，加快构建产权清晰、多元参与、激励约束并重、系统完整的生态文明制度体系，用制度引导、规范和约束各类开发、利用、保护自然资源的行为。

1. 健全自然资源资产产权制度

建立统一的确权登记系统。对全省范围内的水流、森林、湿地、山岭、草原、荒地等所有自然生态空间进行统一确权登记，清晰界定全省国土空间各类自然资源资产的产权主体。开展水域、岸线等水生态空间确权试点，积极争取国家湿地产权确权试点，配合国家推进确权登记法治化。

建立权责明确的自然资源产权体系。制定各类自然资源产权主体权利清单，明确所有权和使用权等权利归属关系和权能权责。全面落实各类全民所有自然资源的有偿出让制度，建立自然资源资产评估制度，完善自然资源产权交易平台和交易规则。

健全自然资源资产管理体制。按照国家统一部署，探索对分散的全民所有自然资源资产所有者职责进行整合，统一行使自然资源监管职责。除中央政府直接行使所有权的自然资源外，探索建立省及省以下分级行使所有权的体制。

2. 建立国土空间开发保护制度

健全国土空间用途管制制度。按照国家用地指标控制分配办法，将开发强度指标分解到各县级行政区，作为约束性指标，控制建设用地总量。建立国土空间开发保护制度，推动覆盖全省国土空间的监测系统建设，动态监测国土空间变化。根据国家安排部署，研究制定我省自然生态空间用途管制实施办法。

推进国家公园体制建设。严格执行《云南省国家公园管理条例》，探索建立符合生态文明要求的国家公园管理体制，研究制定国家公园公共标识设置指南，稳步推进香格里拉普达措国家公园体制试点。

3. 完善资源总量管理和全面节约制度

健全资源节约集约制度。落实最严格的土地、水、能源和矿产资源节约集约制度。实施耕地保护和占补平衡制度。完善规划和建设项目水资源论证制度，推动全省水务一体化改革。健全用能单位节能管理制度。实施建设用地总量、用水总量、能源消费、碳排放总量和强度（效率）控制，建立节约集约用地、用水、用能激励、约束和考核机制。健全矿产资源开发利用管理制度，完善矿山地质环境保护和土地复垦制度。

推行水权、用能权、碳排放权交易制度。探索水权、用能权、碳排放权初始分配及交易制度，用市场化手段推动全省节水、节能、降碳。

4. 健全资源有偿使用制度和生态补偿制度

建立健全资源有偿使用制度。加快自然资源及其产品价格改革，建立和完善反映市场供求状况、资源稀缺程度和环境损害成本的资源性产品价格形成机制，推进农业水价综合改革，推进城镇居民用水阶梯价格制度。完善土地有偿使用制度，深化国有建设用地有偿使用制度改革，完善地价形成机制和评估制度。完善矿产资源有偿使用制度，探索全省矿业权出让制度。

完善生态补偿机制。结合深化财税体制改革，完善转移支付制度，归并和规范现有生态保护补偿渠道，逐步加大对重点生态功能区的转移支付力度，完善生态保护成效与资金分配挂钩的激励约束机制。建立地区间横向生态保护补偿机制，推动省内重点跨界水域水质补偿试点。进一步落实、建立和完善自然保护区、森林公园、国家公园、湿地公园、高原湿地等保护地的生态补偿机制。争取国家加快建立下游对上游、生态受益地区对生态保护地区、重点流域跨界断面水质的横向生态补偿机制。

5. 完善生态环境保护管理体制

建立健全环境治理体系。完善污染物排放许可制，建立污染防治区域联防联控机制，开展生态环境损害赔偿制度改革试点工作，落实省以下环保机构监测监察执法垂直管理制度，健全生态环境监测网络。健全环境信息公开制度，及时准确披露各类环境信息，扩大公开范围，保障公众知情权，维护公众环境权益。

培育环境治理和生态保护市场主体。建立吸引社会资本投入生态环境保护的市场化机制，推进环境污染第三方治理。支持生态环境保护领域国有企业改革。

推行排污权交易制度。总结排污权交易试点经验，完善排污权交易制度，扩大涵盖的污染物和排污单位范围。

6. 完善生态文明绩效评价考核和责任追究制度

健全生态文明绩效评价考核制度。制定云南省生态文明目标评价考核办法、绿色发展指标体系，健全政绩考核制度，把资源消耗、环境损害、生态效益纳入经济社会发展评价体系，根据不同区域主体功能定位，实行差异化绩效评价考核。完善实施县域经济发展分类考核评价办法，按照重点开发区和市辖区县、农产品主产区和特色产业发展县、重点生态功能区县、限制开发区域和生态脆弱的国家级贫困县四大类进行分类考核。建立资源环境承载能力监测预警机制，对资源消耗和环境容量超过或接近承载能力的地区，实行预警提醒和限制性措施。探索编制森林（含公益林）、湿地、水、土地等自然资源资产负债表。

建立生态文明建设责任追究制度。坚持任中审计和离任审计相结合，开展领导干部自然资源资产离任审计。建立生态环境损害责任终身追究制，实行地方党委和政府领导成员生态文明建设一岗双责。按照《党政领导干部生态环境损害责任追究办法（暂行）》，以自然资源资产离任审计结果和生态环境损害情况为依据，明确追责情形和认定程序，对领导干部离任后出现重大生态环境损害并认定其需要承担责任的，实行终身追责。建立环境保护督察制度，加大对环境质量差、环境隐患多、生态受损重的州（市）、县（市、区）的环境保护督察力度，对存在环境突出问题的地方，开展不定期专项督察。

四、保障措施

（一）明确落实责任

实行生态文明建设党政同责，各级党委和政府对本地区生态文明建设负总责。各州（市）党委、政府要将生态文明建设摆在更加突出的位置，切实加强组织领导，明确实施责任，营造良好氛围，将本规划提出的目标任务落实到具体工作之中。省直有关部门和单位作为省生态文明建设排头兵工作领导小组成员单位，按照职责分工，协调抓好本规划各项任务完成，确保生态文明建设各项任务举措落地生效。省发展改革委、省环境保护厅要充分发挥云南省生态文明建设排头兵工作领导小组综合协调办公室、省委生态文明体制改革专项小组办公室作用，及时协调解决本规划落实中遇到的困难和问题。省委督查室、省政府督查室适时就本规划落实情况进行督查。

（二）实施重点工程

围绕生态文明建设排头兵战略定位目标、生态文明建设重点任务和围绕群众关注的资源环境执法难等问题，实施绿色和谐宜居、绿色产业培育、资源循环利用、生态屏障安全、环境质量改善、民族生态文化传承、生态文明科技创新等一批重点工程，支撑生态文明建设目标考核评价相关目标任务完成，确保生态文明建设走在前列。各项工程省级责任单位要加大工程项目的谋划、储备及实施力度，制订年度工作计划，明确时间表、路线图，及时协调解决项目资金筹措、征地拆迁、审批等环节中的问题，确保项目顺利落地，确保重大工程扎实有效推进。

（三）突出政策保障

完善财税政策。加大财政资金投入，统筹有关生态文明建设资金，对资源节约和循环利用、新能源和可再生能源开发利用、环境基础设施建设、生态修复与建设、先进适用技术研发示范等给予支持。按照国家部署，全面实施资源税从价计征改革，清理取消相关收费基金，逐步将资源税征收范围扩展到自然资源。落实国家支持节能环保、新能源、生态建设等税收优惠政策，鼓励使用先进的节能、节水、节材技术、设备和产品。

完善价格政策。建立完善促进生态文明建设的价格政策体系，推行居民生活用水、电、气阶梯价格制度，落实脱硫、脱硝、除尘等环保电价政策，完善污水、垃圾处理及排污收费政策，继续落实完善差别电价政策，落实超定额用水加价制度等惩罚性价格政策，落实电力体制改革确立“放两头、管中间”的电价形成机制。

创新投融资政策。鼓励各银行业金融机构坚持绿色发展理念，充分运用市场化机制，利用绿色信贷、绿色债券、绿色股票指数和相关产品、绿色发展基金、绿色保险、碳金融等金融工具和相关政策为绿色发展服务，提高对环境保护和生态建设各个领域介入的广度和深度，增强金融产品和服务方式创新能力，加大对节能环保和新能源、新材料等领域的支持力度。推进绿色环保企业上市融资，鼓励保险资金支持绿色环保企业发展。积极推进环境污染强制责任保险，利用商业保险工具，以社会化、市场化途径解决环境污染损害。鼓励发展支持生态环保建设的投资资金，支持和鼓励绿色循环低碳发展项目通过发行绿色债券融资。充分发挥政府投资的引导带动作用，创新重点领域投融资机制，鼓励社会投资，在公共服务、资源环境、生态保护、基础设施等领域积极推广政府和社会资本合作模式（PPP）。

（四）强化科技创新

深化科技体制改革，建立符合生态文明建设领域科研活动特点的管理制度和运行机制。加强重大科技问题研究，重点对节能减排、资源循环利用、污染治理、生态修复、石漠化治理、退化高原湿地恢复、生物多样性保育、生态系统监测、大气污染协同控制和工业废气资源化等方面的关键技术进行攻关、引进、消化、吸收和再创新，加快科技成果转化应用。实施建设创新型云南行动计划，推进以企业为主体、市场为导向、政产学研用相结合、资源合理配置的技术创新体系建设。加强生态文明科技人才队伍建设，充分发挥高校在科技创新工作中的重要作用，支持有条件的高校设置与生态文明建设有关的学科、专业，加快创建云南省生态文明建设智库，为我省生态化转型发展提供服务。构建生物、节能环保、新能源与新能源汽车、信息和现代服务共性技术研发平台，优化布局一批重点实验室、工程（技术）研究中心、工程实验室、企业技术中心，新增重点实验室、工程技术研究中心 5~8 个。建设 5~10 个院士专家工作站、专家基层科研工作站、博士后科研流动和科研工作站。

（五）加强能力建设

加强统计监测，建立生态文明综合评价指标体系；加快推进对能源、矿产资源、水、大气、森林、草原、湿地、生物多样性和水土流失、沙化（石漠化）土地、土壤环境、地质环境、温室气体等统计监测核算能力建设；加快建立布局合理、功能完善和覆盖所有资源环境要素及重点污染源的监测网络体系。强化执法监督，加强对生态文明建设目标责任、主要任务和重大工程的跟踪分析和监督检查，加强法律监督、行政监察、行政执法监督。加强交流合作，全面参与“一带一路”、长江经济带建设和孟中印缅经济走廊合作建设，深化与泛珠三角、长三角、环渤海等国内区域合作。

附件：

云南省生态文明建设排头兵重点工程及任务分工表

工程名称	主要建设内容	省级责任单位
一、人居环境改善示范工程		
1. 绿色城镇建设示范项目	建设海绵城市。重点推进昆明市、曲靖市、玉溪市、大理州、丽江市等省级海绵城市先行先试建设，逐步向全省所有城市建成区推广	省住房城乡建设厅
	建设智慧城市。推进昆明市五华区、红河州蒙自市和弥勒市、大理州大理市、玉溪市、文山州文山市等国家级智慧城市试点建设	省住房城乡建设厅、省科技厅
	建设森林城市。推进昆明市、普洱市、临沧市等国家森林城市建设，积极推动临沧、曲靖、楚雄、红河、大理等州（市）创建国家森林城市	省林业厅
	建设人文城市。重点推进丽江市、建水县等建设人文城市	省住房城乡建设厅、省文化厅
2. 美丽宜居乡村建设示范项目	建设省村寨规划示范村 6500 个	省住房城乡建设厅、省扶贫办、省民族宗教委
	组织实施 3500 个建制村的农村环境综合整治试点示范	省环境保护厅、省住房城乡建设厅
	继续创建 10 个民族团结进步示范县、100 个民族团结进步示范乡镇（民族特色乡镇）、1000 个民族团结进步示范村（民族特色村、民族团结进步示范社区）、10000 户民族团结进步示范户	省民族宗教委
二、绿色产业培育示范工程		
3. 高原特色现代农业示范项目	实施现代农业“四个一批”工程，力争打造 100 户综合效益好的种养型、加工型、流通型和综合型农业小巨人企业，培育 50 户农业龙头企业；建成特色经作基地 6000 万亩、优质人工饲草料地 2000 万亩、高原生态渔场 100 万亩、万亩高原生态牧场 100 个	省农业厅、省林业厅
	培育省级以上知名农产品品牌 100 个；每年选择 10 个县市、100 个乡镇开展农村产业融合发展试点示范	—
	建成现代农业、林业重点县 50 个，省级林下经济示范基地 200 个	—
4. 旅游文化产业示范项目	打造丽江古城、“三江并流”、哈尼梯田等 5 大世界遗产地，建设西双版纳、阳宗海等 5 个国家级旅游度假区、20 个省级旅游度假区。建设 100 个精品旅游景区、100 个旅游城镇和旅游小镇，培育 50 个旅游节庆和演艺品牌	省旅游发展委

续附件

工程名称	主要建设内容	省级责任单位
4. 旅游文化产业示范项目	推进旅游和文化深度融合，力争培育 100 户主营业务收入上亿元的文化企业	省文产办、省文化厅
5. 节能环保产业示范项目	培育 10 户节能环保产业龙头企业；建设 1~3 个技术先进、配套健全、发展规范的节能环保产业示范基地；加快开发、示范、推广和应用一批节能环保新技术、装备和产品；打造一批节能环保示范园区	省环境保护厅、省工业和信息化委
6. 清洁能源重大项目	建设 27 个天然气分布式能源开发项目，发电装机总容量 1461.8MW，年耗气量约 17.38 亿 Nm^3。建设玉溪—普洱、陆良、易门、泸西—弥勒—开远、昭通、红河等天然气支线工程。建设乌弄龙、托巴、黄登、大华桥、乌东德、白鹤滩等水电站	省能源局
	建设 20 个低浓度瓦斯发电项目，装机 5 万千瓦；开发地面煤层气，抽采地下采空区、废弃矿井和井下瓦斯，实施一批瓦斯发电工程。“十三五”期间，全省煤层气和煤矿瓦斯抽采量实现 1.2 亿立方米 / 年，利用量实现 3000 万立方米 / 年，瓦斯发电装机容量达到 6 万千瓦	省煤炭工业管理局
三、资源节约集约利用工程		
7. 节能减排重点项目	传统产业能量系统优化。在重点耗能行业和企业，通过系统优化设计、生产工艺升级、技术改造和改善管理，采用系统优化软件或先进控制技术，提高系统综合用能效率	省工业和信息化委、省发展改革委
	工业锅炉（窑炉）节能综合改造。采用节能环保新技术、新型循环流化床锅炉、燃烧生物质锅炉等技术和装备，改造替代一批工业锅炉（窑炉）	省工业和信息化委、省发展改革委
	煤层气发电。开发地面煤层气，抽采地下采空区、废弃矿井和井下瓦斯，实施一批瓦斯发电工程。“十三五”期间，全省煤层气和煤矿瓦斯抽采量实现 4.1 亿立方米 / 年，利用量实现 3 亿立方米 / 年，瓦斯发电装机容量达到 12.4 万千瓦	省煤炭工业局
	可再生能源建筑应用。新建、改建和扩建建筑至少选用一种可再生能源，进一步加强可再生能源建筑应用，严格执行“三同步、一体化”的技术要求。公共建筑宜选用太阳能光伏发电技术，住宅建筑和有热水需求的公共建筑应使用太阳能热水技术	省住房城乡建设厅
	合同能源管理推广。在工业、建筑、交通、公共机构等领域，“十三五”期间，每年实施 30 个合同能源管理项目	省工业和信息化委

续附件

工程名称	主要建设内容	省级责任单位
7. 节能减排重点项目	节能产品惠民。按照国家补助标准，选择能效等级 1 级或 2 级以上的 10 大类高效节能产品进行推广。在城市及农村积极推广符合国家财政补贴标准的节能汽车	省工业和信息化委、省科技厅、省财政厅
	电机、变压器能效提升。全面淘汰落后电机、变压器和用电设备，大力改造低效电机和用电设备，积极推广高效节能电机、变压器、风机、泵、压缩机和传动系统等	省工业和信息化委
	推进主要污染物减排。实施工业企业、农业面源、城镇生活等水污染物减排工程，电力行业烟气脱硝，冶金、建材、有色、焦化等非电力行业脱硫、脱硝等大气污染物减排工程	省环境保护厅、省工业和信息化委、省农业厅、省城乡住房建设厅
8. 节水示范项目	水生态文明试点建设。推进普洱市、丽江市、玉溪市国家水生态文明试点城市建设，逐步展开腾冲市、富宁县、抚仙湖片区省级水生态文明建设试点	省水利厅
	节水型城市建设。加强昆明市、安宁市、丽江市等全国节水型城市建设工作，改造昆明、曲靖、玉溪、楚雄等 16 个重点城市及部分缺水县城供水管网 8237 千米，实施再生水处理厂及管网配套项目 108 件，实施城镇雨水集蓄利用项目 135301 件，实施矿井水利用项目 580 件，实施工业节水改造项目 263 件	省住房城乡建设厅、省水利厅、省工业和信息化委
9. 土地节约集约利用项目	推进城乡建设用地增减挂钩试点、低效利用土地二次开发	省国土资源厅、省农业厅
	开展土地整治工程。争取和推动乌蒙山片区土地整治重大工程、岩溶石漠化地区农用地整治、西部生态建设区云南省中低产田改造、滇中粮仓高标准基本农田建设重大工程、矿区土地复垦工程和城乡统筹区域农村建设用地整治	—
	实施高标准农田建设，红河北部、玉溪、德宏、大理、西双版纳、楚雄、保山、丽江、昆明、曲靖、普洱等州市高标准农田占基本农田保护面积比重达到 40% 以上，文山、临沧、昭通等州市比重达到 30% 以上	—
10. 绿色矿山示范项目	推进绿色矿山和绿色矿业发展示范区建设，实施矿产资源节约与综合利用示范工程、矿产资源保护和储备工程，提高矿产资源开采率、选矿回收率和综合利用率	省国土资源厅、省煤炭工业局

续附件

工程名称	主要建设内容	省级责任单位
11. 资源综合利用示范项目	推进普洱市国家绿色经济试验示范区建设；推进普洱市、曲靖市、易门县、祥云县国家循环经济示范城市（县）建设；推进昆明市、大理市、丽江市国家餐厨废弃物资源化利用和无害化处理试点城市建设	省发展改革委、省财政厅、省住房城乡建设厅、省工业和信息化委
	组织昆明市、大理市积极申报国家静脉产业示范基地；组织个旧市、昆明市东川区积极申报国家大宗产业废弃物综合利用基地；组织曲靖市积极申报国家循环经济制度创新实验区	—
	加快昆明市、玉溪市、曲靖市国家再生资源回收体系试点城市建设，推进云南云内动力集团有限公司国家机电产品再制造试点工作，开展省级工业园区循环化改造	省商务厅
四、生态安全屏障巩固工程		
12. 森林保护与建设项目	对全省天保工程区内 15232 万亩森林进行全面有效管护，加强公益林管理和后备森林资源培育。继续实施珠江流域防护林体系建设工程，争取国家支持实施长江流域防护林体系建设三期工程。力争使森林火灾受害控制率控制在 1‰以内，林业有害生物成灾率控制在 4‰以内。保护热带雨林面积 860 万亩。开展困难立地的植被修复，改善区域生态环境	省林业厅
	将云南 25 度以上坡耕地实施新一轮退耕还林还草，积极争取国家支持将陡坡耕地梯田、重要水源地和石漠化地区 15~25 度非基本农田坡耕地及严重污染耕地纳入新一轮退耕还林还草工程实施范围，实施陡坡地生态治理 100 万亩	省发展改革委、省林业厅、省农业厅、省财政厅、省国土资源厅
13. 湿地生态保护与建设项目	开展退化湿地恢复和修复面积 3 万公顷，到 2020 年建成国家湿地公园 15 处，自然湿地面积不低于 42 万公顷，自然湿地保护率达到 45%	省林业厅、省发展改革委、省财政厅、省环境保护厅、省水利厅、省国土资源厅
14. 水域生态保护与建设项目	实施水源涵养工程 11 项、河岸带生态修复工程 14 项、湿地保护与修复工程 13 项、水生态综合治理工程 10 项、重要生境保护与修复 1 项	省水利厅、省林业厅
15. 草原生态保护与建设项目	划定禁牧草原 3000 万亩，建成草畜平衡草原 15000 万亩，划区轮牧、休牧 1000 万亩	省农业厅

续附件

工程名称	主要建设内容	省级责任单位
16. 生物多样性保护项目	完善全省自然保护区网络，开展国家公园体制试点建设、国家和省级重点野生动植物资源调查和监测，建立示范森林公园，实施亚洲象保护工程和极小种群物种拯救保护行动，建立独龙江等生物多样性保护与减贫示范区。到2020年，国家级自然保护区数量达21个，全省森林公园数量增至43处，建立极小种群及珍稀濒危特有物种保护小区（点）15处，国家重点保护野生动植物受保护率达到90%	省林业厅、省环境保护厅
17. 重点地区生态治理项目	继续实施纳入国家规划治理范围的重点县（市、区）石漠化综合治理，组织开展石漠化监测。重点推动德钦县等坡耕地、泥石流多发地、山洪易发地水土流失防治工程，到2020年，巩固提高水土保持治理成果，治理程度达到75%以上	省发展改革委、省国土资源厅、省林业厅、省水利厅、省农业厅
18. 防灾减灾体系建设项目	建设常态化飞机人工增雨作业昆明、保山和普洱保障基地；推进地面作业信息化指挥系统建设；建设昆明、曲靖、昭通、丽江、临沧、楚雄、文山、西双版纳、迪庆9个州（市）和59个县（区）人工影响天气作业指挥平台；建设人工影响天气标准化固定作业点155个，改造现有固定作业点172个，建设流动作业点132个	省气象局
	建设集信息收集、传输、发布渠道于一体的云南省突发事件预警信息发布系统平台。建设生态气象观测网。开展大理国家气象观象台、香格里拉区域大气本底站“基础平台、创新平台、开放平台、服务平台”能力提升建设	—
	继续实施省人民政府“继续推进预防和处置地震灾害能力建设10项重点工程”，重点开展国家地震烈度速报和预警工程云南分项目建设	—
	开展农村灾害应急系统建设适应试点示范	省民政厅、省国土资源厅
19. 应对气候变化项目	继续推进低碳试点省建设；推进昆明市国家低碳城市、呈贡新区国家低碳城镇试点。组织开展省级低碳产业园区、低碳社区、低碳旅游景区、低碳城镇、低碳学校试点工作。建立云南省碳排放权交易体系，参与2017年全国统一的碳排放权交易	省发展改革委、省工业和信息化委、省教育厅、省住房城乡建设厅、省交通运输厅、省林业厅、省旅游发展委
	开展森林碳汇造林试点；经营培育碳汇示范林10万亩	—

续附件

工程名称	主要建设内容	省级责任单位
五、环境质量全面提升工程		
20. 水污染综合防治项目	实施金沙江、珠江、牛栏江、沘江等重点江河流域水污染综合防治工程，开展地下水环境保护及污染修复，跨界、跨省河流水环境保护和治理，流域内工业水污染防治、区域水环境综合整治、农业面源污染治理、畜禽养殖污染防治、饮用水水源地污染防治、矿区污染治理与生态恢复、黑臭水体污染综合整治等建设。实施滇池、阳宗海、洱海、抚仙湖、星云湖、杞麓湖、程海、泸沽湖、异龙湖九大高原湖泊水污染综合防治工程，实施环湖截污治污、生态补水及节水、入湖河道综合整治、农业农村面源污染治理、生态修复与建设、生态清淤等工程	省环境保护厅、省发展改革委、省工业和信息化委、省国土资源厅、省住房城乡建设厅、省农业厅、省水利厅
	对城市集中式饮用水源地实施隔离防护与宣传示警工程、污染综合整治工程、生态保护与修复工程。对农村饮用水源地依法划定保护区或保护范围，设置保护标志，加强水质监测	省水利厅、省环境保护厅、省农业厅
21. 大气污染综合防治项目	实施重点行业脱硫、脱硝及除尘改造工程，20 万千瓦以上燃煤机组要实施脱硝改造，钢铁烧结机、球团设备要全面实施烟气脱硫改造，现役新型干法水泥窑推行低氮燃烧技术改造，熟料生产规模在 1000 吨 / 日以上的生产线推行烟气脱硝改造。实施钢铁、水泥、石化、有色金属冶炼等重点行业清洁生产审核	省环境保护厅
22. 土壤污染综合防治项目	实施勐海县优质稻种植基地土壤环境保护示范项目，规划保护区 1 万亩。实施红河州元阳梯田土壤保护与改良示范项目。开展有机农业 – 土壤 – 水质耦合调控关键技术研究与应用示范，制定适合于水环境敏感区的土壤改良与水质保护的有机农业种植技术模式。开展以文山市三七种植基地、怒江州兰坪县、曲靖市会泽县者海镇、云南蒙自果园为重点的土壤污染治理修复示范项目，建设规模 7909 亩。排查和识别 POPs、汞污染场地，开展污染场地修复示范工程。开展 1~2 家黄金堆浸企业的含氰废渣污染场地治理修复示范工程，规划面积 10000 平方米	省环境保护厅、省农业厅
23. 农业面源污染防治项目	实施测土配方施肥，农药化肥零增长行动，推进农作物秸秆全量化利用和畜禽养殖粪便资源化利用、无害化处理试点示范工程。推广使用“厚地膜”“可降解地膜”，提高残膜回收及资源化利用示范工程	省农业厅

续附件

工程名称	主要建设内容	省级责任单位
24. 涉重涉危污染物风险防范项目	选择3个示范区域和3个示范流域开展重金属综合整治示范。实施水泥窑协同处置危险废物示范工程，改造和利用现有1~2家水泥企业闲置水泥窑协同处置危险废物。开展生活垃圾焚烧飞灰处置示范工程，处置规模为20吨/日	省环境保护厅
25. 生态环境监测网络建设项目	建设覆盖九大高原湖泊、南盘江、红河、澜沧江等重点流域及州市跨界断面的地表水水质自动监测网，提高全省集中式饮用水源地水质监测能力	省环境保护厅、省财政厅
	建设覆盖全省县级以上政府所在地环境空气自动监测网	—
	推进全省土壤环境质量监测能力建设	—
	完善镇雄县、安宁市等10个重点县（区）监测能力建设，实施大关县等30个县区监测站标准化建设	—

中共云南省委　云南省人民政府关于全面加强生态环境保护坚决打好污染防治攻坚战的实施意见

为深入学习贯彻习近平新时代中国特色社会主义思想和党的十九大精神，根据《中共中央、国务院关于全面加强生态环境保护坚决打好污染防治攻坚战的意见》和全国生态环境保护大会精神，结合云南实际，提出如下实施意见。

一、深入学习贯彻习近平生态文明思想

以习近平同志为核心的党中央高度重视生态文明建设和生态环境保护，谋划开展了一系列根本性、长远性、开创性工作，推动生态文明建设和生态环境保护从实践到认识发生了历史性、转折性、全局性变化。习近平总书记传承中华民族传统文化、顺应时代潮流和人民意愿，站在坚持和发展中国特色社会主义、实现中华民族伟大复兴中国梦的战略高度，深刻回答了为什么建设生态文明、建设什么样的生态文明、怎样建设生态文明等重大理论和实践问题，系统形成了习近平生态文明思想，有力指导生态文明建设和生态环境保护取得历史性成就、

发生历史性变革。

深刻领会和把握“生态兴则文明兴”。建设生态文明是关系中华民族永续发展的根本大计，功在当代、利在千秋，关系人民福祉，关乎民族未来。

深刻领会和把握“人与自然和谐共生”。保护自然就是保护人类，建设生态文明就是造福人类。必须尊重自然、顺应自然、保护自然，像保护眼睛一样保护生态环境，像对待生命一样对待生态环境，推动形成人与自然和谐发展现代化建设新格局，还自然以宁静、和谐、美丽。

深刻领会和把握“绿水青山就是金山银山”。绿水青山既是自然财富、生态财富，又是社会财富、经济财富。保护生态环境就是保护生产力，改善生态环境就是发展生产力。必须坚持和贯彻绿色发展理念，平衡和处理好发展与保护的关系，推动形成绿色发展方式和生活方式，坚定不移走生产发展、生活富裕、生态良好的文明发展道路。

深入领会和把握“良好生态环境是最普惠的民生福祉”。生态文明建设同每个人息息相关。环境就是民生，青山就是美丽，蓝天也是幸福。必须坚持以人民为中心，重点解决损害群众健康的突出环境问题，提供更多优质生态产品。

深刻领会和把握“山水林田湖草是生命共同体”。生态环境是统一的有机整体。必须按照系统工程的思路，构建生态环境治理体系，着力扩大环境容量和生态空间，全方位、全地域、全过程开展生态环境保护。

深刻领会和把握“用最严格制度最严密法治保护生态环境”。保护生态环境必须依靠制度、依靠法治。必须构建产权清晰、多元参与、激励约束并重、系统完整的生态文明制度体系，让制度成为刚性约束和不可触碰的高压线。

深刻领会和把握“建设美丽中国全民行动”。美丽中国是人民群众共同参与共同建设共同享有的事业。必须加强生态文明宣传教育，牢固树立生态文明价值观念和行为准则，把建设美丽中国化为全民自觉行动。

深刻领会和把握“共谋全球生态文明建设”。生态文明建设是构建人类命运共同体的重要内容。必须同舟共济、共同努力，构筑尊崇自然、绿色发展的生态体系，推动全球生态环境治理，建设清洁美丽世界。

习近平生态文明思想为推进美丽中国建设、实现人与自然和谐共生的现代化提供了方向指引和根本遵循。各地区各部门要进一步增强“四个意识”，用习近平生态文明思想武装头脑、指导实践、推动工作，树立正确的政绩观，坚决把生态文明建设重大部署和重要任务落到实处，让良好生态环境成为人民幸福生活的增长点、成为高质量跨越式发展的支撑点、成为展现良好形象的发力点。

二、深刻认识全省生态环境保护面临的形势

省委、省政府始终将生态环境保护工作作为同以习近平同志为核心的党中央保持高度一

致的重大政治任务、重大民生工程和重大发展问题来抓，作为统筹推进“五位一体”总体布局和协调推进“四个全面”战略布局的重要内容来抓，认真贯彻落实习近平总书记对云南发展作出的重要指示精神，立足努力成为全国生态文明建设排头兵的战略定位，坚持把生态环境保护融入经济、政治、文化、社会建设各方面和全过程，推动中央决策部署在云南具体化。各地区各部门按照省委、省政府的部署安排，深入实施大气、水、土壤污染防治行动计划，着力开展生态系统保护和修复工程，一批“硬骨头”“老大难”环境问题得到解决，环境质量特别是城乡人居环境有效改善，人民群众对优良环境的获得感进一步增强。

同时，云南生态敏感脆弱，生态环境保护欠账多、发展不平衡，继续保持环境质量优良的压力很大。一些地方和部门对生态环境保护认识不到位，责任落实不到位；经济社会发展同生态环境保护的矛盾仍然突出，局部区域资源环境承载力达到或超过上限，生态环境压力大；城乡区域统筹不够，新老环境问题交织，区域性、布局性、结构性环境风险凸显，湖泊保护治理、河流水污染防治、水源保护、重金属污染治理、城乡环境治理等难度较大，生态破坏、黑臭水体、环境违法等问题时有发生。这些问题再不及时解决，将成为重要的民生之患、民心之痛，成为云南经济社会可持续发展的瓶颈制约，成为决战脱贫攻坚、决胜全面小康的明显短板。

进入新时代，解决人民日益增长的美好生活需要和不平衡不充分的发展之间的矛盾对生态环境保护提出了新要求。当前，云南生态文明建设正处于压力叠加、负重前行的关键期，已进入提供更多优质生态产品以满足人民日益增长的优美生态环境需要的攻坚期，也到了有条件有能力解决突出生态环境问题的窗口期。必须加大力度、加快治理、加紧攻坚，打好污染防治大仗、硬仗、苦仗，为全省各族人民创造良好的生产生活环境。

三、明确总体目标和基本原则

（一）总体目标

到 2020 年，生态环境质量进一步改善，主要污染物排放总量大幅减少，环境风险得到有效管控，生态环境保护水平同全面建成小康社会目标相适应。

具体指标：地级城市空气质量优良天数比率保持在 97.2% 以上；州市级、县级集中式饮用水水源水质达到或优于Ⅲ类的比例分别达到 97.2% 和 95% 以上；九大高原湖泊和六大水系水质稳定提升，纳入国家考核的地表水Ⅰ～Ⅲ类水体比例达到 73% 以上，劣Ⅴ类水体比例控制在 6% 以内；二氧化硫、氮氧化物排放总量比 2015 年减少 1%，化学需氧量、氨氮排放量分别减少 14.1% 和 12.9%；受污染耕地安全利用率达到 80% 左右，污染地块安全利用率不低于 90%；生态保护红线面积占比达到 30.9%；森林覆盖率达到 60% 以上。

到 2035 年，基本形成有利于资源节约和生态环境保护的空间开发格局，生产、生活、生态空间得到进一步优化，绿色发展水平进一步提升，生态环境质量保持优良，生态产品供给能力明显增强，坚持生态美、环境美、城市美、乡村美、山水美，将云南建设成为中国最美丽省份，实现建成全国生态文明建设排头兵的奋斗目标。

（二）基本原则

——坚持“五个最”。以“最高标准”为导向，部署推动生态环境保护工作；以“最严制度”为基本保障，让制度成为刚性约束和不可触碰的高压线；以“最硬执法”为重要手段，严、实、准、快打击环境违法行为；以“最实举措”为着力点，标本兼治、突出治本，打好污染防治攻坚战；以“最佳环境”为目标，争当全国生态文明建设排头兵，筑牢西南生态安全屏障。

——坚持空间管控。将空间管控作为生态环境保护的根本性措施，用生态保护红线、环境质量底线、资源利用上线和环境准入负面清单约束空间利用格局和开发强度，从源头上杜绝环境污染和生态破坏。优化城乡开发格局，强化环境空间管控在城乡建设规划中的引导和约束作用，防止乡村集镇建设无序扩张，杜绝违法违规侵占平坝中心区等优质土地资源和重要生态功能区、生态保护地的行为。

——坚持问题导向。落实保护优先的要求，推动形成绿色发展方式和生活方式，坚定不移走生产发展、生活富裕、生态良好的文明发展道路。针对不同流域、区域和行业特点，聚焦问题、靶向施策、精准发力，稳步改善生态环境质量，供给优良生态产品。

——坚持改革创新。深化生态环境保护体制机制改革，强化统筹、整合力量，区域协作、条块结合，严格环境标准，完善经济政策，增强科技支撑和能力保障，提升生态环境治理的系统性、整体性、协同性。

——坚持依法监管。完善生态环境保护地方法规和标准体系，健全生态环境保护行政执法和刑事司法衔接机制，依法严惩重罚生态环境违法犯罪行为。

——推进全民共治。动员社会各方力量，共同发力，政府积极发挥主导作用，企业主动承担环境治理主体责任，公众自觉践行绿色生活。

四、坚决打赢蓝天碧水净土三大保卫战

（一）突出重点，打好 8 个标志性战役

1. 打好九大高原湖泊保护治理攻坚战。全面落实河（湖）长制，按照保护优良湖泊、改善水质良好湖泊、加大力度治理污染湖泊的思路，多措并举，综合施策。强化流域空间管控和生态减负，共抓大保护，不搞大开发，严禁在生态保护红线内开展开发建设及经营活动。全面抓好环湖截污工程建设，加快雨污分流改造以及次干管、支管建设，建立科学运行的管理机制，既要建设好，又要运行好，确保已建设施充分发挥环境效益。加快推进抚仙湖流域山水林田湖草生态保护修复试点，加强泸沽湖旅游开发风险防控，提升精细化管理水平，确保两个湖泊水质稳定保持为Ⅰ类。完善滇池精准治污体系，加强牛栏江沿岸污染防控，到 2018 年年底，滇池草海水质稳定达到Ⅴ类；到 2020 年，滇池外海水质力争达到Ⅳ类（COD ≤ 50mg/L）。全面实施洱海抢救性保护“七大行动”，巩固环湖截污和生态环境保

护“三线”划定成果，到2019年，洱海湖心断面水质恢复至Ⅱ类。进一步消除阳宗海砷污染风险，综合防治周边污染，到2020年，阳宗海水质达到Ⅲ类。加强程海流域内螺旋藻生产企业监管，确保生产废水“零排放”，到2020年，程海水质达到Ⅳ类（pH和氟化物除外）。推动星云湖和杞麓湖农业结构调整和生产方式转变，到2020年，星云湖水质达到Ⅴ类（总磷≤0.4mg/L），杞麓湖水质达到Ⅴ类（COD≤50mg/L）。全面实施异龙湖水体达标三年行动方案，确保2019年水质达到Ⅴ类（COD≤60mg/L）。

2. 打好以长江为重点的六大水系保护修复攻坚战。重点开展长江流域生态隐患和环境风险调查评估，划定高风险区域，从严实施生态环境风险防控措施；优化长江流域经济带产业布局和规模，严禁接纳和新建污染型产业、企业项目；严格岸线开发管控，强化自然岸线保护，修复湿地等水生态系统，因地制宜建设人工湿地水质净化工程；配合实施流域水库群联合调度，保障干流、主要支流和湖泊基本生态用水；强化船舶港口污染防治，排查整治入河入湖排污口及不达标水体，制定实施限期达标方案。

统筹推进珠江、澜沧江、红河、怒江、伊洛瓦底江等水系水污染防治、水生态保护和水资源管理。切实维护优良水体的水生态环境质量，提高优良水体比例；加强重点流域污染治理和环境风险防范，保证水环境安全；逐步消除劣Ⅴ类水体，恢复水体使用功能。

到2020年，长江流域Ⅰ～Ⅲ类水体比例达到50%以上，劣Ⅴ类水体比例控制在5.5%以下；珠江流域Ⅰ～Ⅲ类水体比例达到68.7%以上，劣Ⅴ类水体比例控制在12.5%以下；其他流域Ⅰ～Ⅲ类水体比例达到91.7%，劣Ⅴ类水体比例控制在4.2%以下。

3. 打好水源地保护攻坚战。重点强化集中式饮用水水源保护区划定，开展饮用水水源规范化建设，实施水质不达标水源地限期达标治理。开展水源区环境集中整治，全面排查和整治县级及以上城市水源保护区内的违法违规问题。强化集中式饮用水水源保护区应急监管，建立健全水资源战略储备体系，规划建设城市备用水源。强化饮用水水源水质监测和动态跟踪，实施从水源到水龙头全过程监管，持续提升饮用水安全保障水平。县级及以上城市政府至少每季度向社会公开一次饮用水水质状况。到2020年，乡镇及以上饮用水水源全面完成保护区划定，单一水源供水的城镇完成备用水源或应急水源建设。

4. 打好城市黑臭水体治理攻坚战。在全面排查黑臭水体的基础上，采取控源截污、垃圾清理、清淤疏浚、生态修复等措施，加大黑臭水体治理力度。实施城镇污水处理“提质增效”三年行动，加快收集管网和处理设施建设，完善污水处理收费政策，各地区要按规定将污水处理收费标准尽快调整到位，原则上应补偿到确保污水处理和污泥处置设施正常运营并合理盈利。2018年，全面完成城市建成区入河排污口清理整治。到2020年，所有地级城市建成区实现污水管网全覆盖、全收集、全处理，县城和设市城市污水处理率分别达到85%和95%以上；地级城市建成区黑臭水体消除比例达到95%以上，其中昆明市全面消除黑臭水体。

5. 打好农业农村污染治理攻坚战。重点以建设美丽宜居村庄为导向，持续开展农村人居环境整治行动，将农村水环境治理纳入河（湖）长制管理。到2020年，实现乡镇镇区生活污水处理和生活垃圾处理设施全覆盖，95% 以上的村庄生活垃圾得到治理，农村无害化卫生户厕普及率达到 50% 以上，生活污水乱排乱放得到管控。农村人居环境明显改善，村庄环境基本干净整洁有序，管护长效机制初步建立。着力控制农业面源污染，减少化肥农药施用量，禁止高毒高风险农药使用，推进有机肥替代化肥、病虫害绿色防控替代化学防治和废弃农膜回收。严禁秸秆露天焚烧，推进综合利用。防治畜禽水产养殖污染，严格畜禽禁养区划定管理，从严控制网箱养殖，加强畜禽规模养殖场（小区）废弃物处理和资源化综合利用，到 2020 年，规模畜禽养殖场废弃物综合利用率达到 75% 以上，规模养殖场粪污处理设施装备配套率达到 95% 以上。

6. 打好生态保护修复攻坚战。一是划定并严守生态保护红线。到 2020 年，全面完成全省生态保护红线勘界定标，实现一条红线管控重要生态空间。建立生态保护红线绩效评估制度，建设省级生态保护红线监测网络和监管平台，开展生态保护红线监测预警与评估考核。二是加强生物多样性保护。实施《云南省生物多样性保护战略与行动计划（2012—2030 年）》，出台《云南省生物多样性保护条例》，加强生物多样性保护优先区域、重点领域、重要生态系统的保护。开展自然保护区规范化、生物廊道、保护小区建设，优化生物多样性保护网络。推进珍稀濒危野生动植物及极小种群物种抢救保护。依托中国西南野生生物种质资源库，加强种质资源收集保存。到 2020 年，全省自然保护区总面积达到 300 万公顷，国家重点保护野生动植物受保护率达到 90% 以上。三是建立以国家公园为主体的自然保护地体系。出台《云南省贯彻落实〈建立国家公园体制总体方案〉的实施意见》，基本化解保护地交叉重叠、多头管理问题，建立生态环境遥感动态监测与评估机制，依托各类保护地，完善生态环境监测网络。加强重点生态功能区保护，不断完善自然保护地体系，巩固生态安全屏障。强化天然林和公益林管护，对热带雨林等原始独特天然林实行重点保护。加强草地、湿地保护和恢复，实施退化生态系统修复，推进荒漠化、石漠化、水土流失综合治理。到 2020 年，新增水土流失治理面积 2.36 万平方千米，湿地面积不低于 845 万亩，湿地保护率提高到 52% 以上。完成全省自然保护区范围界限核准和勘界立标，依法依规解决自然保护地内的矿业权和规划矿区合理退出问题。整合申报一批国家公园，基本建立自然保护地相关法规和管理制度。加强对世界自然遗产地和风景名胜区资源保护。加强休渔禁渔管理，推进重点水域禁捕限捕，加大渔业资源增殖放流。推动耕地草原森林河流湖泊休养生息。持续开展“绿盾”专项行动，严肃查处各类违法违规行为，限期进行整治修复。2018 年年底前，县级以上地方政府全面排查违法违规挤占生态空间、破坏自然遗迹等行为，制订治理和修复计划并向社会公开。四是开展大规模国土绿化行动。精心规划设计，广泛开展沿路、沿河（湖）、沿集镇“三沿”造林绿化活动，结合全域旅游，在重点交通干线打造一批有特色的林荫大道、鲜花大道和生态景观大道，在综合交通枢纽，旅游景区、特色小镇等重点区域打造一批绿色精品工程。结合水源地保护和九大高原湖泊保护治理开展绿化，统筹实施流域森林保护与建设，提高水源涵养能力。加强城市绿化，提高城镇面山林木覆盖，在城市功能疏解、更新和调整中，将腾退空间优先用于留白增绿。保留乡村风貌，留住田园乡愁，全面开展乡村绿化美化工程，加强原生植被、自然景观、古树名木、小微湿地保护，坚决制止开山毁林、填塘造地等行为，积极推进荒山荒坡造林和露天矿山综合整治。优化林分结构，适地适树实施森林抚育、低效林改造、国家储备林、珍贵用材林基地建设等项目，提高森林质量，展现植被立体分布特征和多样性特点，尽快淘汰速生桉树林。坚持人工造林与封育自然修复相结合，着力推进退耕还林还草、防护林建设、石漠化治理等工程，带动扩大营造林规模。全民动员开展义务植树，丰富全民义务植树尽责形式。到 2020 年，争创国家级森林城市 5 个，创建省级森林城市、县城 10 个。

7. 打好固体废物污染治理攻坚战。深入推进长江经济带固体废物大排查，重点开展工业固体废物堆存场所排查整治，调查、评估重点工业行业危险废物产生、储存、利用、处置情况。严格执行危险废物经营许可、转移等管理制度，逐步建立信息化监管体系，提升危险废物处理处置能力，启动全过程监管。严厉打击危险废物非法转移、倾倒等违法犯罪活动。鼓励“无废城市”试点，推动固体废物资源化利用。加强医疗废物和有毒有害化学品监管。

8. 打好柴油货车污染治理攻坚战。以开展柴油货车超标排放专项整治为抓手，统筹开展油、路、车治理和机动车船污染防治，实施清洁运输、清洁柴油车、清洁油品、清洁柴油机行动。严格落实治理超载超限的各项政策措施，提高重点区域大宗货物铁路货运比例，推进钢铁、焦化、电解铝、电力等重点工业企业和工业园区货物由公路运输转向铁路运输。2018 年年底前，全面淘汰全省黄标车。加快淘汰老旧车，鼓励淘汰老旧工程机械和农业机械，推广使用清洁能源车辆，建设“天地车人”一体化的机动车排放监控系统，完善机动车遥感监测网络。严厉打击生产销售不达标车辆、排放检验机构检测弄虚作假等违法行为。尽快实现车用柴油、普通柴油和部分船舶用油标准并轨，严厉打击生产、销售和使用非标车（船）用燃料行为，彻底清除黑加油站点。从 2019 年 1 月 1 日起，全面供应符合国六标准的车用汽油和车用柴油。

（二）全面推进，持续改善生态环境质量

1. 抓好城市扬尘和油烟管控。制定完善城市扬尘污染防治相关制度，在县级以上城市全面推行建筑工地扬尘污染防治网格化管理。强化渣土运输车辆监管和道路扬尘防治。制定餐饮业油烟排放标准，推广高效油烟净化设施，重点整治烧烤和露天餐饮油烟污染，全面推行使用无烟烧烤炉具。

2. 加强工业企业大气污染综合治理。到 2019 年年底，基本完成“散乱污”企业及集群综合整治。强化工业企业无组织排放管理，加快火电、工业硅等大气污染重点行业的脱硫、脱硝技术改造。实施工业污染源全面达标排放计划，全面实施燃煤电厂超低排放改造和工业硅烟气治理。到 2020 年，完成火电企业燃煤机组超低排放改造任务，完成 58 户工业硅冶炼企业烟气脱硫工程建设。大力推进石化、工业涂装、汽车维修等重点行业挥发性有机物综合整治，严格执行有机溶剂产品有害物质限量标准。

3. 大力推进散煤治理和煤炭消费减量替代。2018 年，全面完成城市建成区高污染燃料禁

燃区划定，划定范围逐步由城市建成区扩展到近郊。实施燃煤锅炉节能环保综合提升工程，鼓励推广使用清洁高效燃煤气化锅炉，加快每小时 10 蒸吨及以下燃煤锅炉淘汰，原则上不再新建每小时 35 蒸吨以下的燃煤锅炉，2018 年，所有州（市）政府所在地城市建成区基本完成淘汰任务；到 2020 年，所有县级及以上城市建成区基本完成淘汰任务。调整能源结构，增加清洁能源使用，鼓励使用天然气、电力，实现煤炭消费减量替代。全面推进城乡“煤改气”“煤改电”工程建设，加快农村“以电代柴”“以气代柴”改造，昆明市要率先完成改代任务。发展洁净煤技术，实现煤炭高效洁净燃烧。到 2020 年，全省天然气消费总量达到 32 亿立方米以上。

4. 实施大气污染联防联控。以滇中城市群为重点，强化大气污染防治联防联控协作机制。重点加强多污染源综合防控，开展多污染物排放的协同控制。强化区域空气质量监测运行管理统一协调和信息互通共享，统一预警分级标准、信息发布、应急响应。加快重污染天气预警预报系统建设，进一步提升空气质量预报能力。完善重点城市应急预案，科学确定重污染天气期间管控措施。

5. 强化土壤污染管控和修复。一是全面开展土壤污染状况详查。2018 年，完成农用地土壤污染状况详查；到 2020 年，完成重点行业企业用地土壤污染状况调查。二是实施农用地分类管理。严格保护未污染或轻微污染耕地，安全利用轻度和中度污染耕地，严格管控重度污染耕地。到 2020 年，完成农用地土壤环境质量类别划定，建立耕地土壤环境质量分类清单，完成国家下达的受污染耕地安全利用、受污染耕地治理与修复、重度污染耕地种植结构调整或退耕还林还草等 3 项面积指标任务。三是严格建设用地准入管理。建立疑似污染地块名单和污染地块名录并动态更新。建立污染地块联动监管机制，将建设用地土壤环境管理要求纳入用地规划和供地管理，强化暂不开发污染地块的环境风险管控，严格土壤污染重点行业企业搬迁改造过程中拆除活动的环境监管。四是有序开展治理与修复技术应用试点。开展污染地块类和农用地类土壤污染治理与修复技术应用试点，探索开展土壤污染综合防治先行区试点建设。

6. 加强涉重金属行业污染防控。建立企事业单位重金属污染物排放总量控制制度，开展涉镉等重金属行业企业排查整治，推动涉重金属企业实现全面达标排放。在矿产资源开发活动集中的会泽、马关等县，严格执行重点重金属污染物特别排放限值。强化对涉重金属行业企业的环境监管，到 2020 年，重点行业重点重金属排放量比 2013 年下降 12%。加强对采选行业选矿过程、产品堆存场所的治理，强化冶炼行业废物渣场的规范化管理，强化涉重金属尾矿库环境风险管控，加强源头装载治理，严防矿产资源开发污染土壤。

7. 加快推进垃圾分类处理。到 2020 年，昆明市主城区基本实现生活垃圾分类收集、运输和处理处置，其他地级城市中心城区初步建成垃圾分类处理系统，因地制宜推进垃圾资源化利用；基本完成全省非正规垃圾填埋场排查整治。对现有已经达到设计负荷的垃圾填埋场积极推行减量化资源化利用或原位封场处置管理，实现所有城市和县城生活垃圾处理能力全覆盖。规范垃圾收集、运输过程，城市全面实行密封化收运，并逐步向农村推广。建立完善的农村垃圾清运体系，加快农村垃圾处理设施建设。

8. 深入推进生态创建。加快推进省级生态文明建设示范区创建，大力开展绿水青山就是金山银山实践创新基地建设活动。到 2020 年，省级生态文明县（市、区）创建比例达到 50% 以上，省级生态文明乡镇（街道）创建比例达到 80% 以上，争创一批国家生态文明建设示范区。

五、推动形成绿色发展方式和生活方式

（一）促进经济绿色低碳循环发展

一是突出生态环境保护在空间管控中的约束性作用，积极开展生态环境空间管控规划试点，融入“多规合一”体系。建立健全战略环评、规划环评和项目环评联动机制，对重点区域、重点流域、重点行业和产业布局开展规划环评，调整优化不符合生态环境功能定位的产业布局、规模和结构。严格控制重点流域、重点区域环境风险项目。九大高原湖泊流域、集中式饮用水水源地等敏感区域不得新上化工、印染等高风险项目。对国家级新区、工业园区、高新区等进行集中整治，限期进行达标改造。加快城市建成区、重点流域内重污染企业和危险化学品企业搬迁改造，2018 年年底前，相关州（市）、县（市、区）政府要制订专项计划并向社会公开。二是加快产业绿色转型升级。加大产业结构调整力度，继续化解过剩产能，按照国家规定，严禁钢铁、水泥、平板玻璃等行业新增产能，对确有必要新建的必须实施等量或减量置换。提高污染排放标准，加大钢铁等重点行业落后产能淘汰力度。持续推动产业结构向开放型、创新型和高端化、信息化、绿色化“两型三化”转型发展，全力打造世界一流的绿色能源、绿色食品、健康生活目的地“三张牌”，构建市场导向的绿色技术创新体系，强化产品全生命周期绿色管理，让绿色成为产业转型升级、经济高质量发展的基本底色。三是大力发展节能环保产业、清洁生产产业、清洁能源产业。加强科技创新引领，着力引导绿色消费，建立节能环保重点推广目录，大力提高节能、环保、资源循环利用等绿色产业技术装备水平，培育发展一批本省骨干企业。大力发展节能和环境服务业，推行合同能源管理、合同节水管理，积极探索区域环境托管服务等新模式。加快发展生态环境修复、环境风险与损害评价、排污权交易、绿色认证、环境污染责任保险等新兴环保服务业。在能源、冶金、建材、有色、化工、电镀、造纸、印染、农副食品加工等行业，全面推进清洁生产改造或清洁化改造。

（二）推进能源资源全面节约

强化能源和水资源消耗、建设用地等总量和强度双控行动，实行最严格的耕地保护、节约用地和水资源管理制度。实施工业节能增效，深化重点用能单位节能管理，逐步提高终端用能产品能效标准和重点行业单位产品能耗限额标准。大力发展绿色建筑，到 2020 年，全省建筑业低能耗建筑、绿色建筑占新建建筑的比重分别提高到 80% 和 50% 以上。大力推广

清洁能源及新能源车使用，推动交通运输节能。加快制定主要江河流域水量分配方案，完善水价形成机制，深入推进节水型社会和节水型城市建设。到2020年，全省用水总量控制在215亿立方米以内，万元工业增加值用水量降低到65立方米以下。坚持最严格的耕地保护制度，强化土地用途管制，实行城乡建设用地增减挂钩，严格落实耕地占补平衡。到2020年年末，单位地区生产总值建设用地使用面积较2015年年末下降20%。严格控制矿产资源开发范围和强度，集约、高效、绿色开发矿产资源。提高大宗、短缺、稀贵金属等重要矿产资源综合开发利用水平，建设一批绿色矿业发展示范区。

（三）引导公众绿色生活

加强生态文明宣传教育，倡导简约适度、绿色低碳的生活方式，反对奢侈浪费和不合理消费。开展创建绿色家庭、绿色学校、绿色医院、绿色社区、绿色餐馆、绿色商场等行动。强化绿色消费意识，在衣、食、游、住、行等各个领域加快绿色转变。推广绿色居住，鼓励居民使用节能、环保、高效的节能产品。营造良好的绿色出行环境，鼓励步行、自行车和公共交通等低碳出行。

六、改革完善生态环境治理体系

（一）完善生态环境监管体系

整合分散的生态环境保护职责，强化生态保护修复和污染防治统一监管，建立健全生态环境保护领导和管理体制、激励约束并举的制度体系、政府企业公众共治体系。全面完成省以下生态环境机构监测监察执法垂直管理制度改革，加强标准化建设和综合执法队伍特别是基层队伍能力建设，实现综合管理、统一监管和行政执法。健全区域流域生态环境管理体制，推进跨行政区域环保机构试点。建立健全乡镇（街道）、开发区、工业园区生态环境保护机构和农村环境治理体制。建立独立权威高效的生态环境监测体系，建成各环境要素统筹、布局合理、功能完善、信息共享、统一发布、上下协同的生态环境监测网络，实现生态环境质量预报预警和质控。推动建立健全网格化监管机制，切实落实地方生态环境监管责任。加快推进跨行政区域的流域水质自动监测站点建设，将跨州（市）流域水质自动监测站作为省控站点管理。积极推进大气自动监测站建设，落实土壤监测点位建设任务。发挥好“12369”平台作用，健全全天候、无缝隙的群众环境投诉受理工作机制，完善公众监督、举报反馈机制，保护举报人的合法权益。在地方立法、政策制定、规划编制、执法监管中不得变通突破、降低标准，不符合不衔接不适应的于2020年年底前完成调整。

严格生态环境质量管理。生态环境质量达标地区要保持稳定并持续改善；生态环境质量不达标的州（市）、县（市、区）政府，要于2018年年底前制订实施限期达标规划，向上级政府备案并向社会公开。加快推行排污许可制度，对固定污染源实施全过程管理和多污染物协同控制，按行业、地区、时限核发排污许可证，全面落实企业治污责任，强化证后监管和处罚，实现“一证式”管理。健全环保信用评价、信息强制性披露、严惩重罚等制度。将企业环境信用信息纳入全省、全国信用信息共享平台和国家企业信用信息公示系统，依法向社会公示。监督上市公司、发债企业等市场主体全面、及时、准确地披露环境信息。

（二）健全生态环境保护经济政策体系

一是建立常态化、稳定的省级财政资金投入机制，逐步加大投入力度，资金投入向污染防治攻坚战倾斜，坚持投入同攻坚任务相匹配。积极争取中央财政对云南生态功能重要地区的支持。二是建立公平合理、权责对等的生态补偿机制，进一步扩大补偿范围，确定补偿标准，并逐步提高补偿水平，加大对深度贫困地区的补偿力度。建立生态环境损害赔偿制度，制定鉴定、评估、赔偿资金管理等配套办法。三是制定支持绿色产业发展的价格、投资等政策，落实有利于资源节约和生态环境保护的价格政策、对从事污染防治的第三方企业比照高新技术企业实行所得税优惠政策、“散乱污”企业综合治理激励政策。四是大力发展绿色信贷、绿色债券等金融产品，推动环保资产证券化，建设环境权益交易市场。根据国家设立绿色发展基金的有关要求，推动设立云南绿色发展基金。推动环境污染责任保险发展，在环境高风险领域建立环境污染强制责任保险制度。五是采用直接投资、投资补助、运营补贴等方式，规范支持政府和社会资本合作（PPP）项目。对政府实施的环境绩效合同服务项目，公共财政支付水平同治理绩效挂钩。鼓励通过政府购买服务方式实施生态环境治理和保护。

（三）健全生态环境保护法治体系

依靠法治保护生态环境，增强全社会生态环境保护法治意识，引导绿色生产消费。一是加快《云南省环境保护条例》修订工作，制定和修改土壤污染防治、固体废物污染治理、九大高原湖泊和六大水系流域生态环境保护、国家公园、湿地、生态环境监测、排污许可、资源综合利用、空间规划、碳排放权交易管理等方面的规定制度。二是加强环境行政执法与刑事司法衔接，建立生态环境保护综合执法机关、公安机关、检察机关、审判机关信息共享、案情通报、案件移送制度，建立联动执法联席会议、常设联络员和重大案件会商督办等制度，落实生态环境保护领域民事、行政公益诉讼制度，加大生态环境违法犯罪行为的制裁和惩处力度。三是整合组建生态环境保护综合执法队伍，统一实行生态环境保护执法。将生态环境保护综合执法机构列入政府行政执法部门序列，推进执法规范化建设，统一着装、统一标识、统一证件、统一保障执法用车和装备。

（四）强化生态环境保护能力保障体系

一是开展大气污染成因与治理、水环境质量改善、土壤及重金属污染防治、农业废弃物综合利用、脆弱生态系统保护与修复等重点领域科技攻关，推进区域性、流域性生态环境问题研究，加快成果转化与应用，推广适用技术，发挥科技对生态环境保护和污染防治的支撑作用。二是完成云南第二次全国污染源普查，加快推进生态环境大数据建设和应用，建立统一的环境监测、污染源监控、环境执法、环评管理和信息公开平台。建设环境应急物资储备库，将企业环境应急装备和储备物资纳入储备体系。三是落实全面从严治党要求，制订并落实生态环境保护人才发展中长期规划，建设规范化、标准化、专业化的生态环境保护人才队伍，打造政治强、本领高、作风硬、敢担当，特别能吃苦、特别能战斗、特别能奉献的生态环境保护铁军。按照省级和省级以下不同层级的工作职责配备相应工作力量，保障履职需要，确保与生态环境保护任务相匹配。四是主动服务和融入“一带一路”建设，深化跨境、跨界生态环境保护交流合作。

（五）构建生态环境保护社会行动体系

把生态环境保护纳入国民教育体系和党政领导干部培训体系，推进全省各地生态环境教育设施和场所建设，培育普及生态文化。公共机构尤其是党政机关带头使用节能环保产品，推行绿色办公，创建节约型机关。健全生态环境新闻发布机制，充分发挥各类媒体作用。依托党报、电视台、政府网站等主要媒体，曝光突出环境问题，报道整改进展情况。建立政府、企业环境社会风险预防与化解机制。完善环境信息公开制度，加强重特大突发环境事件信息公开，对涉及群众切身利益的重大项目及时主动公开。到2020年年底前，地级城市符合条件的环保设施和城市污水垃圾处理设施向社会开放，接受公众参观。强化排污者主体责任，督促企业严格守法，规范自身环境行为，落实资金投入、物资保障、生态环境保护措施和应急处置主体责任。到2018年年底前，重点排污单位全部安装自动在线监控设备并同生态环境主管部门联网，依法公开排污信息。到2020年，实现长江经济带入河排污口监测全覆盖，并将监测数据纳入长江经济带综合信息平台。推动环保社会组织和志愿者队伍规范健康发展，引导环保社会组织依法开展生态环境保护公益诉讼等活动。按照国家有关规定表彰对保护和改善生态环境有显著成绩的单位和个人。

七、全面加强党对生态环境保护的领导

（一）落实党政主体责任

落实领导干部生态文明建设责任制和“管发展、管生产、管行业必须管环保”的工作要求，严格实行党政同责、一岗双责。各级党委和政府必须坚决扛起生态文明建设和生态环境保护的政治责任，对本行政区域的生态环境保护工作及生态环境质量负总责，主要负责人是本行政区域生态环境保护第一责任人，每季度研究生态环境保护工作不得少于一次，其他有关领导成员在职责范围内承担相应责任。各地区要制定责任清单，把任务分解落实到有关部门。各有关部门要履行好生态环境保护职责，制订生态环境保护年度工作计划和措施。各地区各部门落实情况每年向省委、省政府报告。

加强环境保护督察。全面抓好中央环境保护督察反馈问题整改落实。完善省级环境保护督察制度，制定环境保护督察工作规定，以解决突出生态环境问题、改善生态环境质量、推动高质量跨越式发展为重点，深入开展重点区域、重点领域、重点行业专项督察，建立健全同步交办查办、同步调查处置、同步督导检查、同步信息公开“四个同步”的工作机制，增

大对问题的整改力度、增大对已查实违纪违规案件的曝光力度、增大对违法违规企业的查处力度、增大对负有监管责任部门和人员的问责力度，夯实生态文明建设和生态环境保护政治责任，推动环境保护督察向纵深发展。

（二）健全污染防治工作机制

调整充实省环境污染防治工作领导小组，由省政府主要领导任组长，有关副省长任副组长，省直相关部门主要负责人为成员。领导小组按8个标志性战役设立8个专项小组和领导小组办公室，有关副省长分别兼任各专项小组组长，领导小组下设办公室在省环境保护厅。加强工作调度，省政府每季度、省环境污染防治工作领导小组每2个月、各专项小组和领导小组办公室每个月研究调度一次工作。抓紧制定保障污染防治攻坚战各项任务落实的执行机制，出台省直有关部门责任清单。各级党委和政府要健全环境污染防治工作领导机构，切实发挥组织领导和统筹协调作用，把任务和责任分解落实到有关部门。

（三）强化考核问责

制定对州（市）党委、人大、政府以及省直有关部门污染防治攻坚战成效考核具体办法，对生态环境保护立法执法情况、年度工作目标任务完成情况、生态环境质量状况、资金投入使用情况、公众满意程度等相关方面开展考核。各地区参照制定考核实施细则。考核结果作为领导班子和领导干部综合考核评价、奖惩任免的重要依据。对生态特别敏感脆弱，生态环境保护压力特别大、责任特别重的怒江州、迪庆州不再考核地区生产总值、工业增加值，对西双版纳州不再考核工业增加值。

严格责任追究。落实党政领导干部生态环境损害责任追究、领导干部自然资源资产离任审计、县域生态环境质量监测评价等制度。建立健全领导干部违法违规干预环境监测执法活动、插手具体环境保护案件查处的责任追究制度。对各州（市）党委和政府以及负有生态环境保护责任的省直有关部门贯彻落实党中央、国务院和省委、省政府决策部署不坚决不彻底、生态文明建设和生态环境保护责任制执行不到位、污染防治攻坚任务完成严重滞后、区域生态环境问题突出的，约谈主要负责人，同时责成其向省委、省政府作出深刻检查。对年度目标任务未完成，考核不合格的州（市）、县（市、区），党政主要负责人和相关领导班子成员不得评优评先。对在生态环境方面造成严重破坏负有责任的干部，不得提拔使用或转任重要职务。对不顾生态环境，盲目决策、违法违规审批开发利用规划和建设项目的，对造成生态环境质量恶化、生态严重破坏的，对生态环境事件多发高发、应对不力、群众反映强烈的，对生态环境保护责任没有落实、推诿扯皮、没有完成工作任务的，依纪依法严格问责、终身追责。

让我们更加紧密地团结在以习近平同志为核心的党中央周围，以习近平新时代中国特色社会主义思想为指导，不忘初心、牢记使命，大力弘扬“跨越发展、争创一流，比学赶超、奋勇争先”精神，团结动员全社会力量，撸起袖子加油干，全面加强生态环境保护，坚决打好污染防治攻坚战，把云南建设成为中国最美丽省份，为建设美丽中国作出新的更大贡献。

中共云南省委办公厅　云南省人民政府办公厅《关于努力将云南建设成为中国最美丽省份的指导意见》

为全面贯彻党的十九大精神，深入贯彻落实习近平生态文明思想和习近平总书记对云南工作的重要指示精神，努力将云南建设成为中国最美丽省份，现提出如下指导意见。

一、总体要求

（一）指导思想

坚持以习近平新时代中国特色社会主义思想为指导，全面深入贯彻习近平生态文明思想，立足于努力成为全国生态文明建设排头兵的战略定位，围绕生态美、环境美、城市美、乡村美、山水美的目标，落实最高标准、最严制度、最硬执法、最实举措、最佳环境的要求，着力实施空间规划大管控、城乡环境大提升、国土山川大绿化、污染防治大攻坚、生产生活方式大转变等五大行动，谱写好美丽中国建设云南篇章。

（二）总体目标

到 2020 年，空间治理体系初步形成，城乡人居环境明显提升，生态保护修复工程全面实施，污染防治攻坚战取得重大进展，绿色生产生活方式加快形成，建设中国最美丽省份取得实质性进展。到 2025 年，生态美、环境美、城市美、乡村美、山水美成为普遍形态，总体建成中国最美丽省份。到 2035 年，生态保护、环境质量、资源利用等走在全国前列，全面建成中国最美丽省份。

二、主要任务指标

（一）涵养生态美

坚持人与自然和谐共生，加强重要生态系统以及生物多样性保护优先区域、重点领域的保护，涵养云南生态本真自然之美、生物多样多彩之美、文化包容厚重之美。到 2020 年，全省生态保护红线面积占比不低于 30.9%，森林覆盖率达到 61% 以上，森林蓄积量达到 20.4 亿立方米以上，湿地保护率提高到 52% 以上，90% 以上的重要生态系统得到有效保护，国家重点保护野生动植物受保护率达到 90% 以上。到 2025 年，全省生态保护红线面积占比、森林覆盖率、森林蓄积量等指标居全国前列，湿地保护率达到全国中上水平，滇池流域、抚仙湖流域、洱海流域全面完成“五采区”生态修复。

（二）创建环境美

坚持绿水青山就是金山银山，坚定不移走生产发展、生活富裕、生态良好的文明发展道路。到 2020 年，地级城市空气质量优良天数比率保持在 98.9% 以上，九大高原湖泊和六大水系水质稳定提升，纳入国家考核的地表水优良水体（达到或优于Ⅲ类）比例达到 80% 以上，绿色清洁能源开发利用走在全国前列，非化石能源占能源消费总量比重不低于 42%，城乡“两违”建筑治理率达到 100%。到 2025 年，地级城市空气质量优良天数比率、非化石能源占能源消费总量比重居全国第 1 位，纳入国家考核的地表水优良水体（达到或优于Ⅲ类）比例居全国前列。

（三）提升城市美

更加注重城市宜居和历史文脉传承，改善城镇生态，塑造城镇形态，优化城镇品质，创建文明城市，着力提升具有时代特征、民族特色、云南特点的绿色城镇之美。切实加强昆明市城市改造和管理，大力提升城市形象，为联合国生物多样性公约第十五次缔约方大会在昆明举办提供优质服务。2019 年，全面消除所有城镇建成区和 A 级以上景区旱厕，实现重点旅游城市 A 级厕所全覆盖，全面完成全省学校厕所标准化建设工作。到 2020 年，城镇建成区绿化覆盖率不低于 38%，城镇人均公园绿地面积不低于 11 平方米，国家园林城市达到 13 个，国家卫生城市达到 14 个；城镇新建小区车位达到 2 个 /100 平方米；城镇生活污水集中处理率达到 95% 以上、城镇生活垃圾无害化处理率达到 90% 以上；地级城市建成区黑臭水体消除比例达到 95% 以上，昆明市全面消除黑臭水体。到 2025 年，城镇建成区绿化覆盖率、城镇人均公园绿地面积达到全国中上水平，国家园林城市达到 20 个，国家卫生城市达到 20 个；城镇生活污水集中处理率、城镇生活垃圾无害化处理率居全国前列。

（四）塑造乡村美

以村庄规划管理、农村垃圾污水治理、厕所革命、村容村貌提升为主攻方向，做优集镇、做美村庄、做特民居，着力塑造规划布局美、环境整洁美、乡风文明美的美丽乡村。到 2020 年，实现村庄规划全覆盖，国家卫生县城（乡镇）达到 39 个，村庄生活垃圾收集处理率达到 100%、村庄生活污水收集处理率达到 30%，集镇区、九大高原湖泊、饮用水水源地等周边村庄生活污水处理设施实现全覆盖，集镇区绿化覆盖率不低于 31%，建成集镇区 2 座以上、建制村村委会所在地 1 座以上水冲式公厕，农村户用卫生厕所普及率达到 85%，环境脏乱差问题普遍解决，村容村貌明显改善。到 2022 年，建成 1 万个美丽乡村。到 2025 年，农村人居环境大幅提升，美丽乡村基本建成。

（五）展现山水美

坚持山水林田湖草是生命共同体，精心装扮山坝河湖路田，做美每一条道路、每一条河流、每一个湖泊，大力推进全域旅游，着力展现云南群山叠翠、四季飞花、清水绿岸的秀美山水。到2020年，以滇池、抚仙湖、洱海、泸沽湖为重点建设一批最美湖泊，以独龙江、瑞丽江、盘龙江、思茅大河为重点建设一批最美河流，以怒江美丽公路，昆明—丽江、昆明—西双版纳高速公路，昆明主城区—昆明长水国际机场道路等为重点建设一批最美公路，建设大滇西旅游环线，打造公路服务区升级版，以沪昆客专、南昆客专、昆楚大铁路为重点建设一批最美铁路。到2025年，山水美的格局基本形成。

三、重点工作

（一）空间规划大管控

1. 高水平编制国土空间规划。创新规划理念，把以人为本、尊重自然、山坝统筹、规划留白、产城融合等理念融入国土空间规划全过程。按照开发建设不破坏山体、不占坝区良田好地、不临河湖、不沿道路线状分布、不分散的原则，制定重点生态功能区、农产品主产区产业准入负面清单，科学划定并严守生态空间、农业空间、城镇空间和生态保护红线、永久基本农田、城镇开发边界，开展资源环境承载能力和国土空间开发适宜性评价，建立监测预警长效机制，规范开发秩序，控制开发强度。

2. 全面推进“多规合一”。将主体功能区规划、土地利用规划、城乡规划等融合为统一的国土空间规划，强化国土空间规划对各专项规划的指导约束作用，按照建设资源节约型、环境友好型社会的要求，推进“多规合一”，整体谋划新时代国土空间开发保护格局，统筹人口分布、经济发展、国土利用、生态环境保护，统筹预期性和约束性指标，高起点编制区域规划、专项规划、控制性详细规划等各类规划，形成层级清晰、功能互补、相互协调的规划体系。

3. 严格实施规划。突出规划实施的强制性和权威性，城乡建设必须严格按照规划实施，新增建设项目必须纳入规划进行管控，不符合规划的不得进行建设，绝不让任何一个新增建设项目脱离规划管控，绝不让任何一间新建民房散落在规划以外。实行规划实施动态评估，建立健全违反规划行为追究机制，严肃追究责任。

（二）城乡环境大提升

4. 塑造城市特色风貌。注重城市设计的空间立体性、平面协调性、风貌整体性，体现地域特征、民族特点、风貌特色，合理确定城市功能布局、空间形态、交通组织、景观视廊，促进建筑物、街道立面、天际线、色彩与环境协调。深入挖掘云南特色地域性、历史性、民族性建筑特质，延续城市历史文脉。积极推进城市修补和老旧城区有机更新，加强城乡接合部散乱污集中整治。

5. 提升城镇人居环境。启动新一轮城镇人居环境提升行动，坚决把“四治三改一拆一增”引向深入。立足当地发展水平和城市功能定位，科学实施城市亮化工程。推动园林城市建设，建成一批高品质城市公园。加强自然山水、风景名胜与城市形态布局有机融合，塑造特色滨水空间、特色环山空间。围绕“干净、宜居、特色”三大要素，用 3 年时间对全省县城进行全面改造提升，建设一批具有云南特点的现代化“美丽县城”。持续大力抓好特色小镇和康养小镇建设，每年评选 15 个高质量示范特色小镇。开展城镇生活垃圾分类。下大力气解决城镇停车难问题，有序推进停车产业化，鼓励社会资本投资建设以立体停车、智慧停车为代表的公共停车场。

6. 坚决整治“两违”建筑。以坝区、交通干线沿线、风景名胜区、历史文化名城（镇、村、街）、全国重点镇、传统村落，以及旧住宅区、旧厂房和城中村为重点，深入开展城乡违法违规建筑集中治理行动，彻底整治未批先建、批后加建、私搭乱建以及侵占道路、河道、绿地、广场等违法违规建筑，彻底消除建筑乱象。进一步完善防控制度体系，做到城乡违法违规建筑增量得到坚决遏制、存量得到全面整治、长效机制稳固建立。

7. 开展村容村貌整治。深入开展农村人居环境整治三年行动和村庄“七改三清”，尽快解决村庄垃圾乱扔、杂物乱堆乱放、粪污乱排、污水横流等脏乱差突出问题。全面推进农村生活垃圾治理，原则上户有垃圾桶、村（组）有垃圾收储设施、乡（镇）有垃圾收运车辆和转运站。推进农村生活污水治理，因地制宜推动城镇污水管网向周边村庄延伸。加强村庄公共空间、庭院环境和风貌整治，切实改变“有新房无新村，有新村无新貌”的现状。

8. 建设宜居宜业村庄。开展“城乡环境提升年”活动，推动农村住房建设从分散向集中转变，完善公共服务设施布局，大幅提升群众生活品质。实施“美丽乡村建设万村示范行动”，每年组织评选 3000 个美丽乡村。实施乡村绿化美化行动，启动建设一批“森林乡村”。丰富美丽乡村内涵，大力推进智慧旅游、数字农业、生态农业发展，鼓励将农村人居环境整治与农村一二三产业融合发展、全域旅游发展等有机结合，塑造一批集田园观光、科技展示、农耕体验、民族风情为一体的田园综合体。2020 年年底前，乡（镇）政府所在地要全部规划建设公共停车场，充分利用村内闲置地块和小广场配套建设村庄停车场地。

9. 狠抓“厕所革命”。掀起一场消灭旱厕的专项行动，新建、改建和提升一批城乡公厕、旅游厕所、卫生户厕，城市内行人步行 3 ~ 5 分钟即可进入厕所。在全省主要旅游城镇、游客聚集公共区域等新建、改建一批 A 级以上旅游厕所。全面提高农村无害化卫生户厕普及率。探索建立市场化、多元化建设运营模式，提高公厕精细化管理水平。结合“一部手机游云南”建设，完善城乡公厕和旅游厕所定位等信息内容，实现公厕位置便捷查询。

（三）国土山川大绿化

加强苗圃基地建设，大力培育乡土苗木、花卉，优先选配适应当地生长条件的乡土植物品种，适地、适树、适花、适草，大规模开展沿路、沿河湖、沿集镇绿化。

10. 大规模开展沿路绿化。挖掘公路铁路沿线自然景观，创新“路景融合”建设模式，建设一批各具特色的林荫大道、鲜花大道、生态景观大道、绿色骑行环道等绿色生态大道，做美每一条城市道路、乡村道路、公路、铁路。持续开展城镇面山、裸露山体造林绿化，实现可视范围内无明显宜林荒山、荒坡。严格落实新建和改扩建公路铁路绿化工程与主体工程同步设计、同步施工、同步验收的要求，构建生态廊道。

11. 大规模开展沿河湖绿化。聚焦水清、岸绿、景美，以流域上游到下游狭长带状为轴线，统筹水域、边坡、陆域，对河流沿岸进行披绿改造。在环湖及周边区域大力推进植树造绿，加快环湖植被恢复，促进湖岸景观美化、协调。以水生植物群落恢复和重建为重点，选择土著优势水生植物物种进行大面积推广种植，建设“水下草场”。实施湖滨带湿地连片建设工程，实现湿地与入湖河道、湿地与湖体连通，提升湿地环境效能。

12. 大规模开展沿集镇绿化。千方百计增加集镇区绿化，在集镇主次干道、重要节点、空置土地统筹开展规划建绿、拆违增绿、破硬增绿、见缝插绿、留白增绿，对现有绿化进行加高、加密、加彩、加花。全力打造街旁绿地、防护绿地、道路绿地、居住绿地、公共建筑绿地、小游园等，不断提高绿地覆盖率。加强集镇区原生植被、自然景观、古树名木、小微湿地保护，积极推进荒山荒坡造林和露天矿山植被恢复。

（四）污染防治大攻坚

13. 打好污染防治攻坚战。打赢蓝天保卫战，打好九大高原湖泊保护治理攻坚战、以长江为重点的六大水系保护修复攻坚战、水源地保护攻坚战、城市黑臭水体治理攻坚战、农业农村污染治理攻坚战、生态保护修复攻坚战、固体废物污染治理攻坚战、柴油货车污染治理攻坚战。强化土壤污染管控和修复，加快重点行业企业用地土壤污染状况调查，加强受污染农用地、建设用地分类管理和准入管理，有序开展土壤污染治理与修复。

14. 打好监管执法“组合拳”。强化源头防控，2019 年完成生态保护红线、环境质量底线、资源利用上线和环境准入负面清单编制工作，建立健全战略环评、规划环评和项目环评联动机制。强化过程严管，建立省、州（市）、县（市、区）、乡镇（街道）、村（社区）五级网格化环境监管体系。强化后果严惩，推进联合执法、区域执法、交叉执法，严惩重罚生态环境违法犯罪行为。

（五）生产生活方式大转变

15. 加快产业绿色转型升级。贯彻高质量跨越式发展要求，持续推动产业结构向“两型三化”转型发展，突出抓好八大重点产业，全力打造世界一流的绿色能源、绿色食品、健康生活目的地“三张牌”。全面推进“旅游革命”，加快全域旅游发展，全面提升“吃、住、行、游、购、娱”品质，打造世界独一无二的旅游胜地。加大产业结构调整力度，继续化解过剩产能，依法淘汰落后产能。培育节能环保产业、清洁生产产业，在重点行业全面推进清洁生产或清洁化改造。加快构建绿色信贷、绿色金融政策体系。

16. 引导公众绿色生活。倡导简约适度、绿色低碳、生态环保的生活方式，促进绿色消费，反对奢侈浪费和不合理消费。推广绿色居住，营造良好的绿色出行环境，鼓励低碳出行。开展创建美丽城市、美丽县城、美丽小镇、美丽乡村、美丽社区、美丽景区和美丽道路等活动，使广袤城乡成为生态宜居的美丽家园。培育乡风文明，全面提升文明素质。

四、保障措施

（一）坚决落实责任

各地区各部门务必确立更高目标、树立“最美”情怀，建立不留死角、不留盲点的责任体系。各地区要结合实际，制定务实管用的落实举措，明确时间表、路线图，确保任务落实。省级有关部门要按照职责分工，分解细化主要任务指标，采取行之有效的措施推动工作开展。

（二）加强工作衔接

各地区各部门要将建设中国最美丽省份与贯彻落实省委、省政府各项决策部署相结合，与国土空间规划管理、脱贫攻坚、污染防治、乡村振兴等工作相衔接，把“最美丽”理念和要求融入日常工作，不断拓展“最美丽”的外延和内涵，做到美于外、秀于内，让生态优先、绿色发展成为习惯和自觉。

（三）强化宣传引导

充分利用互联网、报刊、电视、广播等多种媒体，采取群众喜闻乐见的宣传方式，广泛动员全社会力量积极参与，以共识凝神，以共建聚力，让建设中国最美丽省份成为全省各族干部群众的共同追求。积极发挥工会、共青团、妇联等人民团体的作用，举办形式多样的交流活动，增强建设中国最美丽省份的影响力。

云南省创建生态文明建设排头兵促进条例实施细则

第一条 为贯彻落实《云南省创建生态文明建设排头兵促进条例》（以下简称《条例》），制定本细则。

第二条 本细则坚持以习近平生态文明思想为指导，围绕努力成为生态文明建设排头兵的目标，以筑牢西南生态安全屏障、全面改善环境质量、推动绿色低碳发展、全面提高资源利用效率为重点，推动碳达峰、碳中和目标实现，努力把云南建设成为中国最美丽省份。

第三条 建立生态文明建设联席会议制度，由省发展改革委负责联席会议具体工作。

第四条 建立健全国土空间规划体系和用途统筹协调管控制度，提高国土空间资源利用效率和综合承载能力。

加快健全国土空间规划政策和技术标准体系，依托国土空间基础信息平台，全面建立全省国土空间规划动态监测和定期评估预警机制。统筹生产、生活、生态空间，划定生态保护红线、永久基本农田、城镇开发边界等控制线，严格规划管控，形成以国土空间规划为基础、以统一用途管制为手段的国土空间开发保护制度。

加强生态环境空间管控，建立“生态保护红线、环境质量底线、资源利用上线和生态环境准入清单”生态环境分区管控体系，采取分类保护、分区管控的措施，加快形成节约资源和保护环境的空间格局。

第五条 统筹山水林田湖草沙冰一体化保护和系统治理，切实提升生态系统的质量和稳定性。

建立森林督查、森林资源年度监测、森林资源管理“一张图”年度更新3项长效机制，全面推行林长制，建立覆盖全省、分级负责、上下联动、齐抓共管的常态化森林资源管理机制。

建立健全流域生态环境信息发布机制，定期公开重要水功能区达标状况、跨界断面水质状况、重要饮用水水源水质、重要湖库营养状况与水质等信息。强化河湖长制，加强环境联合监测和区域环境风险防控，完善区域突发环境事件应急预案。严格实行建设项目水资源论证制度。

加强湿地保护，提高湿地保护率。开展退化湿地修复，提升湿地生态功能。加强湿地资源监测、监管和考核评估。加强各级湿地保护管理机构能力建设，提升湿地保护管理水平。

加强草原禁牧休牧、草畜平衡监管，严厉打击破坏草原行为。加大退化草原生态修复和治理力度，努力改善草原生态结构。

构建自然资源调查监测体系，完善自然资源分类标准和调查监测规范，加强各类遥感数据获取与应用，开展自然资源现状、开发利用程度及潜力分析，为国土空间生态保护修复和合理开发利用提供支撑。

第六条 加强生物多样性保护，防治外来物种入侵，形成生物多样性保护合力。

科学建立以国家公园为主体、自然保护区为基础、自然公园为补充的自然保护地体系，充分发挥自然保护地在保护生物多样性、保存自然遗产、改善生态环境质量、提供优良生态产品和维护生态安全等方面的重要作用。

加强森林、草原和农业有害生物检疫管理，摸清野生动植物资源底数，开展珍稀濒危野生动植物及栖息地状况调查、监测和评估，加强极小种群物种拯救保护。建立健全外来入侵物种、重要有害物种调查监测预警响应机制，开展有害生物防治，加强转基因生物安全管理，强化野生动植物疫源疫情监控。开展重大工程对生物多样性影响评估监测。

实行重点保护野生动植物猎捕（采集）、出售、购买、运输和人工繁育等环节全过程监管。依法查处非法交易、走私、利用野生动植物及其制品等行为。

第七条 加强水环境、水生态、水资源系统保护修复，全面提升水生态环境质量。

以六大水系和九大高原湖泊保护修复为重点，坚持“退、减、调、治、管”综合治理，科学划定保护边界，严格约束开发建设活动，切实减少生产生活对江河湖泊生态环境的干扰破坏。

推进城镇污水管网全覆盖，加强农村地区生活污水和生活垃圾处理设施建设。加强入河排污口整治，基本消除黑臭水体。持续提升饮用水安全保障水平。

第八条 加强对工业、燃煤、机动车、扬尘等污染源的综合防治，紧扣碳达峰、碳中和目标任务，强化工业企业排放管控，推进钢铁、化工、焦化、有色金属、水泥、玻璃等重点行业节能改造升级和污染治理，持续推进燃煤锅炉超低排放改造和清洁能源替代。

第九条 深入推进涉镉等重金属重点行业企业排查整治，强化重点单位监管，督导土壤污染重点监管单位依法履行土壤污染防治义务。全面实施农用地分类管理，动态调整耕地土壤环境质量类别，强化受污染耕地安全利用和管控工作。严格污染地块再开发利用准入管理，依法动态更新建设用地土壤污染风险管控和修复名录。有序开展土壤污染治理与修复。

第十条 依托云南省丰富的水能、太阳能、风能资源，大力发展清洁能源，加快天然气推广使用。推进大江干流水电项目前期研究与开发建设工作。开工建设一批风力发电、光伏发电项目，抓紧推动“风光水储一体化”基地建设。

第十一条 加强节能、节水管理，鼓励开展节能节水技术研发与应用推广，提高资源利用效率。

加强重点用能单位节能管理，推进重点用能单位能耗在线监测系统建设。鼓励企业开展节能改造和技术研发，推广合同能源管理。加强节能环保新技术应用推广，征集发布应用案例、推广目录。

加强节水型企业标准、取水定额标准的实施，鼓励企业、单位、小区开展节水对标、水效领跑活动，实施节水技术改造，增强企业、单位、小区节水能力。推进节水服务企业提供用水审计、节水改造等技术服务。推广节水先进经验，带动用水效率整体提升。

开展灌溉试验研究，定期修订主要作物节水灌溉定额标准，实行农业用水定额管理。加强农业用水效率监管，建设高效节水科技服务体系。加强农业实用节水技术的研发与推广。

第十二条 建立共同监管责任机制，严格落实矿业权联勘联审和矿山生态环境综合评估制度，加强矿业权审批事前规划控制、事中联合审查、事后有效监管。建立健全矿业权退出补偿机制，依法有序做好自然保护地矿业权退出工作。监督矿业权人依法履行矿山地质环境保护和土地复垦义务，推进历史遗留矿山生态修复。推进全省矿产资源规划编制。加强矿产资源先进适用技术推广应用工作，实施绿色勘查，加快推进绿色矿山建设。

第十三条 遵循减量化、资源化、无害化原则，深入推进地级市及州府所在地城市生活垃圾分类工作，开展重点区域生活垃圾强制分类，夯实学校生活垃圾分类教育基础，建立简便易行的垃圾分类投放站（点）和与前端分类相衔接的终端处理设施。

第十四条 完善再生资源回收利用体系，推进再生资源回收利用行业规范发展。

推进园区循环化改造、企业循环式生产，在冶金、化工、石化、建材等行业间实现原料互供、资源共享，建立跨行业的循环经济产业链，推动产业废弃物循环利用。

完善固体废物管理制度，贯彻落实再生资源综合利用行业规范条件，推进全省废钢铁加工、废矿物油综合利用、废旧轮胎综合利用等行业规范发展，推动新能源汽车动力蓄电池回收利用体系建设。

推广清洁养殖工艺和实用技术，推进畜禽粪污、秸秆资源化利用。推广地膜减量增效技术，开展废旧地膜回收。发展大水面生态增养殖、工厂化循环水养殖，推进水产标准化生态健康养殖。

第十五条 建立和完善生态保护补偿机制，科学制定补偿标准，逐步实行多元化生态保护补偿。

优化生态系统服务功能价值测算体系，健全生态环境质量监测评价和考核奖惩机制，完善重点生态功能区转移支付制度，提高重点生态功能区所在地政府基本公共服务保障能力。

实施森林生态效益补偿，推进草原生态补偿，探索建立湿地生态效益补偿制度，建立健全重点流域横向生态补偿机制，加强耕地保护补偿，推动重点流域和禁止开发区域、重点生态功能区、生态环境敏感区（脆弱区）及其他重要区域生态保护补偿全覆盖。

第十六条 贯彻落实国家绿色产品认证制度，加强绿色产品认证监督管理。加强塑料污染治理，有序禁止、限制部分塑料制品的生产、销售和使用，推广应用替代产品。贯彻落实饮料纸基复合包装生产者责任延伸制度。加强市场监管，开展过度包装商品监督检查工作。

第十七条 加强宣传教育和引导，普及生态文明知识，提高全民生态文明素质，营造全社会崇尚、践行绿色发展理念的良好氛围。

把生态文明教育纳入国民教育体系，将生态文明内容编入义务教育地方课程系列教材、融入日常教学。组织青少年学生开展环保科普教育实践学习活动，增强青少年学生生态文明意识。

加大生态文明知识宣传普及力度，在主流媒体重要版面、重要时段开设专题专栏，制作刊播生态文明建设公益广告。广泛开展世界环境日、国际生物多样性日、全国节能宣传周、全国低碳日等主题宣传活动，提高全民生态文明素质。

深入贯彻落实《绿色生活创建行动总体方案》，开展节约型机关、绿色家庭、绿色学校、绿色社区、绿色出行、绿色商场、绿色建筑等创建行动。大力宣传《公民生态环境行为规范（试行）》，持续推进爱国卫生“7 个专项行动”，引导公民自觉履行环境保护责任和改善环境卫生义务，形成绿色健康文明的生活方式。

第十八条 健全自然资源产权制度和资源有偿使用制度。

探索开展用能权、排污权交易，积极主动参与全国碳排放权交易市场建设与发展，鼓励开展水权交易，通过市场机制合理配置资源。

以环境公共服务、重点行业深度治理、工业园区集中治污、区域水环境综合整治、重金属污染综合治理和农村环境综合整治等领域为重点，以市场化、专业化、产业化为导向，吸引和扩大社会资本投入，健全统一规范、竞争有序、监管有力的环境污染第三方治理市场。

第十九条 建立健全生态文明建设资金保障机制，推动投资主体多元化、投资方式多样化，发展绿色金融业务。

按照中央与地方财力和事权相匹配的原则，合理划分生态环境和自然资源领域省以下财政事权和支出责任，明确省以下提供生态环境和自然资源领域公共服务的范围和方式，落实州、市、县、区生态环境和自然资源领域支出责任。

落实国家支持环境保护、节能节水、资源综合利用、污染防治等方面的税收优惠政策。鼓励金融机构建立生态文明建设金融扶持长效机制，推进金融产品创新，引导信贷资金流向生态文明建设重点项目。进一步理顺资金投入机制，规范推广运用 PPP 模式（政府与社会资本合作模式），创造有利条件吸引社会资本参与生态文明建设。

推广绿色信贷，鼓励金融机构加大绿色信贷发放力度。支持绿色环保企业上市融资，鼓励对绿色信贷资产实行证券化。支持设立绿色发展基金，实行市场化运作。完善对节能低碳、生态环保项目的担保机制，加大风险补偿力度。鼓励和支持保险机构开展环境污染强制责任保险试点。

第二十条 建立健全生态文明建设社会参与机制，加快生态文明建设领域人才队伍建设。

开展高等院校生态学等有关学科建设，提升人才培养质量，为全省生态文明建设提供人才保障。培养和引进生态领域高层次人才，在云南省“高层次人才引进计划”“高层次人才培养支持计划”等人才项目中予以重点支持，培养一批生态文明建设领军人才。在生态领域加强国内国际交流合作。

鼓励生态文明建设领域人才在水体污染控制与治理、大气污染成因与治理、土壤污染防治、固体废物污染防治、化学品环境与健康风险评估和防控、生态修复技术攻关，以及应对气候变化、生物安全与生物多样性保护、噪声污染防治、核辐射安全等方面开展科学技术研究、开发、推广和应用，参与生态文明建设示范区、“绿水青山就是金山银山”实践创新基地建设。

第二十一条 加强省级生态环境保护监督检查，落实生态环境保护责任。

积极开展生态环境保护督察，解决生态环境突出问题。开展领导干部自然资源资产离任

（任中）审计，压实各级领导干部自然资源资产管理和生态环境保护政治责任。加强能源节约和资源循环利用、生态环境保护和修复、环境污染防治、绿色发展等方面的审计监督。

推进生态环境保护综合行政执法改革，进一步完善生态环境综合行政执法管理体制，完善省级以下生态环境监测机构垂直管理改革，理顺各级生态环境监测组织架构，加强生态环境监测能力建设，提高执法效率。

强化生态环境公益诉讼和损害赔偿司法保障，加大破坏生态环境违法犯罪行为查处侦办力度。全面履行检察机关公益诉讼职责，做好公益诉讼与生态环境损害赔偿制度的配合衔接。

第二十二条 加强对生态文明建设工作集体和个人的关爱，激励全省上下投身生态文明建设工作,对保护和改善生态环境做出突出贡献的单位和个人,按照有关规定给予表彰和奖励。

第二十三条 省直有关部门按照本部门职责，结合生态文明建设排头兵专项规划实施，将《条例》和本细则确定的任务优先纳入年度工作计划、项目资金计划。各州、市人民政府应当结合实际抓好生态文明建设工作。

第二十四条 本实施细则自 2021 年 10 月 1 日起施行。

主要参考文献

[1] 习近平. 高举中国特色社会主义伟大旗帜 为全面建设社会主义现代化国家而团结奋斗——在中国共产党第二十次全国代表大会上的报告[EB/OL].

[2] 习近平在中共中央政治局第二十九次集体学习时强调保持生态文明建设战略定力 努力建设人与自然和谐共生的现代化[N]. 人民日报，2021-5-2.

[3] 汪信砚. 生态文明建设的价值论审思[J]. 武汉大学学报(哲学社会科学版)，2020:3.

[4] 习近平. 之江新语[M]. 杭州：浙江人民出版社，2007.

[5] 沈满洪. “两山”理念的科学内涵及重大意义[N]. 中国环境报，2020-7-31.

[6] 中共中央办公厅，国务院办公厅. 关于建立健全生态产品价值实现机制的意见[J]. 中华人民共和国国务院公报，2021(14).

[7] 中共中央办公厅，国务院办公厅. 生态文明建设目标评价考核办法[EB/OL]. http://www. gov. cn/xinwen/2016-12/22/content_5151555. htm.

[8] 国家发展改革委. 关于印发《美丽中国建设评估指标体系及实施方案》的通知[EB/OL]. http://www. gov. cn/zhengce/zhengceku/2020-03/07/content_5488275. htm.

[9] 国家统计局. 绿色GDP[EB/OL]. http://www. stats. gov. cn/tjzs/tjcd/200205/t20020523_25324. html.

[10] 王金南，於方，彭菲，等. 绿色GDP（GGDP/EDP）核算技术指南（试用）[R]. 北京：生态环境部环境规划院，2020.

[11] 国家统计局国民经济核算司，国家统计局国际合作司. 自然资本核算与生态系统服务估价（中国）项目结题报告[EB/OL]. http://www. stats. gov. cn/ztjc/tjzdgg/hsyjh1/kxyj2020/202108/P020210818605765850582. pdf（2021年7月）.

[12] 2020年云南省环境状况公报[EB/OL].（2021-06-03）http://sthjt. yn. gov. cn/hjzl/hjzkgb/202106/t20210603_225564. html.

[13] 青山常在绿水长流6组数据看云南“十三五”生态文明建设成就[EB/OL].（2020-12-05）[2021-03-12]. http://yn. yunnan. cn/system/2020/12/05/031161231. shtml.

[14] 习近平主持中央政治局第二十九次集体学习并讲话[EB/OL]. http://www. gov. cn/xinwen/2021-05/01/content_5604364. htm?tdsourcetag=s_pcqq_aiomsg.

[15] 云南省人民政府. 关于印发《云南省国民经济和社会发展第十四个五年规划和

二〇三五年远景目标纲要》的通知［EB/OL］．(2021-02-09)［2021-03-12］．http://www．yn．gov．cn/zwgk/zcwj/zxwj/202102/t20210209_217052．html．
［16］云南省生态文明建设排头兵工作领导小组办公室．关于印发《云南省努力成为生态文明建设排头兵16条重点措施》的通知［EB/OL］．http://yndrc．yn．gov．cn/zcwj/75130．
［17］马克思，恩格斯．马克思恩格斯全集(第1卷)［M］．北京：人民出版社，1956:142-143．
［18］马克思，恩格斯．马克思恩格斯选集(第1卷)［M］．北京：人民出版社，1995:774．
［19］马克思，恩格斯．马克思恩格斯选集(第4卷)［M］．北京：人民出版社，1995:383．
［20］马克思，恩格斯．马克思恩格斯全集(第19卷)［M］．北京：人民出版社，1963:443．
［21］中共中央宣传部习近平总书记系列重要讲话读本［M］．北京：学习出版社、人民出版社，2014:124．
［22］习近平．在十八届中央政治局第六次集体学习时的讲话（2013年5月24日）［J］．习近平关于社会主义生态文明建设论述摘编［M］．北京：中央文献出版社，2017．
［23］中共中央、国务院．关于完整准确全面贯彻新发展理念做好碳达峰碳中和工作的意见，2021．
［24］国务院．2030年前碳达峰行动方案，2021．
［25］云南省人民政府．云南省加快建立健全绿色低碳循环发展经济体系行动计划，2022．
［26］云南省人民政府．云南省“十三五”控制温室气体排放工作方案，2017．
［27］云南省人民政府．云南省低碳发展规划纲要（2011—2020），2011．
［28］潘家华，等．生态文明建设的理论构建与实践探索［M］．北京：中国社会科学出版社，2019．
［29］谭鑫．狠抓7个“加快”推进云南实现碳达峰和碳中和［J］．社会主义论坛，2021（6）．
［30］袁志刚．碳达峰碳中和：国家战略行动路线图［M］．北京：中国经济出版社，2021．
［31］张乾元，冯红伟．习近平生态文明思想对优秀传统生态文化的传承与发展［J］．西北民族大学学报（哲学社会科学版）CSSCI（扩展版），2020（6）．
［32］吴永晶．论新时代中华优秀传统生态文化的传承与践行［J］．社科学论，2018（33）．
［33］梁红军，张颖珂．中华优秀传统生态文化的当代转化与实践路径［J］．石河子大学学报(哲学社会科学版)，2019，33（5）．
［34］张昌山．弘扬优秀生态文化推进生态文明建设［J］．社会主义论坛，2017（5）．
［35］李学术．云南省少数民族生态文化的传承与创新［J］．经济问题探索，2007（8）．
［36］党的十八大以来我国生态文明建设成就综述［N］．新华社，2018-5-22．
［37］王力年，马佳．浅析公民生态文明意识．现代交际：学术版，2013（8）：16．
［38］钟金德．培育和提高公民生态文明意识［J］．佳木斯职业学院学报，2015（11）．
［39］王世奇．西方可持续发展理念的形成线索及轨迹研究［J］．可持续发展，2019，9（2）:103-110．
［40］中共中央关于全面推进依法治国若干重大问题的决定（2014年10月23日中国共产党

第十八届中央委员会第四次全体会议通过）[EB/OL]. http://www. npc. gov. cn/zgrdw/npc/zt/qt/sbjszqh/2014-10/29/content_1883449_3. htm.
[41] 中国共产党第十八届中央委员会第三次全体会议文件汇编[G]. 北京：人民出版社，2013.
[42] 王予波. 2022年政府工作报告（2022年1月20日在云南省第十三届人民代表大会第五次会议上）[EB/OL]. http://www. yn. gov. cn/zwgk/zfxxgk/zfgzbg/202201/t20220125_235204. html.
[43] 中共云南省委党校（云南行政学院）. 七彩云南40年·生态文明篇章[M]. 昆明：云南人民出版社，2018.
[44] 董宇，马喜梅，欧黎明. 公共产品视域下洱海生态综合治理的实践与经验[J]. 创造，2020，28（09）.
[45] 周衍冰. 推进生态文明，建设美丽中国[EB/OL]. http://cpc. people. com. cn/n/2014/1121/c223633-26069579. html.
[46] 中共中央办公厅，国务院办公厅. 关于划定并严守生态保护红线的若干意见[EB/OL]. http://www. gov. cn/zhengce/2017-02/07/content_5166291. htm.
[47] 全国干部培训教材编审指导委员会. 推进生态文明建设美丽中国[M]. 北京：人民出版社、党建读物出版社，2019：29.
[48] 中共中央国务院. 关于全面加强生态环境保护坚决打好污染防治攻坚战的意见（2018年6月16日）[EB/OL]. http://www. gov. cn/zhengce/2018-06/24/content_5300953. htm.
[49] 云南省人民政府办公厅关于加强环境监管执法的实施意见[EB/OL]. http://www. yn. gov. cn/zwgk/zfgb/2015/2015d7q/szfbgtwj/201504/t20150403_144121. html.
[50] 蒋朝晖. 云南全力构建现代环境治理体系[N]. 中国环境报，2020-12-18:（01）.
[51] 中国日报云南记者站. 依法推动督察向纵深发展云南印发生态环境保护领域首部党内法规[DB/OL]. http://cnews. chinadaily. com. cn/a/202103/20/WS605552b0a3101e7ce9744ea0. html
[52] 杨猛，左超. 以“破局”之势治本之策开展一场动真碰硬的“湖泊革命”[N]. 光明日报，2021-10-09:（01）.
[53] 段晓瑞，李承韩. 我省抢抓机遇做强“绿色能源牌”——推动绿色能源绿色制造融合发展[N]. 云南日报，2021-12-25:（02）.
[54] 胡晓蓉. 全力构建生态文明制度建设的“四梁八柱”[N]. 云南日报，2021-11-02:（03）.
[55] 胡晓蓉，段毅. 努力成为全国生态文明建设排头兵[N]. 云南日报，2020-12-28:（04）.
[56] 杨健鸿. 检察公益诉讼为全球生态文明建设贡献“中国方案”[N]. 检察日报，2019-12-11:（01）.
[57] 石飞. 公益诉讼筑起云南生态环境保护屏障[N]. 法治日报，2020-08-25:（01）.
[58] 全国干部培训教材编审指导委员会. 推进生态文明建设美丽中国[M]. 北京：人民

出版社，2019.

[59] 刘鉴强. 中国环境发展报告 [M]. 北京：社会科学文献出版社，2015.

[60] 中共云南省委组织部. 新发展理念与云南跨越式发展案例 [M]. 昆明：云南人民出版社，2017.

[61] 付伟，罗明灿，陈建成. 生态文明建设与绿色发展的云南探索 [M]. 北京：中国林业出版社，2019.

[62] 中共中央组织部，中国科学技术协学. 领导干部和公务员科学素质读本 [M]. 北京：科学普及出版社，2015.

[63] (美) 雷切尔·卡森. 寂静的春天 [M]. 罗文浩，译. 北京：北京燕山出版社，2018.

[64] 王鸿生. 科学技术史 [M]. 北京：中国人民大学出版社，2011.

[65] 云南省人民政府办公厅. 云南省创建生态文明建设排头兵促进条例实施细则. 2018-8-19.

[66] 中共云南省委办公厅，云南省人民政府办公厅. 创新驱动高质量发展29条措施. 2021-12-10.

后 记

习近平生态文明思想是结合当代中国乃至当前世界发展的现实，以马克思主义关于人与自然关系的理论为基础，继承和创造性地发展西方生态哲学、中国传统生态智慧的结果，是中国走生态文明发展道路和建设美丽中国的科学指南。习近平生态文明思想始终坚持“环境正义”的价值追求，要求合理协调不同国家、不同地区和不同人群之间的生态利益矛盾，要求树立生态生产力观，科学处理经济发展与环境保护之间的关系，坚持德法兼备的社会主义生态治理观，并把满足人民对美好生活的需要作为其价值目的和价值归宿。深学、细照、笃行习近平生态文明思想，对云南省实现高质量跨越式发展具有重要的理论意义和实践价值。

本书是在中共云南省委党校社会和生态文明教研部老师们的共同努力下才得以完成的；在云南省社科联领导、科普部相关部门领导和人员的鼎力支持下才得以出版的。在分工上，谭鑫拟定写作大纲，并承担前言、后记、第一章内容的研究和撰写，及统稿、协调等相关工作；张欣负责相关人员的协调、初步统稿和第二章内容的研究和撰写；谢兴龙负责第三章内容的研究和撰写；肖锐负责第四章内容的研究和撰写；罗光洁负责第五章内容的研究和撰写；董宇负责第六章内容的研究和撰写；王邻农负责第七章内容的研究和撰写。在此一并表示衷心感谢。

谭鑫